〈3.11フクシマ〉以後のフェミニズム

脱原発と新しい世界へ

●

編 者
新・フェミニズム批評の会

御茶の水書房

まえがき──特集にあたって

二〇一一年三月一一日、私たちは未だ経験したことのない巨大地震と大津波に遭遇し、自然の猛威に戦慄した。その直後に起こった福島第一原子力発電所の苛酷な事故は、世界で唯一の被爆国としてあってはならない人災による事故であった。今年の三月一一日、復興の進まない一周年を迎え、ついで五月五日、国内で稼動する原発はついにゼロになった。

新・フェミニズム批評の会が編集する本書は、五月末の現在、この〈原発ゼロ〉という現実の継続を強く願いつつ、編集の最終段階にさしかかっている。

大震災と事故から八ヶ月後の二〇一一年一二月一〇日、私たちは「〈3・11フクシマ〉以後のフェミニズム」という講演とシンポジウムを、日本女子大学において開催した。これは先駆的な女性雑誌『青鞜』の発刊百年と、本会の二〇周年を記念する会であった。

私たちはそこで、脱原発を訴える「声明」を出すことを提議し、一月の臨時総会で討議・決定し、同時に本書の緊急出版を決意した。編集委員会を立ち上げ全会員に原稿を募集したところ、二五名の参加を得た。当日の講演者林京子氏の快諾もいただいた。幸い御茶の水書房の協力を得て、本書が多くの読者の目に触れる機会を得たことは、誠に喜ばしい。

私たちはこれまで、『樋口一葉を読みなおす』『『青鞜』を読む』『明治女性文学論』『大正女性文学論』という四冊のフェミニズム文学批評の共著を世に問うてきた。五冊目の本書は、これまでとは異色のアクチュアルなテーマをもった本である。編集にあたっては、とくに原発とフェミニズムに焦点をあてることに努めた。現在どのような自然観・文明観の転換が求められているかを、本書から受けとっていただければ幸いである。

二〇一二年五月末日

『〈3・11フクシマ〉以後のフェミニズム』編集委員会

〈3・11フクシマ〉以後のフェミニズム　目次

目次

カバー絵　**高良眞木**

表紙絵・本文カット　**高良とみ**

〈3・11フクシマ〉以後のフェミニズム

――脱原発と新しい世界へ

I　講演

講演

被爆を生きて

林　京子

「被爆を生きて」講演中の林京子氏
（2011年12月10日　日本女子大学にて）

何の手だても、進歩もなく

一九四五年八月九日、長崎に原子爆弾が投下されました。そのとき、私とクラスメート達は学徒動員されていた工場で被爆しました。その日から今日まで、私とクラスメート達の肉体に起こった症状や身近に起こった事をお話しします。

閃光や熱線で火傷を負った人達はほとんどその場で亡くなり、少なくとも一ヶ月のうちには亡くなっていきました。今回は、福島原発の「内部被曝」ということが随分問題になっており、これを聞いたときの私の心情は後で話しますが、実際に起こった私達被爆者の症状について、医学的にお知りになりたいと思われましたら、当時、広島で軍医をなさっていた肥田舜太郎先生とおっしゃる方がいらっしゃいますので、ご紹介しておきます。

先生は原爆投下の八月六日から今日まで被爆者を診察されながら、記録をとられたり、講演をなさったりしていらっしゃいます。臨床的には先生のものをお読みになり、お話をお聞きになってくださると、被爆者に実際起こった肉体の状況は証明されると思います。

ちょうどこの三月一一日に大地震が起きました午後二時四〇何分でしたか、私は、「被爆を生きて」という本の対談のために東京の岩波の方と電話中でした。いきなりあの地震で、話していた彼に「東京は揺れていますか」と尋ねると、「揺れています」と言いました。我が家は逗子ですが、異常な揺れ方でした。東京も揺れていると言われたので、これは大変だと、いきなり私は、「電話切ります」といって、家の外へ飛び出しました。

「被爆を生きて」の打ち合わせの最中に起きたのが東日本大地震と福島原発事故でした。あの八月九日も私にはショックでしたけれども、原発事故はそれ以上の重いものを私の心の中に残しました。理由は、福島原発は起こるべくして起きたからです。

今日「見切り発車」、「プルトニウムの恐怖」－高木仁三郎著・岩波新書－という本を持ってきていますが、この本には、原発がかかえる幾つもの危険要素があげられ、それが解決されないままの、〝見切り発車であった〟としてあります。一九八一年に出版されていますが、福島原発の事故は、本に指摘されているとおりの道順を辿って、メルトダウン、あるいはそれ以上に至っています。何の手だても、進歩もなく、です。ニュースを聞いているうちに私は空しくなりました。要するに、この国の核への認識は、この程度だったのか、と思ったのです。国に裏切られたという空しさをこのときほど強く感じたことはありません。

私達の国は被爆国ですね。そして、少なくともノーモア・ヒロシマから始まったはずです。その教訓が一切生かされていない。過去は何も学習されていない母国に対して私は絶望しました。本当に空しいことです。この原発事故と私達の被爆体験を重ね合わせて、今日ここで話さなければいけないというのは皮肉なことですし、非常に悔しいことです。これから話します被爆者達の体験を皆様方に役立ててほしくないというのが私の現在の心情です。

悲しい母子像の問いかけ

今日、この壇上で話しておりますのは、〝あのときこうしていればよかったとか、このことを知っていたら、というような悔〟を、これから生きていく皆様達には少なくとも同じ後悔をしてほしくないからです。

テレビを見ていて、私がいま一番希望を持っているのは、お母さん達や若い女性達の言動です。彼女達は分からないことをきちんと調べ、さらにより深く知りたいときには専門家を連れてきて聞いている、あいまいに済ませない態度です。現実だけはしっかり見極め、自分で判断し、冷静に行動してほしいと思います。現実に起こっていることや隠されている事実が多いのではないかと私は大変心配です。

先ほどコピーしました母子像をお手元にお持ちだと思います。これは、説明に書いてありますように「ヒロシマ・ナガサキ原爆展」という本の表紙で、朝日新聞社が昭和四五年に発行しました。お手元にありますからお分かりだと思いますけれども、おそらく、お母さんに抱かれた裸の赤ちゃんは火傷を負っていると思います。乳房を含んでいますが、その口には、もう吸う力がありませんね。母親の目をご覧になれば、本当に途方に暮れた、これからどうすればいいのだろうかというような希望のない目をしていますね。

私は、この写真を見るたびに人の生と死を問われているような気がするのです。このような状況の中から日本人は生き延びてきて、その原点にあるのが、この母子像の問いかけなのですね。こんなに不幸な、悲しい母子像はありませんね。

結局、八月六日、九日の原爆投下以後、ビキニ環礁の第五福竜丸事件、今回の福島の原発事故、そして、国外ではソビエトのチェルノブイリの原発事故、アメリカではスリーマイル島での原発事故がありました。これらの結果としてはっきりしたことは、チェルノブイリの子ども達が放射線の影響によるさまざまな病を発症しているという事実です。

福島原発事故でのテレビ会見で「命の問題」と言われたのは、チェルノブイリに行って手当てをなさった松本市の市長菅谷昭さん、お医者さんでもありますが、おひとりでした。はっきりと「命に関する問題」だから三〇キロ以内の人は、少なくとも強制退去してほしいと言われたのは、この方だけでした。その現場に立ち会われた方は、切実に現実を見ていらっしゃると思います。

八月六日、九日の被爆者達は、この苦しみは自分達だけで結構だという思いから、被爆体験を語り、書いたりしてきたのですが、それが何の役にも立っていなかった。役に立つという言い方はおかしいですね。私は、命であがなわれるものは何もないと考えています。しかし、起きたことへの学習はしてほしいです。

私達被爆者が辿った命の軌道

この三月一一日の福島の原発事故以来、私達の命が、少なくとも放射線に傷つけられた私たち被爆者が辿った命の軌道を役立てたい、しかし多くの被爆者は八月九日のことは話さないと口を閉ざしています。その理由は様々ありますが、一番の理由は、被爆国でありながら過去の体験が何も生かされていなかったという絶望感です。そして、何も学習されていなかったという国に対する空しさです。

先ほども申しましたように、私達は八月九日に学徒動員で浦上の大橋工場へ動員中に被爆しました。ご承知のように、長崎に落とされたのはプルトニウム原子爆弾です。プルトニウムとかウランニウムというのは原子力のエネルギー源で、これはイコールで結ばれます。日本は被爆国ですからそういう認識を持っているものと考えていましたが、しかし、これも違っていました。

長崎の爆心地は松山町ですが、被爆した兵器工場は松山町から一・四km離れたところにありました。私はそこで被爆しましたが、外傷や火傷は負っていませんでした。八月六日に既に広島へ原子爆弾が投下されていましたけれども、これは報道規制で全て発表されていませんでした。ですから、いま長崎がどういう状況に置かれているのか、もちろん、放射線の怖さも知りませんから、偶然にも私は爆心地へ向かって逃げたのです。

長崎に原子爆弾が投下されたのは午前一一時二分です。工場から浦上川を渡った向こう岸は、金毘羅山という丘陵地になります。丘陵地の中腹が段々畑になっていて、松山町まで歩いて一時間ほどかかかります。段々畑が終わった丘の麓に爆心地の松山町やいくつかの町があります。松山町の段々畑の上に着いたのが二時ごろでした。被爆して三時間ぐらいしか経っていませんでした。

そのときすでに私は立っていられないほど、体が大変だるかったです。畑の上に横になり、ひどい吐き気に襲われました。後日聞いたら、急性原爆症だそうです。被爆から三～四時間で最初の症状が出ています。もちろん、爆心地にいたのですから、大量の放射線を浴び、放射能に汚染された灰塵を吸っています。

それから、学校に報告するために、母校に向かって逃げました。長崎は盆地の町で、私達の学校は浦上から山一つ隔てた西山地区にありましたから、爆風でやられても家並みは残っていました。夕闇が迫っていて、いま、逃げてきた浦上の町とは対照的に家は崩れていても静かな夕暮れの景色がありました。それを見たとき、戦争さえなければ、こんなに美しい夕暮なのにと、子どもながらに私は思いました。

その畑の上で、被爆から半日ぐらい経っていましたが、激しい下痢をしました。卑俗な例ですけれど、水道栓をひねると、お水がジャーッと出ますね、例えとしては、これが最適だと思います。水状の下痢が一週間ぐらい続きました。当時、私は一五歳になりかけのころでしたが、少女の肉体にはそういう状況が起こっていました。被爆後生理が止ったクラスメート、多量になった友、敗戦後九州大学の医学部の学生が学校へ調査にきましたが、異状が判明しています。

先ほど体がだるいと言いましたが、自分の体の頭や腕の重さを感じたのは、不思議な体験でした。頭が重くて、一ヶ月ぐらい首が座らないで、赤ちゃんと同じ状態です。とにかく、座るときには体を壁に寄りかからせて、頭を支え、手はダラッとさげている無力の状態でした。これが私の肉体に現れた症状です。血尿を流しながら逃げた友達もいます。いかに放射性物質あるいは放射線が人体に与える影響が大きいかお分かりいただけると思います。誇張でも何でもありません。

高熱が続き、瀕死の状態で床についているクラスメートがいましたが、幸い私は高熱におかされるようなことはありませんでした。友人の一人に、代々お医者様の家のお嬢さんがいて、当然医療には詳しい家庭でした。その友人が四〇度の高熱が連日続いて瀕死の状態にあったとき、お医者様仲間で、血液型の違う血液を輸血すると効果がある、という噂が立ったそうです。それで、医者であるお父さんが娘さんに血液型の違う血液を注射された。素人とは違いますから、どういう結果になるかは、ご存じのはずです。それでも輸血をされた。それほど、本当に手さぐりの医療だったのです。

体に震えが出たりして、彼女は長い療養生活を続けました。還暦のお祝いの日、お遍路の約束をしたのですが、彼女は一足先に旅立ちました。

人の命を選ぶ権利は誰にもない

当時、長崎は長崎医科大学も町の医療機関も壊滅状態でしたので、九州大学医学部が救援隊を組織し、救援に来てくれました。当時、医学部一年生だった濱清（はま　きよし）とおっしゃる方、早稲田大学の名誉教授で引退された方ですが、その方が救援隊について被爆者の治療に当った。敗戦のころには、被爆者のほとんどが亡くなっていて、比較的元気な人達だけが残っていました。そのころ国際赤十字社から血清が送られてきたそうですが、絶対量は足りませんでした。例えば、一家族に五人ぐらいの家族がいるとしたら、それに対して一本という程度の割り当てだったそうで、その割り当てで注射をしていました。

余談になりますが、彼が看た被爆者にお母さんと四人の息子達の一家があったそうです。ご覧になって、家族の中で一六歳の男の子に注射を射てば、生き残れる可能性が高いと判断し、彼は、その一六歳の少年を選ぼうとしました。しかし一応、「どなたに注射をしますか」と聞いたら、お母さんが「私にしてください」とおっしゃったのです。私が生きていないと子ども達をみていくことができないからと言われた。

彼が後日、私にそのときのことを話してくださったのですが「僕の母性神話は、このとき崩れました、しかし何人といえども人の命は選べないのです。」と言われました。母親の言葉に従って彼はお母さんに注射を射ったのです。

「誰にも生きる権利はあります、他人に選ぶ権利はありません」と言われ、医者になられてからも、そのことがジレンマとして残っていると言われました。血清がもっとたくさんあったら、もしかしたら多くの被爆者を助けることができたかもしれません。

私には分かりませんが、血清の中にはタンパク質とか免疫抗体というものが凝縮されているのだそうです。ですから、私達被爆者がもっともダメージを受けたのは体力であり、免疫であり、抵抗力だということで、もしかしたら一番可能な初歩の治療法だったかもしれません。

私の母や姉妹は諫早へ疎開していて、私ひとり長崎に下宿し、工場へ学徒動員されていました。母は下宿まで捜しにきて、三日後には諫早へ一緒に帰りました。諫早は長崎から七里と言われていて、二五キロぐらいでしょうか、もう少しあるかもしれません。母と一緒に二五キロの道を歩いて帰りました。帰宅後すぐにお医者さんへ母は私を連れていきました。お医者さんは私を見て、「あぁ、お嬢さん、長崎ですか」とすぐに言われ、「治療の方法はないのですよ。僕には何もできない。お嬢さんに栄養価のあるものを食べさせて、とにかく体をゆっくり休ませてあげてください、それしか方法はありません」と言われました。成す術がなかったのです。「プルトニウムの恐怖」のなかにも、マンハッタン計画でもっとも疎かにされたのが人間に対する研究だった、とあります。

今、もし、あの時代よりも進歩しているとすれば、もちろん、専門家の方がきちっと対応なさるでしょうけれども、素人の目安としては血液検査ぐらいです。それによって白血球、赤血球あるいは血液の中の状況、体の中の状況が分かる程度で、もちろん、私には専門的なことは分かりません。

内部被曝の問題がある

敗戦後に二学期が始まりました。始業式に集まった生徒達の中には、髪の毛が抜けて小坊主さんのようにかわいい坊主頭の、セーラー服を着た生徒が大勢いました。

私の髪の毛は抜けませんでしたが、両腕と、太ももの下から足首まで化膿しました。手足をご覧になると小さい毛穴がありますね。それらが針で突っついたように赤くプット腫れあがるのです。その一つ一つが膿んでくるのです。膿むと、小さな毛穴から薄い毛が抜けて、皮膚がビロビロになる。抵抗力がないので、治ってはまた化膿する繰り返しでした。ゲートルのように包帯を足に巻いて、登校する。着いたときには、包帯がずれ落ちて、そこに膿が溜っている状況でした。

塗り薬も飲み薬もなかったので、母はキジンソウ（ユキノシタ）という薬草が効くということをどこかから聞いてきました。キジンソウは湿地帯に生える肉厚の草で、三、四センチのまるい葉です。それを摘んできて、きれいに洗い、マッチの炎を葉の裏側に当てて焼く。一本の炎が燃え尽きたころに葉はしんなりなります。それを指で押しながら葉裏の薄皮を剥ぐ。ヒスイのようにきれいな緑色の葉肉が出てきて、それを傷口に貼り付けてくれました。私の手足は草の人間のようになりました。傷は熱を持っているので、葉の周りがカリカリに乾いて膿を吸い出すのか、あるいはユキノシタ自身がその力を持っているのか分かりませんが、膿を吸い取った葉は緑色につやつやかに光って、張り替えるたびに母は、こんなに毒を吸いとっている、と私にみせるのです。

また、柿の葉を煎じて飲ませると効果があるというので、ちょうど秋から冬にかけた落ち葉のころでしたので、母は町を歩いて葉を拾い集めてきて、それを煎じてくれました。煎じると真っ黒の汁が出て、にがいのです。いくらなんでも飲めない。「飲めない」と言うと、「飲んでちょうだい」と母は頼むのです。核兵器に対して、母はキジンソウと柿の葉で対抗しようとするのですから、考えると滑稽です。それが効いたのかどうか分かりませんが、半年ぐらい経ったころ、カサブタができるようになりました。

これからは、原子爆弾による核戦争の可能性より、原発事故による「核戦争」恐怖の時代に私たち人間は直面する――。決して有り得ない問題ではないと思っています。私が皆さんにお伝えしたいことは、その時は少しでも遠くへ離れて、逃げてくださいということです。ただ、生活の場を離れるのは大変なことです。けれども、とにかく目鼻がつく間は、その場所から少しでも遠くへ離れてください。

長崎は狭い町ですから、療養のために田舎へ逃げた人達が多かったです。そういう人達は、それが原因かどうか分かりませんが、傷の治り方は早かったようです。

しかし、内部被曝の問題があります。だるさは続き食慾がない。傷口が塞ってもまた膿んでくる。学校と病院、入退院を繰り返す生活でした。

先ほど、友達が口を閉じていると言いましたが、その彼女が電話をくれて、「とうとう福島の子ども達に鼻血が出始めたわね」と、とても暗い声で言いました。私は鼻血が出なかったので、その意味が分からなくて、「それ、どういう意味」と聞きました。原爆症と鼻血の関係は知っていましたが、自分の身の上に起こらなかったことなので、ピンとこないのですね。友人に聞くと、「原爆症で床についたきっかけは鼻血だった」と彼女は言いました。鼻血をきっかけに彼女は入院して療養生活を長く続けています。彼女は髪の毛も抜けました。

「私が床についたときと同じ過程を今、福島の子ども達がたどっている、似ている」と彼女は言いました。千葉に住んでいる彼女に私は、「近くに福島とか、子供がいるお母さんがいらしたら、一人でもいいから、あなたのたどった過程を話してあげて」と私は彼女に頼みました。すると、「いま、私が話せば風評被害と片付けられそうだから、口にチャック」と彼女は言ったのです。

子ども達だけでも疎開の方法をとってほしい

原発の事故が起きて以降私も、ニュースを見ながら、色々な話を聞いていて、明日は福島まで行って自分の体験を話そう、と思い続けました。「とにかくお母さん、お子さんだけでもいいから、遠くへ連れて逃げてください」と話しに行こうと思ったのです。ですが、私も口にチャックです。話しても風評被害で片付けられそうな不安があります。

私は、日本という母国が好きです。しかし、三・一一以来、国に対する不信感は消えません。彼ら、政治家や原発関係者がテレビや公の場で「内部被曝」という言葉を使ったとき、「あなた達は知っていたのですね」と私はテレビの前で叫びました。この時ほどお腹の中が煮えくり返ったことはありません。

と言いますのは、友人たちの多くが、子どもを育てている最中に、ガンや血液の病気などで入退院を繰り返して死んでいるからです。三〇～四〇代がほとんどでした。

私には上海時代の友人と長崎の友人がいて、三〇～四〇代のころの訃報は、長崎の友人達ばかりでした。町のお医者さんから、原爆症認定の申請をしなさいと言われ、診断書を提出するのですが、申請手続きにはいくつかの段階があって、最終手続に行くまでに本人が死亡するか、あるいは却下される。ほとんど認定されていません。九日とは無関係、被爆とは無関係、因果関係が不明ということで、却下されました。そして、何人もの友人が死んでいきました。

彼らの口から内部被曝という言葉を聞いたとき、子どもを残して死んでいった友人達の顔が浮かんできて、「知っていて隠してきた事実」に対して涙があふれました。

なぜ認可してほしいかと言いますと、八月九日の事実を数字として残してほしいからです。そうでなければ明らかな違いが分からないからです。不明なら不明として、その不明を数字として残してほしいのです。彼らがいつも何かで発表するときには、被爆者のガンなどによる死亡者数と、一般の人達のガンなどによる死亡数、この二つを比べてみて、それほどの差異はないという言い方をするのです。

ですから、不明なら不明として残る、差異がなければ一でもいい、二でもいい、差異がないとする数字を残してほしいのです。被爆から原発事故まで六〇年以上経っているのですから、その一か二の数字の中に、一般の人と何らかの違いが出てくる可能性もあるのです。それらの死を却下してきたということなのです。差異はないと言いますが、一か二の数字の下には「被爆者」という放射線にさらされた特殊な人間の死があるのです。〇・五であっても、その数字の下には人間がいるのです。正確な記録を残してほしかったです。何らかの結果が出て、治療法がみつかったかもしれない。

原発事故で目立つ彼らの発言は、〝直ちに健康に影響のないレベル〟という言葉でした。内部被曝はいまは常識として皆さんもご存じだと思います。放射性物質を吸い込みますと、内臓の呼吸器系や骨等に付着する。

吸い込んで付着した放射性物質の、半減期は長いです。半減期の長い放射性物質が吸い込まれた体内で、ミクロの世界の出来事であっても、そこから絶えず、放射線を放射し続ける。それによって内臓が侵されていきます。不幸にして発ガンしたり、血液の病気になったりして亡くなっていく、あるいは入退院を繰り返して今日まで生きながらえている、ということです。

先ほど話しました風評被害ですが、生き残った私たちが話せば、「何言っているのだ、あなた達八〇過ぎまで生きているじゃないか」と逆手に取られそうなこの国のありかたに私は不安を感じます。ですから、口にチャックなのです。生き残った私たちも、のんべんだらりと健康で生きてきたのではありません。入退院を繰り返して、破れた体と心を繕いながら、生きてきたのです。〝直ちに現れない〟それが怖いから、私たち被爆者は舌っ足らずで話したり、書いたりして来たのです。

繰り返し話しますが、この国は被爆国なのです。人間、命に対する悪影響があることは十分に分かっていることなのです。ニュースでご覧になった方もいらっしゃるかもしれませんが、まだ二歳にもならないような坊やを抱いたお母さんが、「借金をしても私はこの子を守ります」と話していました。子どもを育てている母親にこんな悲痛な言葉を吐かせる不幸な時代に、私は、思わず「お母さん、借金しても逃げてください、とにかく目鼻が立つ日まで逃げてください」と言ったのです、そのとき、私の頭に浮かんだのが戦時中の学童疎開でした。

ご存じの方もいらっしゃると思いますが、戦時中、国が幼い子ども達を守るために、田舎のお寺とか旅館に、学校単位あるいはクラス単位で避難、疎開させました。

あのころ、赤紙一枚で人の命が召されていくような時代で、決して命が尊重されていたわけではないですが、大人達の常識や倫理観、子どもに対する保護責任を少なくとも持っていて、人への愛は深かったような気がします。

昭和一九年六月に国が学童疎開を施行したのですが、純粋に子どもを守ろうとする大人の常識だったと思います。福島の場合も国が手立てだけはととのえてほしいと思います。参加するかしないかは、親の選択です。選択ができる自由があるのは、戦後のありがたさだと思います。

重ねて申しますが、とにかく目鼻がつく期間でもいいですから、子ども達だけでも疎開の方法を取ってほしいです。

それと同時に、私達被爆者は健康手帳を持っています。その健康手帳に類したものを福島あるいは危険な場所で仕事をなさっている人達、また、放射線の数値の高いところに住んでいる方達に必ず公のものとして健康手帳を交付してほしいです。お母様さん達は是非、「私達に健康手帳をください」という声をあげてください。健康診断の通知が年に一回ずつ保健所から来ます。通知が来ると、そうだ、と健康診断を受けに行きます。自分の健康をチェックして生きていけるということです。それだけのことは国か「原発」が当然なすべき責任と思います。

女先生の死の一週間前の手紙

ここに、私たち三年生の学徒動員に監督として工場に同行してくださった三人の女先生のお一人、角田京子先生の手紙があります。先生がお友達に出された死の一週間前に書かれた手紙です。読ませていただきます。

「去る一八日、空襲の後始末の最中、ついに力尽きて床につきましたが、それより、ただ今まで、ほとんど毎日のように四〇度の熱に苦しめられて、本当にあのとき、私もそのまま職場で殉職していたほうがどんなによかったかしらと、殉職されたタチバナ先生、カマチ先生、（お二人は女の先生）のことが、むしろ羨ましく思われました。また一方、監督三人のうち二人までも失って取り残された私に最後の果たすべき務めが残されているような気がいたし、その夜から三年生三二一名、生存・負傷者などの調査に当たりました。その夜は徹夜で、負傷者の大部分を汽車に乗せて、諫早、大村、川棚、その他各所の救護所に送るお手伝いをいたし、（当時、学徒隊は全員腕章を付けていました。）「県女学徒隊」の腕章を月明かりに探し求め、胸の名前を見て小さい声で声をかけてあげると、「あぁ、先生、お元気でしたか」と喘ぎながら先生のことを気にしてくれる、やさしい言葉に接するたびに涙がいくど流れたか分かりません。ご存じかもしれませんが、大橋工場は道ノ尾と浦上駅の中間にありますので、汽車は大橋工場に一番近いところで止められて、負傷者送りが三、四日続きました。広い工場のことでそれぞれ職場が離れ離れなので、誰がどこに送られたか行き先が分かりませんでした。空襲警報が鳴ると退避していた周囲の山の中で、まだ苦しんでいないことでもないと大橋まで三日間通いました。これも電車がありませんでしたので、少し閉口いたしました。男の先生の石橋先生、前島先生、本当に真実性のある方で、常に私に援助してくださいました。山の中で見つけた負傷者四名を学校まで連れていってくださいました。（もちろん車はありませんので、リヤカーで生徒を運んだのです。）それから、なにかと調査にも気を遣ってくださいました。山の中にもいないとなると、工場の下敷きになった死者を掘り出しているとのことでしたので、五日目は再び工場に行ってみました。

工場の下敷き即死者が私の学校で三名でした。

付近の山まで逃れて、そのまま息を引きとった者が三名でした。休んでいて家庭で死んだだろうと思われます者が三名ほどありました。結局、無事だった者が一八七名、重軽傷者九二名、三三名は現在も不明です。しかし、私も一〇日ほど休んでいましたので、学校のほうに報告があり、いくらか分かっているかもしれません。早くよくならなければと気ばかりが焦り、熱がいっこうに下がらず、食事も進まず困ります。あなたのお手紙に接したとき、心身ともに疲れきった私の心よりの慰安、お薬でした。やっとここまで書きましたが、寝たきりで書いた字ですから、悪筆の上、悪筆あしからず。病気が治りましたら万障さしおいて、お目にかかりましょう。希望の日にお目にかかれることはできませんでした。最大の信念もついに覆させられました。京子」

先生は角田京子とおっしゃって、手紙は昭和二〇年八月二八日に書かれたものです。私達をずっと探していらして、残留放射能にやられて、九月七日に原爆症で亡くなられました。ですから、同行してくださった先生は三人とも亡くなりました。

つたない話をお聞きくださって、ありがとうございました。本心を打ち明けますと、事故以来〝もうどうでもいい〟と投げやりな気持になっていました。そのとき、きょうもとてもお元気ですが、渡邊澄子先生に〝それじゃ駄目〟とゲキを飛ばされて、出て参りました。皆様にお逢い出来て、思いをあらためています。

感謝と、お礼を申します。

Ⅱ　衝撃のあと

イノチの大切にされる国に

渡邊澄子

一　自然災害、福島原発事故の恐怖

「あの日」、五一五万人の帰宅困難者が出たという。私はその一人だった。山手線に乗っていて突然の激しい揺れによろけ、転びそうになってあわててポールにつかまったのだが乗客の誰にも目立った動揺は見られなかった。程経ずに着いた駅で理由も告げられず全員降ろされた。私は何が何だか分からずにうろつき、家に辿り着けたのは午前三時をまわっていた。バス停で三〇〇人以上も並んでいたその後ろについたが、救急車すら警笛を鳴らすのみで立ち往生の状態ではバスは来られるはずもないだろう。バスを待つ人々は誰も寡黙だった。携帯から情報が得られたかも知れないのに携帯を持たぬ私は周囲の人に何があったのですか、と訊く才覚を持たなかった。大変な災害が起きていると声を上げてくれる人もいなかった。見知らぬ人同士が情報を共有して最善の策を考えようとする共同精神の欠如が日本人の特に都会人の悪しき習性になっていたことに後になって改めて気づき、慚愧、後悔の念に駆られた。

凍えて帰り着いた家の中の狼藉ぶりに呆然としながらつけたテレビに展開されていたのは戦慄の情景だった。巨大地震が破壊したものを巨大津波がなにもかも猛烈な勢いで呑み込んでいく凄まじさ。こんなことって現実にあり得るのだろうかと信じがたいことが、今の今、起きていたのだ。人の心を和ませてくれる優しい自然にこんなにも猛々しい顔もあったのかと猛威に恐怖し、逃げ遅れた人々の命を思い、どうぞ、助かってください、助かりますようにと震えて祈り叫びながら戦くしかない無力感に苛まれていた時、福島原発事故のニュースが飛び込んできた。ああ、あそこには原発があったのだ。大変だ、放射能汚染が瞬間私の脳裡を攪乱させた。

あの日から一年、惨禍は進行中

「あの日」から一年経った二〇一二年三月一一日の新聞紙面は「東日本大震災一年」の特集記事で溢れた。『東京新聞』は、「福島原発事故独立検証委員会」〈民間事故調〉による「調査・検証報告書」について、原発事故後の政府の対応のまずさを前首相の責任として菅バッシングを再燃させているが、報告書を丁寧に辿ると、事故を過酷化させた責任は東電と原発推進官庁の官僚にあったと結論づけている。同紙一三日の紙面は米NRC（米原子力規制委員会）の会議録から「フクシマ」の一週間を詳細に辿っている。そこにはNRCが一二日に在日米人に半径八〇kmに避難勧告を検討していた（実際の勧告は一六日）が日本の避難指示は二〇km、屋内退避は二〇～三〇kmだった。NRCは首都圏を含む一六〇～三二〇kmへの拡大も議論されていたという。一七万人という在日米国人の安全確保に向けてあらゆる可能性が検討されていたのだった。それに比べて日本の原発に対する危機意識、イノチの尊厳さに対する認識の希薄さには言葉を失う。

一番重大視したのは菅前首相だったらしい。「全電源喪失と聞いた時に、菅さんは誰よりも早く反応」して「これは大変なことだ」と言い続け、情報が上がってこない焦燥感に苛立っていたが、テレビに映った一号機の爆発に「爆発しないって言ったじゃないですかっ！」と班目原子力安全委員長に叫ぶように言った時、「この人が日本の最高権威なのか」と「映画かって思うくらい頭を抱え」た班目氏の姿は「人生で一番ショックなシーン」だったと内閣審議官下村健一という人が極めてリアルに語っている。「爆発は起きない」と明言していた「日本の最高権威」も原発企業から寄付をもらっていた。班目氏は佐高信の『原発文化人五〇人斬り』に「有害御用学者」と位置付けられている。原子力安全・保安次長の「水素爆発は思いもしなかった。漏れた水素がどうなるかというのは、あまり考えたことがなかった。不勉強だったと思います」と語っていて、そのノーテンキさには絶句する。原子力機構副部門長のSPEEDIが避難の判断に使われなかったのは残念だったと他人事のように言っているが、この情報が公表されなかったために放射線量の高い地域に住民を避難させてしまい、浪江町では約八〇人が死亡したのだから残念だったでは済まされまい。

唯一の被爆国としての体験のみならず、第五福竜丸事件被爆者の当事国として、加えて、チェルノブイリ事故、スリーマイル島の事故その他の事故から学ぼうともせず突っ走ったこのような人たちによって原発大国になっていたのだから身の毛がよだつ。しかも、一九六六年から二〇〇一年までに既に五九八件のトラブル（事故）が起きていたと知っては起こるべくして起きた人災だったと言うべきだろう。

チェルノブイリ事故以上の災害

科学知識に疎い私だが、原発が核問題と直結していることくらいは知っている。被爆作家林京子について二冊の本を出してきた私は、形も色も匂いもない〝見えない恐怖〟の放射能が「内部の敵」として何十年にもわたって人々を侵すことを知識として知っている。林京子は長崎での被爆者だが、長崎に投下された原爆と原発は結びついていた。一九四二年一二月にエンリコ・フェルミ主導による「シカゴ・パイル一号」が臨界した。この成果によって一九四三年から複数の原子炉が米国で建設されたという。発電目的ではなくウランからプルトニウムを生産するためで、ここで作られたプルトニウムが長崎に投下された原爆に使われたのだという。戦争と原発は直結していたのだ。

林京子さんから譲られた私家版の『内部の敵』は、ジェイ・M・グールドによる一九八六年に起きたチェルノブイリ事故の凄絶な影響の調査報告書である。これを、被爆医師で反核活動家の肥田舜太郎が中心になって翻訳して一九九九年二月に少部数刊行された本だが、この本のサブタイトルには「高くつく核原子炉周辺の生活」「乳癌、エイズ、低体重児出産及び放射線起因性免疫異常の影響」と付されていて、スリーマイル島の事故にも触れて放射線の威力が科学的に検証されている。

例えば、チェルノブイリ事故では放射能の雲が何千マイルも旅するなかで雨に含まれて降下し、地域の食物や水を汚染し、思い掛けぬ地域に多数の乳癌、甲状腺癌の異常発症現象の見られたことなども検証されている。「内部の敵」すなわち「内部被爆」に肥田が執ように拘ったのは、広島・長崎の被爆者の多数が、放射線の影響としか考えようのない複雑な症状に苦しみながら原爆との因果関係が立証出来ぬとして被爆者手帳を交付されず苦悶しながら多くの人が死んで行っていることへの忿怒からだった。ビキニ環礁での「死の灰」が生殖機能を冒していたことも含めて様々な恐怖の実態が隠蔽されてきていたことへの憤りもあってのことである。福島原発事故は海の汚染まで引き起こしたことで「人類史上最悪の産業災害だった」チェルノブイリ事故以上の災害と言えるだろう。

この度の巨大震災による死者、行方不明者は二万人近い。人の死は必然だとしてもこの度の犠牲者の死はあまりにも酷すぎて、想像すると涙も涸れる。辛うじて死を免れた人も家族、親族・友人ほか大切な人を失い、家屋敷から総ての財産、職まで失い、または、一家離散を余儀なくされている。ともかくも一命を取りとめたとはいえ、学校の体育館や公共施設に避難した人たちのプライバシー欠如の上、無一物の毎日が如何に辛いか想像するだに余りある。長期にわたる雑魚寝生活からやっと解放されて仮設住宅に入れたとしても、あの薄っぺらさでは今年の猛烈な寒波による豪雪のダブルパンチはあまりにもあまりではないか。

私はあの人たちのなかに自分をおいてみる。ダメ。あの人たちには頭を垂れるしかないが私はすべてを失って避難所ですくんでいる自分を想像できないのだ。所詮、第三者でしかないことが苛立たしく恐ろしい。悲しさ、苦しさの実質を共有できるはずなど不可能なのだ。はずはないが共有したいと思ったり、共有せねばならぬと思ったりすることの無責任さに自虐されて、心がきりきりする。

「人間存在の根源的な無責任さ」

辺見庸の「『人間存在の根源的な無責任さ』について」(『時代を問う文学』佐藤泰正編、笠間書院)はそこを誠実に言葉にしている。故郷の旧友の娘である女性があの津波に小学生のわが子を奪われ、波間にその娘の掌を見たという錯覚から解放されず失声症に陥り三ヶ月も声のでない状態が続いたということを旧友のその娘さんから直接直に聞いた時の厳粛な感懐を記した文章だが、その結びの部分を少し長いが引用してみたい。

先の戦争でもこのたびの大震災でもおびただしい数の人びとが死んだ。死ぬということは、思うことを消され、悩むことを消され、語ることを完全に消されることである。それでは生きのこった(生きのこってしまった)生者とはなにか。それはだれもがひとしなみに喋々と弁ずる者ではない。心はしきりに思い悩むのに声を絶たれた生者もいるのである。すっきりと「人間存在の根源的な無責任さ」などとは言わず、ひたすらにじぶんを責めるだけの失声者や発狂者もいる。かれらへの丁寧な視線を欠くとき、「人間存在の根源的な無責任さ」という一足飛びの「内省」は、その概括的でおおざっぱなもの言いゆえに、おそらく真の根源性をなくし、衒いに似たものになりかねないのではないだろうか。そのことと日本の戦後民主主義の軽さと空しさと没主体性には、なにかかかわりがあるのではないだろうか。

この文章は巨大自然災害が中心で原発事故には直接触れてはいないが最後の部分は、原発大国への道を歩んでしまったこと、これほどの大惨事を惹起してなお再稼働させようと手を変え品を変えて企んでいる政財官学の跳梁する日本の現状を包括し得ているだろう。

二　原子力発電所の実態

福島原発事故は、隠蔽に隠蔽を重ねて構造化された産業界と、国の体質を顕在化させた。『朝日新聞』連載の「原発とメディア」は朝日新聞が原発推進派として安全・安心・安価の世論形成をはかってきたことも検証している。「プロメテウスの罠」は「明かされなかった原発事故の真実」を後追いで検証している。両者は共にメディアのあり方を問い直す姿勢で書かれている。この連載は、まさに財官政学報が一体となって、危惧、批判、反対者を抑圧して原発立国樹立に邁進してきた構図をあぶり出したものになっている。

事故以後、原発に関連する新たな情報が次々と開示されるようになった。驚き怒る暇もないほど次々に明かされる新事実。現段階での『朝日新聞』は原発が決して安上がりではないことを示した「原子力　かさむ費用」や、原発推進派の汚穢の絆と言える「原発事故後も安全強調　原子力委議事録　寄付受けた教授」、限りなく拡散する放射能の恐怖の一端といえる「東京湾のセシウム　深さ二〇センチの泥まで」などと、脱原発論調になっている。『東京新聞』はより具体的で、かつ突っ込んだ記事が多い。「帰村宣言」をしたばかりの川内村でミミズに一キロ当たり一万ベクトルという高濃度の放射線セシウムが検出されたという。〝見えない恐怖〟の一例だが、事故で放出された放射性物質が風に乗って山林の木の葉に付着し、それが落ち葉になって分解された有機物をミミズが餌とする土と一緒に体内にとりこんだのを鳥などの野生動物が食べ、まき散らした糞が……という連鎖によって、また、首都圏に降り注いだ放射性物質が雨などで河川に流れ込み、江戸川のセシウムは下流ほど高く渓流釣りは不可という、放射性物質が蓄積、拡散されていく構図である。

一一年暮れ、事故収束を野田首相は早々と宣言したが一国を預かる首相にあるまじき無知蒙昧さ、無責任さではないか。だが、さらに、原発技術輸出、武器輸出三原則緩和を国策とし、「原発再稼働の先頭に立つ」と自ら地元説得の意向を表明しているのだ。民主党は脱原発論に立っていたはずだった。言葉にならない程の悲惨な事故はまだ継続中というのに、責任の所在も未解明のまま、原発を残そうと豹変している。この豹変を許してはならない。

色も匂いも形もない手に掴めぬものへの恐怖

放射線セシウムの安全値は何ベクレルとか、甲状腺がんを発症する放射線ヨウ素に汚染された牛乳は飲むなとか、不妊の心配は年間二〇〇シーベルトだとか、国の食品安全委員会の発表があってもベクレルもヨウ素もシーベルトも、色も匂いも形もない手に掴めぬ〝見えない〟得体の知れないものをどう見極めればいいのか私を含めて大多数の人々にとって分かるわけがない。線量計をすべての人が持たねばならないのか。第一、国の安全委員会が信用できないのだから、安全と言われれば逆に不安になる。財と癒着した官僚が巧みに主導権を握る「主権在官」とその構図に乗っかった政府、学者たちの欺瞞の真実も暴かれている。官僚は彼等にとって有利な情報しか出さずにメディアをコントロールした感がある。四月に発足することになっていた「原発は絶対安全」を鼓吹し続けてきた原発推進派を監視し、原発の安全を守る役割を持つという新たな規制機関の原子力規制庁も、真に国民のイノチを守る機関になり得るとは思えない。不信感は深いのだ。

暴露された「やらせ」や沖縄での選挙時の「講話」など言語道断な一連の事象は原発と基地が欺瞞と犠牲によって存在している、国民のイノチ無視の同じ構図であることを示している。

弱者のイノチを人身御供にしていいのか

原発労働者の実態は凄まじい。現場の七割は下請け孫請け二〇次にまで及ぶ全国からの出稼ぎ労働者で違法労働が常態化しているという。日給八〇〇〇円から一万三〇〇〇円という健康や命と引き替えの賃金がこの額かと唖然とするがさらに暴力団の介在でピンハネされ、被曝線量の高い現場での労働を強いられて使い捨てられるとも。原発作業に初心者の彼等は現場に入る前に「管理区域入域前教育」を受ける事になっているがそれは儀式に過ぎず、最後のペーパーテストは誰かによって書かれていたと語られている。膏血を絞られ使い捨てされた原発労働者には記録を残されていなかった人が結構多いらしい。症状が出ても因果関係の証明は困難だ。この悲惨な状態を国は野放しにしてきたのだ。弱者のイノチは常に人身御供とされる。憲法に保障されている人権平等はどうなっているのか。原発企業の社長はじめ幹部、為政者に自ら現場に入って労働を体験し、沖縄の基地近くで生活してみろと言いたい。

原発に対して作られた「安全」「安価」神話は完全に崩壊した。原発に頼らなくても国民一人一人が意識的になればエネルギーは賄えるという学者の試算もある。確かにエネルギーの無駄遣いは目に余る。手を出せば水が出、前に立てばドアが開く。利用者が一人もいないのにエスカレーターは稼動し続け、晴天白日下で電気煌々の駅や教室その他は随所に見られ、自動販売機は街の到る所に設置されている。日本くらい明るすぎる国はニューヨーク以外他にはない（だろう）。病院、高齢者施設など必要な場所以外はエネルギー浪費を慎み、「エネルギー中毒」から脱却して、日本本来の美ともいえる味わい深い陰翳ある環境で生きたいものだ。

事故から一年経ってもまだ思い掛けぬ地域や食物にまで放射能は拡散し続けていて、「ウソと札束と八百長と暴力で建設」（鎌田慧）されてきた原発が如何に怖いものかを示し続けている。イタリアもドイツも国民投票や選挙の民意で原発全廃を決定した。日本でも反原発デモが各地で起き、原発の是非を民意で決めようと東京や大阪で住民投票運動が展開されたが石原都知事は「センチメンタルともヒステリックとも思える」と脱原発論者冷笑の態度をとり、大阪は議会で早々と否決した。怒りの種のニュースは果てがない。

三　女性力で隘路突破を

ところで、近年ようやく女性力が高く評価され始めている。女性起業家の活躍も目覚ましい。女性を管理職に登用した企業は業績を上げているというデータが出ている。

最新ニュースでは、女性の不妊危険値は二〇〇ミリシーベルト超とされているが、一〇〇ミリシーベルト単位の放射線を受けた妊婦に奇形児が生まれる可能性は否定できないともいう。だが、政府は、これまで調査した限り影響は無いと安心させている。先に少し触れたが、二〇年三〇年後になって「晩発性障害」を発症することが原爆被爆者やチェルノブイリ事故他の被曝者によって証明されているのだから、決して影響なしとは言いきれないのだ。放射能障害は女性と子どもにより強く影響するらしい。乳癌や小児癌、甲状腺癌の発症率が如何に高いかは既に検証されている。

わが子の将来への憂慮から政府の発表に不信を抱く母親の給食への不安は強い。保育園児二人を持つある母親は、給食献立表に従って同じメニューを自家で調理して持たせ、給食時には園職員がその子や他の園児に動揺や差別観を与えないために、みんなと同じ器に移し温めて渡すと言う例が報告されている。仕事を持つ母親が五時起きして園のメニューと同じものを毎日作るのも大変だろうが、他の園児に怪訝感を抱かせないように配慮する園職員の手間暇、神経も大変だろう。わが子の将来への危惧感は理解できるが、他の園児の将来に無神経なエゴイズムとも言え、差別ともなっている。給食の牛乳にも言える。

わが子の健康被害を恐れて住み慣れた土地を遠く離れた人は数知れないがそこには不当な差別現象が随所にうまれているらしい。被災者の子どもを公園で遊ばせないようにとの要請、保育園への入園拒否、学校で被災地からの転入生へのいじめや虐待など人権侵害事案が激増しているといい、汚染地出身女性への結婚差別も広がっているという。井伏鱒二の『黒い雨』が脳裡をよぎるが、『黒い雨』に見られる内部被曝が現実とならぬようにあらゆる方策を講じなければならぬ。震災や事故が惹起した現象に離婚、結婚増加現象がある。罹災時や避難の過程、その後の窮屈な避難生活で相手への信頼を喪失しての離婚だろうが、ここには不自由な仮設暮らしの上、失業手当が切れ経済的困窮に追い込まれたやり場のなさが原因だろうが夫によるDVの多発がみられるというが、解放されていない男の女性下位視も働いているだろう。一方、単身の心細さが身に沁みたらしい結婚増加もみられるが、DVなどのない幸せを祈りたい。

堀場清子の詩「またしてもの放射能禍」（『いのちの籠』20号）から一部を引用したい。

わたしは悲しむ

日本の国土と海との　この広大な　この深刻な
放射能汚染を

最初の悲劇は
米軍による広島・長崎への原爆投下だった
二一万人余が被爆死したと伝えられ
いまも多くの人々が　放射能障害に苦しむ

（略）

チェルノブイリの原発事故により
約一〇〇ベクレルのセシウム137が降ったとき
核実験からきた約三〇〇〇ベクレルが
すでに　日本の土に残存していたという

そして今回の人災
福島第一原発過酷事故の　甚大さ
セシウム137の放出量は
広島原爆の一六八・五個分と報じられた
最高土壌汚染のセシウム合計値
約三千万ベクレルと聞き驚く

「わたしは、ふつうの子供を産めますか？」
福島市の小学五年生の少女が
政府への手紙に書いた
原発政策を推進してきた責任者らは
どう答えるか

（後略）

小学五年生の少女に、お母さんになれるだろうかと不安がらせる、そんな国があっていいものだろうか。男の子が「僕は大人になれますか」と作文に書いたという話も聞いた。将来に夢を持てぬ子どもを生み出すとは何と残酷だろうか。この現実を為政者は直視すべきだろう。

真のジェンダー平等を

巨大災害後、女性力を評価する声が高まっている。あの日の直前、三月九日にチリ前大統領（女性）が「真のジェンダー平等に向けての歩みを世界中に」進展させなければならない、「女性の強さ、勤勉さ、智恵は、人類の最も重要な資源であるにもかかわらず未開発」状態にあると発言しているが、この発言の真っ当性を災害後の女性たちが示している。百歳の現役医師日野原重明は被災地に自ら複数回足を運んでそこでの感懐を「女性のパワーに圧倒された」、「東北の復興は女性に懸かっている」と繰り返し語っている。男より脱原発をはっきりと言う腹の据わった女たちの発言や行動の情報は枚挙にいとまがない。だが、メディアはそこをきめ細かに採り上げていない。福島県の寺の住職でもある作家の玄侑宗久は「ニッポンの女子力」（『東京新聞』）で「福島県内で反原発、脱原発を主導したのは女性たち」だった、政府や東電の組織を守ろうとする意図を「理屈じゃない」と「立ち上がったのが女性たち」で「女性は現実的で、適応能力も高い」ので「空論を見抜くのが早い」と書いている。だが続けて、「命に敏感」な女性の「子どもを守らなくては」の「情」での「強さ」には「危うさも伴う」と言い、「放射能の問題は（情ではなく）理屈で考えるべき」ものと女性力の内実批判がされている（12・3・17）。このひとひねりした女性力評価は、巨大震災体験で目を見張らされた自衛隊の活躍と、国民に直接話しかけられた「歴史に残る」「天皇陛下」（傍点は渡邊。「陛下」の言義は、卑なる臣下が聖・尊なる高い階の上の天子に対しての呼称）の言葉によって自衛隊と天皇制は「この国になくてはならないもの」（同3・5）との認識、意識、思想と微妙に繋がっているように思う。芥川賞作家玄侑は講演などにもひっぱりだこの著名人だ。昨年四月、当時の首相菅直人から要請されて「復興構想会議」委員になったという。委員一五人中女性は一人で、彼が意見を言うと後で各省庁から呼び出され、十三回開かれた会議は「復興庁」とともに廃止となり今後の見通しも示されないまま〝お役御免〟になったと、「会議」が原発容認だったことを暗に語っている。玄侑にとってこの文章の本旨ではなかったと思うが、期せずして復興に女性力は不可欠とみんなが認めながら、その女性の視点による発想を汲み上げようとせず、物事を決定する場から女性を締め出している男性社会構造をはしなくも物語っていて健在振りの顕示になっている。

女性排除の男性社会健在の現実

高齢者、子どもたち、傷害者の傍でケア役割を担う事の多い女性たちは男性より遥にイノチに敏感だ。災害に際しての防災や復興に女性の視点は不可欠なのだ。東日本大震災に際しての女性力発揮は誰もが認めているのに、玄侑が漏らした事例が雄弁に語っているが、物事の決定権を持つ地位から女性は排除されている。玄侑もこの男女不平等に異議を唱えていない。驚いたことだが、二〇一二年度の四七都道府県の防災会議の女性委員は三・六％で、東京・大阪を含む一二都府県は女性委員ゼロだという。憲法に保障された男女平等のこれが実態とはあまりにもかけ離れ過ぎているではないか。女性の視点ゼロで防災が可能と本気で考えているのだろうか。

男女平等社会になって六十五年も経つのに未だに男性優位社会構造は不変なのだ。昨年は国際労働機関の「男女同一価値労働同一賃金」条約採決から六十年、男女雇用均等法施行から二五年になるが、同一労働で女性の得る賃金は男性の七〇％でその格差は先進国中最大で、国会議員に占める女性は世界一三〇位、研究者は最下位だった。「世界の中の日本ランキング」（『東京新聞』12・1・1）では、「上級職・管理職に占める女性の割合」は九％で一二一カ国中一一三位という恥ずべき数字が報告されている。因みにこのランキングによると、日本の軍事費は一五四カ国中第六位なのだ。世界に誇れる、堅持せねばならない第九条を持つ国として由々しき問題と言わねばならない。

善悪、美醜の両面を持つ「がんばれ」「絆」

ところで、「がんばれ」「絆」の用語が氾濫しているが、「がんばれ」「絆」には善悪、美醜の両面がある。仲間で助け合うつながりを大切にして必死にこの未曾有の困難を乗り切ろうと頑張っている人たち。特に生む生まない生めないの個人的事情はあるとしても命を生む性をＤＮＡに持つ女性たちのイノチを守ろうとする意識は真剣だ。子や孫、曾孫、その先までのイノチを守るために男たちにはない発想で知恵を出し合い、力を合わせる絆の力は強い。これは「情」などではない。内部被曝から命をまもる論理に根ざしている。東京で開催された原発民衆法廷に参加したが、福島県民の女性申立人の意見陳述は、巨額の交付金で操り、「安全教育」で市民を欺いてきたことへの電力企業・国の責任追及で論理的だった。女は論理に弱く情に溺れやすいと言う「論理／感情」の男女＝上下の二分法から解放されていない意識の持ち主（玄侑もその一人）が未だに男性に多いがそれは誤りである。

瓦礫の広域処理に政府は交付金を出すと言い、運搬費だけでも多額を要する遠隔地にまで手を挙げることを促しているが、もってのほかだ。放射能汚染を拡散させるための莫大な交付金は、膨大な交付金目当てに過疎地開発策にと原発を誘致した地域の轍を踏む危険が伴う。広域処理にかける予算で被災地に精度の高い焼却炉を早急に建設すべきだ。

〝原子力ムラ〟の構成が象徴的だが、「原発とメディア」「プロメテウスの罠」に登場する夥しい数の人物は大熊由紀子以外全部男性だった。テレビに登場する原発関連人物も全部男性だったように思う。金儲けが優先される原発産業を維持したい彼等は悪しき醜い絆によって利権確保に頑張っている。莫大な「原発マネー」で町を活性化させたと思いこんでいる、原発との共存に慣れた交付金依存体制の町作り目当ての誘致にも悪しき醜きがんばりと絆が働いている。反対の声を発信しにくい風潮に負けないで、将来世代へのツケ回しを拒み、人のイノチを守ることに「がんばり」と「絆」を発揮したい。

おわりに

原発が〝トイレのないマンション〟の喩で語られるがトイレのないマンションがマンションとして機能しないことぐらい幼稚園児にもわかる理屈だが、それを敢えて敢行したこの国の知性、理性って何だろうか。この国は世界で唯一の被爆国なのに。五十四基の原発の使用済み核燃料の再処理や放射性廃棄物の最終処分にかかる費用は増殖炉を含まず十九兆円という。安全対策や隠れコスト（寄付金も入る）がこれに加算されるらしい。実感できない膨大さだ。これが電気料金として有無を言わせず徴収される仕組みとなっているらしいが理不尽としか言いようがない。理に叶わぬことには不服従を貫き、不当な上乗せ分の不払い運動を展開したいものだ。しかも安全な最終処理技術は未開発の現状なのだ。地中深く埋蔵するとして威力の半減期はヨウ素129なら一五七〇万年、プルトニウム239なら二万四三九〇年を要する（肥田舜太郎『内部被曝』）と言われ、想像力では追いつけない恐怖の塊を果てしなく子孫に残していいものだろうか。

東北は製造業の拠点というがこの美名の蔭の現実は大企業や都市に環流する構造になっている。福島原発が作り出すエネルギーも東京で消費されていたのだから、取り返しのつかない打撃を受けた当地の人たちは大企業や都市の生け贄とされたことになるだろう。東京に住む私は「根源的な無責任さ」の申し訳なさに言葉を失う。

自然をあなどり、科学への欲望を政・官・財・学・報の癒着による利益の欲望と密着させて進めてきた結果を突きつけられたのだ。福島原発事故は、農業も漁業も林業も原発と共存出来ないこと、核と人類の共存は不可能であることを厳然たる事実として示したのだ。構築されてきた文化・文明の改変が喫緊の課題となったといえるだろう。

お母さんになれますか、大人になれますか、などと哀しすぎる不安をいたいけな子どもに抱かせる国であってはならないのだ。それを可能にするためには反原発、反核を実現しなければならない。その実現には、真の男女平等社会を築き、女性力が正当に受け容れられ、かけがえのないイノチが尊重される社会にしなければならぬと今強く思う。

結婚指輪に想う
――当事者として語り合う姿勢の大切さ

遠藤郁子

二〇一一（平成二三）年三月一一日、今となっては何の意味もなさない日付が刻まれた結婚指輪を、私は今はめている。その日、私は結婚式を挙げる予定だった。しかし、その一〇日前、式の最終準備の真っ最中に、あの震災が起こった。津波が起こり、そして、福島第一原子力発電所の事故が起こった。福島には、結婚式への列席を楽しみにしてくれているはずの親族がいた。もう式どころではなくなっていた。

震災直後の日々

震災直後、私たち一家はまず福島にいる親族の安否を気遣った。通信が乱れる中でやっと安否が確認できて安心したのは束の間だった。すぐに、原発事故のニュースが報道された。現地ではガスや水道などのライフラインが依然として断たれた状態だったこともあり、とにかくこちらに避難することを親族に提案をした。深刻化する事故の状況に焦りが募り、アチラが動きにくいのならコチラから迎えに行って説得しようと考えもしたが、そう口にすると皆に止められた。これから先、子供を孕む希望と可能性がゼロでないならば、今はまだどのような健康被害がでるかもしれないのだから、と。

自分が女であることをこんな時にこんな形で突きつけられるものかと正直驚いた。しかし、放射能汚染についての無知と政府の公式発表に対する不信感とで、私は身動きができなくなった。こんな個人的な葛藤を、東京電力のような一企業によって勝手に引き出されるいわれはないはずなのに、と考えると腹が立った。このような災害時にこそ、女であることの葛藤が大きくなるものなのだと、その時に初めて実感させられた。そして、福島にいる同年代の従姉妹たちのことが想われた。彼らはどのような葛藤を背負い込まされたのか。従姉妹だけではないはずだ。今回の原子力災害では、私などよりも切実な形で女である自分というものを突きつけられた女性たちが、年代や子供のあるなしを越え、たぶん日本中にいるのではないだろうか。非常に個人的な問題であるだけに表面化されにくい、そうした葛藤を、今後、私たちはしっかりと受け止め掬い上げていく必要がある。

幸い、親族たちは、私が動く前に福島県内や県外へととりあえず一時避難をし、私が渦中の福島に行く必要はなくなった。避難してきた親族とやっと会うことができた時には、とにかく無事に再会できたことを心から喜んだ。しかし、顔を合わせても何から話していいか分からず、互いの口は重かった。彼らのたいへんな苦労を、それを経験していない私が興味本位に聞くことはとてもできないという考えもそこにはあった。

やがて避難から数週間経ち、結局、彼らが住んでいた地域は避難指示区域にはならないまま、原発の事故もやっと収束へと向かい出した。彼らは福島へ帰ることに決めた。そんな彼らに、もう少し落ち着くまで留まってほしいと言うことはできても、それ以上強く止めることはできなかった。政府の見解を信じるなら、彼らが不自由な避難生活を続ける必要はもうないのだ。しかし、問題は、実際には誰も政府の見解など本当に信じてはいないということだった。自分や家族が今回どれほどの放射能汚染を被り、今後どれほどの汚染を被り続けるのか、はっきりしたことは何も分からない状況で、大気汚染だけでなく、水や土壌や農作物の汚染問題も大きく報じられる中で、何を信じていいか分からず、不安なままに、ただ、生活していくためには何らかの選択だけはせねばならないのだった。

自主避難の境界線

こうして福島に戻っても不安は消えるものではない。その後の彼らの選択は様々だ。そのまま福島に留まる者、やはり自主避難を決める者。除染の目途も立たず、食の安全も保障されているとは信じがたい状況の中で、避難者が出るのは当然であるにもかかわらず、その決断は個人の責任に転嫁されたと言っていい。

震災から約一年経った今も避難生活を続けている人が全国に約三四万人と言われる中でも、福島県民の県外避難者は約六万三千人弱とされ、被災地の中でも他県に比べて県外避難者が突出している（『日本経済新聞』二〇一二年三月一一日）。この数字には、原子力災害以外の避難も含まれるが、わざわざ県外にまで避難する人が多く出ているのは、やはり原子力災害の影響によるものと見ていいだろう。

例えば、近接する新潟県には今も七千人以上の避難者がいるとされるが、新潟県広域支援対策課によると、震災当初は警戒区域内の自治体からの避難者が目立ったが、約一年後の今では、郡山市や福島市など警戒区域外からの自主避難者が増えたという（塚本恒「大震災一年――避難者、今も七〇〇〇人超す」『毎日新聞』新潟版、二〇一二年三月一〇日）。さらに記事は、福島県からの避難者数の世代別内訳（二〇一二年三月二日現在）で、〇～九歳が九百人以上、そして三十代女性が八百人以上と突出して多く、「幼い子どもを連れて母子で避難している人が多いとみられることが、集計からも浮かび上がる」と伝えている。

避難の際、様々な事情によって家族全員で避難できない場合に、せめて子どもの健康だけは守りたいという気持ちで選択されているのが、この母子避難の形態なのだろう。切実な選択であることはもちろんだが、この選択にも、災害をめぐる男女の非対称性が浮き彫りになっている。自身の被曝の危険を顧みずに福島に残り、家族のために働く父親の自己犠牲はさることながら、慣れ親しんだ土地を離れて、父親不在の家庭で子供の世話を一手に引き受けなければならない母親の負担の大きさは計り知れない。母親は、新しい土地での生活を一から築き、子供の不安を取り除き、できる限りの日常生活を取り戻させ、場合によっては避難生活でかさむ生活費を補填するために働く必要も出てくる。

さらに、これだけのことに堪えたとしても、その努力を周囲が必ずしも好意的に理解してくれるばかりとは限らないという現実もある。政府の公式見解に従うならば「ただちに健康に影響はない」ため避難は必ずしも必要ないとされる地域からの避難である。避難することを、大げさに騒いで不必要な混乱を招いていると見なす人や、あくまでも個人的な責任でなされた選択と見なす人も存在しているだろう。家族内でさえ意見が分かれることもあり得るはずだ。

社会や家族の中でのそうした対立の矢面に立たされるのは、多くの場合、子供とともに避難している母親となる。孤立無援のような気持ちで必死に避難生活を続けている母親たちも多くいるのではないだろうか。放射能汚染の実態はなかなかつかめず、何年も先に健康被害が出たとしても、それがこの原子力災害によるものだという証明も困難であることを考えると、母親たちがこうした世間の無理解と対峙しなければならない状況は今後も続いてしまうかもしれない。

しかし、これだけ多くの人が原子力災害の影響を受けて避難を余儀なくされている状況で、自主避難という選択を個人の責任に回収しようとすることは間違っているのではないだろうか。避難をする、しないという選択は個人個人の選択のようであっても、本来、彼らにそのように切実な選択を迫っているのは日本社会の側である。それを社会全体の問題として理解し、社会全体で解決しようとする姿勢が国民全員に求められるべきだ。

その意味で、無理解よりも根が深いのは無関心の問題だ。個人が抱える痛みを、実際に痛みを経験していない他人が推し量ったり、自分の痛みとして共有したりすることは非常に難しい。そして、その痛みを継続的に共有していくことはさらに困難である。被害者に対して一時的には非常に同情したとしても、単なる同情は時間の経過とともにだんだんと薄れていってしまう。

震災から約九カ月後の一二月一六日、政府は福島原発事故の収束を宣言した。収束宣言後、メディアや国民全体の原子力災害への関心は徐々に弱まり、福島原発を含めた日本の原発問題は、また事故前と同じ闇の中へと隠されようとしているかに見える。それを許していいのだろうか。日本の原発問題、今回の原子力災害は、直接の被害者だけの問題ではない。私たち日本人は皆、この問題の当事者としての意識をもつ必要がある。

当事者として語り合うこと

そのためにはどうすべきかを考えていたときに出会ったのが、原発事故の恐怖を描いたG・パウゼヴァング『見えない雲』という児童小説だ。チェルノブイリ原発事故の翌年にあたる一九八七（昭和六二）年にドイツで発表され、同年、日本でも翻訳された（高田ゆみ子翻訳、小学館、一九八七年一二月）。ドイツのある原子力発電所で爆発事故が起き、町中がパニックに陥る中で、一四歳の少女・ヤンナ－ベルタが弟を連れて避難を試みるものの、弟とは死に別れ、自分自身も被曝して生死をさまようという非常にシビアなストーリーになっている。ヤンナ－ベルタはたった独りでつらい闘病生活を続けた後、放射能汚染のために立ち入りが禁止されていた故郷の町の立ち入り禁止がやっと解除されたと聞き、そこに戻る決意をする。そして、なつかしい我が家にたどりついた彼女は、そこで、たまたまマジョルカに旅行していたために事故の難を逃れた祖父母との再会を果たす。

しかし、この孫の被曝もその他の家族の死も事故の現実も知らない祖父は「騒ぎすぎだ」「知らせなくてもいいことまでマスコミに知らせたのがそもそもの間違いだった。連中はなんでも大げさに書きたてる。そんなことさえしなければ、こんなヒステリーが生じることもないし誇張やプロパガンダにまどわされることもなかった。そこらのおばさんたちが、原子炉の内側のことやレムだのベクレルだのについて知る必要がどこにある？　結局はなんにもわかりっこないんだ」と、事故の現実をまったく無視した言葉を言い放ち、祖母もそれに同調する姿勢を見せる。彼らには目の前の危機的現実がまったく見えていないのだ。

作品は、ヤンナ－ベルタがそんな祖父母に対してかぶっていた帽子を取って見せ、「あの日からのこと」を話し始めるという場面で終わる。被曝した彼女の頭には髪の毛がない。その頭を見せ、自らのつらい経験を勇気を持って語ることで、彼女は現実の直視と理解を祖父母に求めている。

ヤンナ－ベルタは被曝によって髪が抜けた頭を普段から隠さなかったが、同じ被曝者の中には、そんな彼女に対して「あんたは自分だけじゃなくて私たちも傷つけてるのよ。少なくとも帽子はかぶってちょうだい。私たちはヒバクシャ。だけどそれを宣伝する必要はないわ」と言う者もいる。作品は、「ヒバクシャ」というレッテルによって、彼らが異端視され差別される状況を浮き彫りにし、彼らの困難が健康被害だけではないことを示唆する。だからこそ、そうした嫌な現実や過去の記憶を掘り起こすよりも、それに蓋をすることによって前を向きたいと考える人が出るのは、ある意味で当然と言えるかもしれない。しかし、帽子で表面上だけ平静を装っても事態は何も変わらない。とくに、事態を共有していない人々と問題を共有し続けていくためには、語り合っていくしかない。

私たちが、今回のような原子力災害の被害者を二度と出さない安全な社会を本気で望むならば、『見えない雲』のヤンナ－ベルタが作品の最後で語り始めようとしたはずの言葉に注意深く耳を傾けなければならない。そして、現実に目を背けずに理解しようとし、語り合わなければならない。

『見えない雲』は、本国ドイツでは累計一五〇万部以上を発行し、国語教材として採用する学校も多いという（川崎陽子「すべての読者に真剣に受け止めてほしい」『朝日新聞社WEBRONZA』二〇一一年七月八日　※http://webronza.asahi.com/global/2011070800001.html　二〇一二年三月一七日現在）。このたびの福島原発事故を受けてドイツで原発廃止が議決された裏には、こうした作品が読み継がれてきたことに代表されるように、問題を風化させずに皆で共有し続け、語り合ってきた何十年にもわたる努力がある。今回の原子力災害の当事者である私たち日本人にも、今、その努力が必要とされているのではないだろうか。互いに当事者意識を持って語り合っていくことが、現実を変えていく第一歩となるはずだ。

事故の当初、私は福島の親族の話を軽々しく聞いてはいけないと考えた。その後も、もしかしたらもうそっとしておいてほしいかもしれない、彼らに本当に申し訳ないと、話題にすることを遠慮していた。しかし、そうした遠慮の中には、直接の当事者である彼らと直接の当事者ではない自分とを線引きする気持ちが、どこかに混ざっていた。私自身、結婚式が延期になるという被害も受けたが、今回の震災やそれに引き続く原子力災害ではもっと深刻な被害を受けた人が大勢いる。彼らの被害に比べれば、自分の被害など訴えるのも憚られる、些細なものだと感じていた。

しかし、そのように被害の大小を比べて黙っていても何も変わらない。どんなレベルであれ、私たちは皆、この災害の被害を受けた当事者であるはずだ。被害の大小を比べて黙ったり対立したりするのでなく、同じ当事者として皆が今回の問題に関心を持って向き合うことが、問題の解決のためには大切なことなのだ。そう気付くことで、私は今やっと従姉妹たちと「あの日からのこと」を語り合うことができるようになった。

エッセイ

忍びよる恐怖

――星新一「おーい　でてこーい」から見えるもの

岡西愛濃

一　「トイレなきマンション」

原発の問題を考えるときに、脳裡に浮かぶ小話がある。都会にほど近いとある村で、嵐のために古い社が流され、深い穴が現れた。村人たちはその深さを探るが、計り知れない底なしの穴である。利権屋がその穴を買い取り、原子力発電会社に売り込んだ。その穴は核廃棄物をはじめ、あらゆる不要物の捨て場所として利用されるようになる。人々からありがたがられるようになったその穴は、ある日、これまでに廃棄してきたゴミを放出する存在として、人々の頭上に現れる……。

星新一のショートショート「おーい　でてこーい」は、一九五八年に発表された。第五福竜丸事件をきっかけとした核兵器廃絶運動の最中の一九五五年、日本は原子力基本法を成立させ、原子力発電所の創設に向けて動き出す。この作品は、その三年後に発表されたものだ。今やこれを荒唐無稽の作り話だと笑い飛ばすことは誰にも出来ないはずである。「トイレなきマンション」と言われる原発が、最終処分方法を持たないという問題もこの時点ですでに描かれている。原発は、創設される以前から言い知れない恐怖を人々に与えていたのだ。そして、今、私たちはこの作品と同じ状況の中に置かれている。

かつて放射能は、「黒い雨」「死の灰」と呼ばれてきたように、この作品のゴミと同様、空から降り注ぐものだった。しかし、今、放射能はすでに空気と水と土に浸透し、何世代にもわたり、人間を脅かすものになってしまった。人知で統御できないものだからこそ、核にかんする情報は厳重に隠蔽されてきた。その結果、人々はその恐ろしさを知らされることなく、あるいは目を背けて、その傍らに存在している。

一九七九年のスリー・マイル・アイランド原発事故や、一九八六年のチェルノブイリ原発事故で、原発への恐怖が現実のものとなっても、日本では、原子力の技術の高さを誇り、その安全性をうたうことによって自他を欺き続けてきた。そして、二〇一一年三月一一日、目の背けようのない現実として、事態は私たちに襲いかかる。荒唐無稽であったはずの小話は、私たちの身体に放射性物質が降りかかってくることを予見していたのだ。

二　女性労働と地域格差

日本は、唯一の被爆国であるにもかかわらず、これまで原子力発電を推進し、五四基もの原発をつくってきた。広島、長崎の被爆者の声は専ら平和運動の文脈において受け止められ、原発が被爆の危険を身近にかかえるものという認識にはいたっていなかった。一九五四年、第五福竜丸の乗組員がアメリカの水爆実験の犠牲者となった時には、核兵器廃絶の気運が生じた。しかし、核を廃絶するのとは正反対に、この事件はアメリカから原子力をもたらされる契機となったのだが、人々にはそれを知らされていない。原子力は秘密のうちに取り込まれ、素早く法に定められて明らかなものとなった。

「おーい　でてこーい」では、利権屋が買い取った穴を核廃棄物の捨て場所にしようと仲間たちに猛運動をさせる。村人たちは、村に近い穴が核廃棄物の捨て場所になると知ると、さすがに「ちょっと心配したが」、「数千年は絶対に地上に害は出ないと説明され」、結局、利益の配分を受け取ることで納得させられてしまう。ここには研究成果を安全の根拠となるように曲げ、利益にひた走る利権屋と、目先の小さな利益で目くらましをされてしまう村人たちが描かれていた。

これと同様のことを、現実の原発の周辺に見つけることはたやすい。たとえばオーストラリア・カナダ・アフリカのナミビア・旧東ドイツ等、世界各地のウラン採掘所を五年間に渡って丁寧に取材し、ウラン採掘鉱の実態を取材したドキュメンタリー映画「イエローケーキ――クリーンなエネルギーという嘘」(監督ヨアヒム・チルナー、二〇一〇年ドイツ映画)では、人々がウランを採掘し、高線量の地域ではウランが取れることを期待して調査する様子を伝える。イエロー・ケーキとは、天然のウラン鉱石を精錬して得られるウランの黄色い粉末のことで、発電時に二酸化炭素を出さず、再処理を行えば繰り返し使用できることから、「クリーンなエネルギー」といわれたものである。

このイエロー・ケーキを生成するために貧しい先住民族の人々がウラン採掘に従事しているのは、経済的に貧しい先住民族の人々に多い。ナミビアのロッシング鉱山のウラン採掘現場の仕事内容は、巨大な貨物トラックで岩盤を爆破するという重労働だが、女性に積極的に職を与えているという。そして、この国では、ウラン鉱で正規雇用されることが、経済的に潤うとともに一つのステータスともなっている。だが、ウランを求めて、というよりもウランがもたらす豊かさを求めた人々には、ウランがもたらす健康被害についての知識は与えられていない。放射能の危険をまったく知らずに、あるいは少しばかりの知識があっても――目を背けて――人々は豊かな暮らしのために、ウラン鉱に仕事を得、ウランのもたらす暮らしに馴染んでいる。

ここには、男性は基幹労働者であり、その妻には家事や子育てをタダでやらせせようとするありかたを見ることもできる。女性労働は家計の補助でしかないから〝低賃金〟でよいという論理も透けて見える。こうしたウラン採掘の現場で、女性労働者の数が増えることは、これまでの男性労働者が減少し、男性労働者の雇用を不安定化することにもつながっていく。先住民族の「男性／女性」労働を集約することで資本を蓄積していく国際経済の構図には、その根幹にジェンダー問題がある。

また、映像は、カナダ北部のウラニウム市で、ウラン採掘が可能な土壌を探す少女たちの姿を捉えていた。高校生と思しき彼女たちはウラニウム市生まれだが、ウラン鉱の閉鎖とともに街を後にしたという。再びウラニウム市でウランが出るという可能性を指摘されると、彼女たちは、学校が休暇に入る度に、故郷に戻って実地調査を行っている。素手で放射性物質に触れた一人の少女は、「慣れてるから平気。安全じゃないなら触るのが禁止のはず」と語る。

現実を知れば、現状維持が不可能なことに対して、人々は目を背ける。たとえもたらされる結果が予測できたとしてもである。核には機密が多いのも、それが手の施しようのないほど〈危険なもの〉だからなのだ。双方が目先の利潤を第一に考え、都合の悪い事柄には踏み込もうとしない。そして、悪い結果が生じれば、個人に運命として受容することを強いているのだ。

三　原発はいらない

福島原発の事故から原子力の「安全神話」がもろくも崩れ去って、一年。ドイツではいちはやく脱原発に向けて歩み出すことを決定したが、当事者国日本では、ゆっくりとだが確実に今後も原子力に依存していく姿勢を見せはじめている。二〇一二年三月には、原子力保安院が、原子炉の稼働を条件付きで四十年から六十年に延長するよう求め、定期検査で休止中の福井県大飯原発のストレステストを良好と判断し、政府は再稼働を急いでいる。肝心の福島では、事故から一年が経った今も、まともな復興の見通しも立っていないというのに。そして、そのツケは、確実に次世代を担う子どもたちが引き受けることになるのである。

政府は、「安全」を前提とすれば、原子力を使い続けることを当然とする強硬な姿勢を持っているように思われる。だが、私たちは、今、その「安全」を鵜呑みにはできない。再び、「安全」を信用することは、「ちょっと心配した」ものの「数千年は絶対に地上に害は出ないと説明され」、利益の配分を受け取ることで納得してしまう村人たちと同じ結果をもたらすことになりはしないだろうか。

東日本大震災を経て福島原発が引きおこした〈現実〉に直面している私たちには使命がある。それは原発を日本から、世界から絶対になくすという使命なのである。

脱原発へのはたらきかけ
――個人的なことは政治的なことの原点である

中島佐和子

はじめに

二〇一一年三月一一日の東日本大震災から丸一年が経過した現在、亡くなった方々への思いや、困難な避難生活、復興の遅れなどと共に、私たちを苦しめているのは、福島第一原子力発電所事故による放射能汚染と、今後への懸念である。一、三、四号機は爆発、炉心はメルトダウンを起こし、現在も放射性物質が放出されて大地や海に蓄積し続けている。私たちは外部からの放射線の脅威とともに、空気、水、食品を摂取することによる体内被曝の危険にさらされているのだ。

一　なぜ原発を容認してしまったのか

〈3・11フクシマ〉とは何か。それは、原発事故により放射能汚染の永続的な危険が生じたこと、原発の危険性を骨身に沁みて感じ、理解したこと、原発をめぐる政・財界と学者・マスコミ等の大規模な癒着構造が明らかになったこと、そして、私たちがたとえ原発反対の立場に立っていたとしても、地震国日本に五四基もの原発を建設・稼動していた現状を、結局は容認してきたという事実を突きつけられたことである。

今回の事故以前にも、原発の危険性について早くから警鐘を鳴らし続けてきた人々がいる。原発建設地・予定地の住民を中心にした反原発運動も各地で行われていた。しかしそれが全国的な動きにならず、現状を迎えてしまったのはなぜだろうか。

中学・高校で筆者の同期だった栗原淑江さんは、学生時代から被爆者調査にかかわり、小冊子『自分史つうしんヒバクシャ』を毎月発行し続けている。大変恥ずかしいことだが、私はその活動を、核兵器廃絶を訴えることはもちろんだが、過去の悲惨な出来事への抗議と被爆者の救済を中心にしたものと受け取っていた。しかし、大江健三郎が彼女の活動を紹介して、その冊子が転載している新聞雑誌記事の豊かさを称賛している（「定義集」『朝日新聞』二〇一一年一〇月一九日）のを読んで、自分の不明を恥じた。大江は、原発の維持が「潜在的核抑止力」になっているとさらりと言ってのける石破茂の発言（『サピオ』一〇・五）等に衝撃を受けたと記している。私はようやく、過去の原爆被害が今回の原発事故と通底しており、広島や長崎の被爆者を語ることは、現在や未来の原発の危険を語ることでもあると認識し、栗原淑江さんの活動がいかに意義深いものであるかということを再確認したのである。

このような不明は、決して私だけではないだろう。仙台市出身の映画監督・作家の岩井俊二は、東日本大震災を題材に著名人のインタビューを収録したドキュメンタリー『friends after 3.11』（二〇一一年一〇月、劇場版二〇一二年三月）を発表し、二〇一二年一月には小説『番犬は庭を守る』（幻冬舎）を刊行した。原発事故で汚染された近未来の世界が舞台の作品である。そこでは放射能汚染のためにほとんどの男性は生殖器が成熟せず、「小便小僧」と呼ばれている。数少ない〈正常〉な発達をした男性は「種馬」と呼ばれ、裕福なエリートである。「小便小僧」の主人公は警備員として暮らしており、廃炉となった原発の警備を担当することになる。ついには未熟な性器さえ失うことになる主人公の悪戦苦闘ぶりをユーモアを交えて描いている。実はこの作品は、一九八六年に起きたチェルノブイリ原発事故をモチーフに構想されたもので、3・11以後書き継がれて出版されたという。その間の事情を岩井は、「原発が爆発して、まず感じたのは非常に申し訳ないということ。実際に原発を見学し、皆に考えてほしくて書いていたのにも関わらず放置していた。日本ではそう簡単に起こらないと思っていたわけではないが、ぼんやりしていたことは否めない」（http://www.cinra.net/review/20120207_book_banken.php「CINRA. NET」）と語っている。

二　自然災害と日本人

多くの人々が原発の危険性を認識していながら、なぜ黙認してしまったのか。その回答のヒントには、日系イギリス人の作家、カズオ・イシグロの小説『わたしを離さないで（Never Let Me Go）』（二〇〇五年）が参考になるかもしれない。自然に恵まれた静かな環境で過ごす寄宿舎生活には、恋も友情も反目もある。ありふれた青春物語のようだが、やがて、登場人物たちには老年期がやってこないことが語られる。彼等は、臓器移植を目的に生まれてきたクローンなのだ。登場人物たちは、自分たちの「親」を探そうとそれらしい人物を追跡してみることもあるが、現在の境遇に疑問を抱くわけではない。寄宿舎を出たあと、三、四回の「提供」を済ませ、彼等は「使命を終えて」いく。クローンの一人である一人称の語り手の言葉はあくまでも静かで、淡々と彼等の日常を語る。この作品と、ブッカー賞受賞作である『日の名残り（The Remains of the Day）』（一九八九年）についてイシグロは、「我々は大きな視点を持って、常に反乱し、現状から脱出する勇気を持った状態で生きていません。私の世界観は、人はたとえ苦痛であったり、悲惨であったり、あるいは自由でなくても、小さな狭い運命の中に生まれてきて、それを受け入れるというものです」（インタビュー「カズオ・イシグロ『わたしを離さないで』そして村上春樹のこと」『文学界』二〇〇六年八月）と語っている。日本の長崎に生まれ、五歳まで育ってイギリスに渡ったイシグロの世界観には、日本人の心性が色濃く反映されているのではないだろうか。なおこの作品は、当初は核兵器や原子力に接触した若者の物語として構想したという。

震災後言及されることの多い鴨長明の『方丈記』では、大地震や大津波、大火、飢饉などの災いを列挙して、定めなき世の中を水に浮かぶ「うたかた」と例えている。この無常観は、日本人の心性として広く共有されていると言えるだろう。地震、津波、噴火、台風などの自然災害の多発する日本には、そのような風土を宿命と受け止め、順応して来た歴史がある。

3・11大震災後間もなく、水・食糧・医療品・生活必需品などの援助物資が各地から届き始めた時、寒さに震えながらも整然と並んで配給を待つ人々の姿がテレビ中継され、インターネットで世界に放映された。パニックになることもなく、略奪もなく、落ち着いて助け合う被災者の姿は世界中から称賛された。それは私たち日本人にとっては誇らしいことだったが、思いがけない反響でもあった。たとえ非常時であっても、現状を受け入れて秩序を守るという当然の行動で称賛されるとは思ってもみなかったのである。自然災害に対処する冷静沈着なふるまいは、自然と親しみかつ苦闘して来た日本人ならではのものかもしれない。

三　人為的災害としての原発事故

しかし、原発事故は自然災害ではない。原発事故を起こしてしまったのは、事業主体である東京電力であり、原子力発電を推進してきた政府と経済界と学者であり、追従したマスコミであり、結局は容認した私たち国民なのである。もはや自然災害に耐えてきたように現状をそのまま受け入れるのではなく、人為的災害の主体を明らかにし、その主体の責任を追及しなければならない。

原発が他の発電方法と決定的に違うのは、放射性物質という危険物を生み出すことである。水力、火力、風力、太陽光、地熱などの他の発電方法はシンプルで、維持管理にも複雑な操作はいらない。施設が老朽化すれば廃棄すればよいのである。それに対して原子力による発電は、不安定な核融合を制御しなければならず、発電施設は複雑な構造を持つ。構造が複雑であるほど故障の可能性が高まるのは自明である。保守点検や修理に多数の下請け労働者が動員され、放射能の危険にさらされて苛酷な労働に従事していることは、堀江邦雄『原発ジプシー』（現代書館、一九七九年一〇月）に詳しい。施設の維持管理、廃棄物の処理、廃炉のいずれにも放射能の危険がつきまとい、安全な方法が確立されていない。一方で、高度な技術と複雑な設備を要する原発は様々な段階で利権を生み、関係する多方面へ資金が潤沢に流れる。政界、自治体、学者など各方面に東電が莫大な献金を続けたことは、〈3・11フクシマ〉以後、次々に明らかになってきている。裏返せば、それほどの巨額を投じなければ建設の承認を得られないほど、原発は危険な存在だと言うことである。そしてその資金は、元はといえば私たちが払う電気料金なのである。

東京電力は自らの「安全神話」に呪縛されて、事故は起きないとして対策を怠っていた。事故後一年以上経った二〇一二年三月一四日、ようやく国会事故調査委員会で事故対策の不備を認め陳謝したのである。また、経済産業省原子力安全・保安院は、過酷事故対策の法規制を検討しながらも、既成の原発の安全性が疑われて行政訴訟が起こることを懸念するあまり、先送りしたことが明らかになった（『朝日新聞』二〇一二年三月二四日）。

津波の大きさは「想定外」だったとも言われるが、では、想定されていたら事故は完全に防げたのだろうか。そもそも、現在の（未来においても）技術で、今回の事故を防ぐことが出来たのだろうか。しかも、3・11大震災以上の災害が来ないという保証はないのである。

四　個人を大切にする社会に

大震災後、話題になった二人の詩人がいる。一人は、娯楽番組や商業CMが自粛されたテレビで流れ続けたACジャパンのCMに登場した「こだまでしょうか」の作者、金子みすゞ（一九〇三〜一九三〇）である。「こだまでしょうか」は、子どもたちの会話の形をとって、人と人とのつながりを優しく、的確に表現している。あまりにも頻繁にテレビで流されたことによる反発や、原発事故の危険性隠しに利用されたという批判もあったが、詩の言葉に感銘を受けたという多くの声が聞かれた。みすゞは、「私と小鳥と鈴と」では個性を大切にすること、「大漁」では弱者の側に立って考えることなど、平易な言葉を使いながらも鋭い批判を投げかけた作品を多く書いた。みすゞは大正末から昭和にかけて、雑誌に童謡詩を発表し、投稿仲間から憧れられる存在になった。しかし結婚後は、文学に理解のない夫から詩作や文通を禁止され、最後には娘の養育をめぐって、二十六歳で抗議の自殺を遂げている。

もう一人の宮沢賢治（一八九六〜一九三三）は、東北に生まれ住んだ詩人・作家である。手帳に残されていた「雨ニモマケズ」は、根強く生きる東北の人々の心を代表するものとして、ワシントンのナショナル大聖堂での東日本大震災追悼式（二〇一一年四月一一日）で英訳で朗読されるなど、大震災に関わる集会で度々朗読されている。賢治は最大の理解者だった妹トシの死に際して、「永訣の朝」、「無声慟哭」などの悲痛な詩を残している。トシの死後書き始められ、書き継がれて未完に終わった「銀河鉄道の夜」では、主人公ジョバンニは親友カムパネルラの死出の旅に寄り添い、「みんなのほんとうのさいわい」を探そうと決意する。賢治は、結核による死の直前まで、農民の肥料相談に応じていたという。

このように、大震災後の人々の心に刻まれた二人の詩人は、自分の周りの人々と誠実に向き合い、その人たちへの切実な思いから作品を産み出して来た人たちだった

フェミニズムは、一九六〇年代以降、「個人的なことは政治的なこと」と主張して来た。このスローガンは、たとえば家事労働など個人的なことと切り捨てられていたあらゆる事象や問題には、政治的な力関係が働いていることを意味している。

〈3・11フクシマ〉以後の現在、この言葉を「個人的なことは政治的なことの原点である」と言い換えてみたい。これまでの日本社会では、「滅私奉公」という言葉は肯定的に使われて、私を犠牲にして仕事や公に仕えることが称賛された。そして「公私混同」という言葉は、公的なことに私事を挟んではいけないという意味で否定的に使われる。それは、個人を大切にしない社会だ。仕事を第一に優先して、一人一人の人間の顔が見えない。利益を追求するために他人を犠牲にすることに心の痛みを感じないのは、相手の顔が見えないからである。原発を推進する人たちが放射能の危険を感受しないのは、放射能の危険にさらされる大切な人を思い浮かべることができないからではないか。

早くから原発の危険性を声高く主張してきた広瀬隆は、講演会場の壇上に立つのは、「二人の娘の命を守りたいという、父親としての生物本能から」（『危険な話　チェルノブイリと日本の運命』八月書館、一九八七年四月）だと語っている。これからは一人一人の人間を大切にする社会へ、経済優先、利益追求第一ではなく、個人の生活を大切にする生き方に、社会全体をシフトさせて行かなければならない。

脱原発をめざして

大震災一年目の二〇一二年三月一一日には、追悼と脱原発のための集会が各地で開かれた。私が参加した東京の日比谷公園には一万四千人（主催者発表）が集合した。原発反対を唱えながらデモ行進し、ロウソクの火を掲げながら、人間の鎖で国会議事堂を囲んだ。両親に連れられた赤ちゃんから白髪のお年寄りまで、老若男女が参集し、外国人や、海外からのメディアの取材も多かった。警察官の規制により、被災地の行列と同様デモはここでも秩序正しく、五人横隊で広い道路の一車線を長々と進んだ。参加者の熱意は溢れていた。しかし、残念なことに数が足りない。警察官の規制に従おうとしても、制御出来ないほどの大勢の人々が押し寄せて来なければ、政府を動かす力にはならないだろう。

一人一人がもっと自分自身を大切にし、日常生活を享受し、身近な人々を愛そう。そしてより良く生きるための社会を真剣に模索し、思いを行動に移そう。そうしなければこの社会は変わらない。

Ⅲ　産む性・いのち・女

不確かな着地点
――生死のことを考えながら

漆田和代

いつからか命や死について考えることがふえ、宗教、ことに仏教的なものに対し、以前とは違う関心を寄せるようになっていたのだと思う。震災直後から「今回は私は免れさせていただいたが……」とまず思ったし、今も被災地の映像を目にしてはそう思う。間髪で生き延びた方々の体験談はもとより、メディアが流すどんな報道からも、生死について否応なく考えさせられる無数のテキストを、日々読んでいたような気がする。

だから、「震災後のフェミニズム」というテーマもなかなかしっくり来ず、ああでもない、こうでもないと考えあぐねるばかりで、考えがまとまらなかった。生死についての自分の関心と「フェミニズム」の切り結ぶところが見えてこないのである。とりあえず、今の自分のセンサーに引っかかってきたことを手がかりにするしかないと書き始めたものの、中断すること数回、思考の堂々巡り、行きつ戻りつを繰り返したあげく、コラージュみたいな文章になってしまったが、今はこんなことしかできないのだ。

被災地の現実

アジア女性資料センターが発行する『女たちの21世紀』(二〇一二年三月号)が、〈尊厳ある生活再建へ向けて――東日本大震災から1年　動く女性たち〉という特集を組んでいる。被災現場に深く関わり、実情をよく知る人たちからの問題提起なので、考えさせられる内容が多かった。「震災後のフェミニズム」という今回のテーマとも重なるので、その一部を紹介してみる。

地域防災を考える際には、計画段階から女性の視点を入れることが重要だと、「国・自治体の『防災支援計画』への提言（抜粋）」（「東日本大震災女性支援ネットワーク」）を紹介し、また東北山間地に以前からある女性の地域防火・防災組織（男性の出稼ぎが多いため。現在次第に高齢化してきている）がどんな活躍をしたか、女性リーダーたちの聞き取り調査をもとにした報告を載せている。また日がたつにつれ、瓦礫処理にはお金が出るが、炊き出しをはじめ避難所のお世話（主に女性が担う）は無償が当たり前といったこと、避難所や仮設住宅の管理運営に女性が意見を出しづらく環境改善が進まないこと、義捐金支給や各種支援が世帯主を基本とするため、女性が不利益をこうむったり、使い道に意見が言えないなどの問題点が挙げられており、普段から人権と男女共同参画の視点を核に据えていく必要があると（浅野幸子さん）。

国の復興ビジョンでは経済再生を強調するが、仮設住宅のあり方など「生活再建」の観点が薄いので、高齢者の多い地域での復興はことに難しい。ビジョンの検討会議に女性や福祉系の委員が含まれず、阪神・淡路大震災の経験が生かされていない。たとえば、避難所に仕切りや女性専用トイレを設けることさえまだ標準仕様になっていないし、大半の仮設住宅が収容所のように平行に配置され、共用スペースを作りにくいので、孤独死を招きかねない。阪神・淡路大震災の経験から、高齢者にはグループホーム型が望ましいと推奨されていたにもかかわらず、設置条件が壁になっているのか、グループホーム型は全く普及していないという（中島明子さん）。

仮説設置計画の遂行を迫られた自治体と受注・供給側の事情がからみ、倉庫か飯場かわからないものまで「住宅」として供給されている例もある。それ程ひどくないにしても、ユニットバスのへりが高くてまたぎにくく事故を起こしかねない、夏は風が通らず蒸し風呂状態、冬は結露で温度が保てない、入り口に段差があって車椅子が使えないなど、仮設住宅の改善については、女性建築士たちがユニバーサルデザインの視点から提言を準備中だという（菅野真由美さん）。

「被災外国人女性のための雇用創出」の章はちょっと明るい話題。中国人研修生の多くが被災直後に帰国してしまったあと、もう外国人はいないと見られていたが、「長男の嫁」としてフィリピンや中国から来た女性たちが気仙沼、陸前高田、大船渡などに数十人も暮らしていた。滞日歴は二〇年から五、六年とさまざまで、沿岸の水産加工場などで働いていたが仕事を失い、代わりの仕事が見つからなかった。難民支援協会が聞き取りに入り、介護のニーズの高い地域であるから、ヘルパー二級資格の取得と介護施設での就労を目指す支援プロジェクトを始めた。幸い行政関係者や大手介護サービス業者の協力もあって、介護に関する特別な日本語の勉強会を開いたり、日本語教室のなかったところに講師を派遣してもらうことができて、すでに何人かが就職、水産加工の時給よりも好条件で働いているという（田中志穂さん）。

フクシマの電話相談の現場からは、放射能汚染を恐れ、家族と離れて子どもと避難している女性が抱える辛さ、それは津波で家や家族を失ったわけでもないのに家族に経済的・精神的負担をかけているという「見えにくい」負い目であったり、他方避難せずに地元にとどまる女性たちの方にも、自分の選択を語ることへの強い警戒感がある、と報告されていた。放射能汚染のストレスで悩む人の相談は、放射能の専門家が受ければいいと思われがちだが、アドバイスをもらっても最終的には「自己選択」せざるを得ず、専門家の判断が示されることで汚染が日常化しても逃げ場のない女性たちが、さらに苦しむことにもなりかねないという。親しい仲間同士だったのが、「自己選択」を通して解放どころか分裂・対立・孤立を深めてしまうこともあるので、「どんな選択も否定せず、多様な選択を保障する」という〈ジェンダー的視点〉に立った受け止めが必要だし、ファシリテーションの技術も必要だ（丹羽麻子さん）とあって、その難しさはよくわかる。

いのちを守る真摯な努力

また震災一周年を意識したころ、テレビのニュース枠の中で前後して報道された妙に心にしみてきた話がある。それを二つばかり紹介したい。

震災を受けた宮城県のある病院。電気も切れ余震の続く三日間に、六人の赤ちゃんが生まれた。新生児室の暖房も切れてしまい、赤ちゃんをプラスチックの衣装ケースに入れてラップで覆い、ゴム手袋にお湯を入れた即席湯たんぽを傍において体温を保ったという。助産師さんや看護師さんの臨機応変の知恵と工夫、全く頭が下がった、と病院の医師は語っていた。出産は待ったなし、妊婦さんはそのとき、どんなにか不安だったに違いないと想像した。後日取材を受けたその一人、若い母親が、突き上げるような陣痛と余震の揺れが重なっていたと語っていたことが、印象深く残った。無事出産できた安堵感・達成感もあったと思うが、ふと大地も裂ける国産み神話的な体験をしてしまったかのような、深い表情を浮かべていた。ともあれ時を選んで生まれてきたわけではない命を、機能不全に陥った病院でも、創意工夫と注意深い世話によって守り抜いたということである。

原発から一四キロ地点、福島県浪江町で牧畜を営んでいた男性、警戒区域拡大に伴い、牛を捨てて避難することを余儀なくされた。逃げるとき禁を犯して牛を解放した人もいたらしいが、それは原則許されていなかった。夏、許されて一時帰宅して見たのは、自分が置いて出た飼料を食べつくし、やせこけて倒れていた牛たちの姿。言葉もなく目を牧舎の外の明るい草地に転じると、思いがけないものが目に入った。何頭もの子牛たちがのんびりと草を食んでいた。みごもっていた牛たちが、最後の力を振り絞って産み落とした命！　自力で立ち上がり、牧舎につながれなかったのを幸い、外に出て季節の恵みを得て生き延びたのだ。アツいものがこみ上げて、「希望の牧場」というプロジェクトを立ち上げた。汚染地域に取り残された牛たちを集め、屠殺しないで、耕作放棄の続く田畑に柵を設け放し飼いにするプランである。秋までは囲いの中の草を食べて生きられるというが、冬は厳しくて乾草など用意しなくてはならない、インターネットでカンパを求めている、というものだった。

命の尊さ。それを守る真摯な努力のすばらしさに、どちらの話にもまず素直に感動した。同時に、それだけではすまされない、妙に落着かない気分に見舞われてもいた。前者と後者の命の扱われ方の落差のようなものに反応していたらしい。だから、どうだというのだ、と自分に突っ込みを入れながら、後者の男性のことをいろいろに想像してみた。この人は自身も被害者であるのに、身勝手な人間の一員として即加害者でもあるという直感から、たまらない気持ちで動いたのではないか。はじめ五〇頭ほどだった牛は、同様の事情の牛の受け皿になり、その後三〇〇頭にもなったというから、「希望」を維持し続けるのも並大抵のことではない。その上、国が長期にわたる避難区域の指定を見直そうとしている今、先々のことは不透明そのもの。とりあえず進んでみるしかない、というスタンスにならざるを得ない。それでもよい、こういうことは考え抜いて決められることとも思えないのだから。――その人になったような気持ちで、自分に言い聞かせたりしてしまう自分がいた。「希望の牧場」は今も続いているのだろうか。

「縁起」を生き切る

玄侑宗久さんがＮＨＫあさイチ（今年三月九日）で、福島の現状を一言で言うなら、「分裂」だと表現した。「出る」「出ない」、「食べる」「食べない」、「戻る」「戻らない」、「帰りたい」「帰れない」……。夫婦が、親子が、家族が、地域が、葛藤の中に投げ込まれ、同じ一人の人の中でも揺れにゆれ、心は、頭は……とばらばらになっている、というのである。「絆」にも「頑張ろう」にも反応しなくなっている、と。電話相談での女性たちの微妙な翳りが思い合わされる。

三春町の古刹の住職でもある玄侑さんは、一年前、お彼岸前であるから例年通り頼まれていた卒塔婆を書いていたころ、原発の一号機、ついで三号機が爆発した。防災無線は余分な外出はしないようにと繰り返しているのに、これは余分じゃないよな、と言いながら卒塔婆を取りに来た檀家さんたち。震災で、倒れるというよりふっ飛んでしまった墓石を直し、先祖に花を供えて手を合わせているのを見て、自分はこの人たちと一緒にいるのだ、と改めて思った、とも。

「（自分は）放射能とともに生きていく」と玄侑さんが言ったのは、たしか去年の春のことと記憶する。汚染容認と受け取られるかもしれないと心配したものだが、起きてしまった事はすべて縁起としてひとまず肯定するのが、そもそも物事を見て行く際の仏教的な受け止め方だと、私も承知している。良寛にも「災難に逢う時節には、災難に逢うがよく候。死ぬ時節には、死ぬがよく候。是はこれ災難をのがるる妙法に候」と、これは文政一一年（一八二八年）新潟は三条の大地震のあと、被災した知人に出した見舞い状の一節である。残念ながら、これを受け止めることのできる感性が現代の日本人にはありそうもないし、私にもまだそれだけの覚悟はない。

玄侑宗久・釈徹宗『自然《じねん》を生きる』は震災三週間前に行われた対談というが、震災後の生き方を考えさせる本だ。縦の発想（合理性、秩序、システム、因果律の重視）と横の発想（自由、ムラ的な和、自然、成行き－縁起の重視）という二つのものの観方をあげ、昨今は前者を偏重し、ブレないことをものすごく肯定的に評価するが、仏教はものごとを相対化してみる心の働きを肯定する。「閉じて、つながる」「〈わたし〉の濃度を薄くする」など、説明は省略するが、矛盾を抱えて生きることの豊かさやダブルバインドの自覚的な受容（禅の公案そのもの）がもたらす柔軟性を言う。仏教的な死生観をふまえた現代日本社会論でもある。

これを無情―「不確かさ」を前提にして生きることと要約することもできようが、要は各自が生きるリアルな現場でそのつど揺らぎつつ選ぶ、ということだと読んだ。「この人たちと一緒にいる」「牛の命をとりあえず生きながらえさせたい」という態度・行為にも、そのときその人なりの「とりあえずの着地点」を見ていたのだ。

『原子力と宗教――日本人への問い』（鎌田東二・玄侑宗久対談。今年三月一〇日の奥付だが、昨年一二月に行われた対談だという）にも、「自然はつねに人間の因果的思考を超え」予測がつかないものであるが、日本人は自然を戦うべき対象と考えるより、「天災によって大地に新陳代謝が起きる、地が新たになる」とポジティブに解釈し、「また一から出直すことをいとわない考え方」が根強い、とあった。原子力は自然の生態系の循環を逸脱するものだ、その畏怖すべきものにどう始末をつけるかは科学だけの問題ではない、「原発の弔いの儀式」をし心の踏ん切りをつけて決別したらどうか、などという提案もあった。ばかばかしいとは思わなかった。このような神話的な根の張り方をしたものに、賛否両論さまざまな形で多くの人々が関わってきたのだし、そのくらいのことをしないと浮かばれない人たちがいることも想像に難くない。「理不尽な、人知を超えるものに対して、基本的に、宗教は開かれた窓と感覚を持っている。（中略）世界はこの世だけのものではない。死後の世界を含む、もう一つの、あるいは複数の世界があるという思考や信仰や前提のなかで、それではこの世界をどのように意味づけ、生きるのかを問いかけるのが宗教」の特徴だと、神道学者鎌田さんが「おわりに」に記している。「『空』を観じつつ、一回性の『縁起』のなかで出逢っている関係性を生き切ること」。そうなのだ。良寛も含めて、心のアンテナに引っかかったことというのは、そういう「縁起」を生き切ろうとしている人のたたずまいに私が刺激されていたのだ。

人知を超えた聖なるものとの回路

こうした人知を超えた聖なるものとの回路を、フェミニズムが、いやフェミニストが持っていなかったわけではない。ネイティブ・アメリカンを始めとする、西欧文明と出逢う前の前近代社会のはぐくんでいた別の知には、死生観を含む独特のコスモロジーがあった（青木やよひ『性差の文化』、一九八二年）。青木さんは、「（一九七一年に）ナバホ族が、天地万物のすべてにわたって、たとえば生物学的雌雄性のない大気現象（虹や稲妻）にいたるまで性別を貫徹しているのを知って、ヒトの性役割を見直すヒントを得」たという。「現在コスモロジーなるものは、いわゆる文明社会から失われてしまっている」「コスモロジーがあることによって、個々のばらばらにされた人間というのがつながっていられる（中略）個としての自分が死んで土にかえり、そこからまた新しい命が生まれてくる」「人間が自然とのかかわりを、あまりにもなくさせられている（中略）生き物たちと、この地球を分かち合っていくんだ、という発想が根元にないと、たんなる男と女の問題だけ考えていても解決しないんじゃないかと思う。そこにエコロジー的思想とフェミニズムが出逢うところがある」とも。

エコロジカル・フェミニストとか、エコフェミと分類略称されたりしたことが災いして、あるいは、イリイッチのヴァナキュラー・ジェンダーという言葉の魔法に誤魔化されまいと、その紹介者の下心にまで警戒心を抱いて遠くから眺めていたような気がするが、もともとこのような近代知の批判から女性学は出発したのだし、ジェンダー論へと発展してきたのだ。フェミニズムは、性別・人種・年齢・体力・能力などの違いが、ハンディキャップとなる人たちへの配慮も忘れることはなかった。しかし、次第に人知を超えたものを含むコスモロジーなどの出る幕はほとんど失われてしまっていたのではないだろうか。八〇年代の終わりか九〇年代の初め、田嶋陽子さんがしきりに、フェミニズムは一つよ、と、フェミニズムを分類することへの違和感を語っていた日本女性学会のシンポジュームが思い出された。学としての精緻化とともに、ういういしい初心をいつでも想起できるようにしておくことの難しさを、改めて思った。

それでは、具体的にどうしたいのか。コスモロジーを念頭に置いて、一人の女性としての自分を「縁起」のなかで生き切ること。しかしこんな物言いでは〈私〉の濃度を薄くすることにもならないし、「縁起」という仏教用語も、環境エコロジストでフェミニストの友人と話すときには、きっとうまく通じないだろう。たぶん、仏教的なコスモロジーとエコロジカル・フェミニストのそれとは、前提にしているタイムスパンというか時間概念が違っているからだと思う。永遠と刹那の両面からの思考をするのが前者で、後者には刹那への関心は薄い。今後共通の土俵を組み立てていくために、そのつど言葉を探しながら進んでいかないといけないのだろう。

「産む性」と原発
——津島佑子を手がかりに

矢澤美佐紀

はじめに——津島佑子に見た希望

〈3・11〉の震災から約一年を経た二〇一二(平二四)年の『新潮』四月号で、津島佑子は福島の原発事故を真正面から見据え、作家としての立ち位置を確認しようとしている。震災直後の心境を、「地震と原発の爆発事故で、東京での生活も大きな影響を受けた。まして爆発事故を起こした福島の原発は東京を中心とする首都圏に送電するための発電施設なので、私もその電気を使っていたことになる。つまり、私自身の生活が『現場』にほかならず、それがどのように変化し、推移していくのだろう、今眼を離すわけにはいかない、と感じていた」と振り返り、原爆や核開発といった近代における「人間の記憶と欲望」に思いを至らせながら次のように語っている。

〈今までの私が気がつかなかった様々な——引用者・補足〉その声を受け止めながら、今後もつづくと言われる大きな地震とまわりに浮遊する放射性物質に脅えつつ、自分の小説を書く。悲しみを呑みこんでがれきのなかを歩きまわり、運良く自分に必要なものがないかと丹念に執念深く探すひとたちのように、こつこつと私は自分の小説を書き続ける。思うようには書けないかもしれないけれど、少なくとも書こうとする。そこから、なにが見つかるのだろう。それを、私は「希望」と呼んでいいのだろうか。(傍線・引用者)

ここには、人間の力では制御しきれぬ原発という存在と、しかしそのような装置を日常のなかでおろそかにしてきたという自戒の念、更にそれが吐き出した放射能の問題と向き合わないでは、もう何も語ることはできないし、そうした状況を書くことでしか「希望」は見出せないのだという固い意志が語られている。

津島は三〇年近く前、八歳の息子を突然失った。以来、彼女はその不条理と向き合い「産む性」というテーマに深くこだわりながら、いのちの問題を問い続けてきた。私は、福島原発の爆発事故が起こった時、かつてこれほどまでに「産む性」としての自己と、そして将来を担う世界中の子どもたちの「産む性」について切実に考えたことはなかったと実感した。それは、じりじりと胸を突き刺す激しい痛みの経験であった。

放射性物質が飛散したと知った直後のやり場の無い憤怒や、その後に訪れた虚無感と悲しみ、そして放射能との闘いの記憶を、たとえ舌足らずであっても今この時自分の言葉で記録すること。それが時に虚無感に押しつぶされそうになる脆弱な自分自身の再生や、真に人間らしいこの国の未来像を描くことにつながるのではないか。そのための勇気と契機を、私は津島佑子の文学的営為のなかに見出したいと思っている。

震災後、「産む性」を取り囲んだ社会的状況を辿ることで、再生への道筋を模索したい。そして、後半部において文学の領域でそれを支えるものとしての津島作品の可能性を考えたいと思う。

一　母親たちの個々の立ち上げと「デモデビュー」の輪

私は、「産む性」という言葉の使用が、従来のフェミニズム運動にかかわる人たちの反発を招く危険性を承知しているつもりだ。また当然だが「産む性」と「母性」とは別の次元の話だとも思っているので、ここでは「母性」という言葉は使わない。私がこの言葉を使うことで、産まない選択をした人や産めない現実を抱えた多様な立場の人たちや、同性愛やバイセクシャルといった様々な性のあり方を否定したり疎外したりするつもりは一切ないということだけは断っておきたい。

金井淑子は、今後のフェミニズムの方向性について、「女の身体性の『産むことを内在化させた〈わたし〉』と『〈いのち〉の根への考察を欠いている』近代への批判的なまなざしが不可欠とされるのではないか」と述べている（『依存と自立の倫理 〈女／母《わたし》〉の身体性』ナカニシヤ出版、二〇一一年四月）。私は、この意見に大いに賛成する。

　この危機に際して、「産む性」という概念を抽象的で硬質な理論先行で語るのではなく、痛みを伴った体験としてより現実的に素朴に語る場が必要とされているのではないか。それが、人間も自然の一部であると改めて捉えなおすことや、多様な立場の人々と真につながっていく方途になるのではないかとも思っている。近年のフェミニズム運動にあっては、「産む性」そのものを肯定的に語ることが阻まれてきたように感じている。そこには、「母である」という存在のあり方と自己否定的にしか向き合えなかったフェミニズムの家父長制批判の問題（金井淑子）が存在していると思う。「母である」ことを過大評価する必要はないが、否定する必要もない。私は、人間のいのちが、ひいては生き物全て、地球そのものの存続が危ぶまれているこの危機的状況の今こそ、「産む性」という立場から〈3・11〉以後の状況を見据えてみたいのだ。

　震災以後行動し続けている大江健三郎は、「五万人の人間が、五万人の別々の人間として、五万人が同じように滅びるという状態に異議を申し立てようじゃないか。一人一人の個人が、横にいる人と違うということを知っていながら、デモをやる、一つでも原発を止めようと決意して声にすれば、あのテレビで安心をお説教した連中よりは、ずっと人間らしい顔を示し得ると思うのです」（「危機に際して、異質な個人が声を合わせる」『群像』二〇一一年七月、傍線・引用者）と早くから呼びかけたが、これより早く、そしてこの言葉をまさにかたちにしたのは、被災地を中心とする全国の女たち、とりわけ子をもつ母親たちであった。紙幅の関係上ここでは詳細な紹介は省くが、その行動の特徴は、それまでデモのような市民運動に無縁であった人たちによる既成政党や団体に依拠しない個々の立ち上げであったという点であろう。絶望の中から立ち上がり、主にネットによって呼びかけた個々の小さな声が多くの同じ立場の当事者である母親を奮い立たせ、次第に母親という枠を超えて多様な人々の共感をよんでいったのである。それまでデモとは無縁であった若者の多くも、こうして「デモデビュー」（雨宮処凛）を果たしたのである。

　将来を担う福島の子どもたちを疎開させることで一日も早く被曝を阻止し、更には放射能が飛散した地域の子どもたちの健康も守らなければならないという悲痛な訴えは徐々に一つのうねりとなって拡大していった。再稼動の動きと共に原発問題が風化させられつつある現在、限られた経費の中で勉強会を設けたり機関紙を発行するなど、彼女たちの多くは今も生活に根を張った活動を続けている。例えば私が住んでいる埼玉県では、二〇一一年一月に原発事故後の子どもを取り巻く環境を考えるグループの代表が集まって、連携をはかっていく「放射能から子どもを守る埼玉ネットワーク」が発足し活発な活動を行っている。

私は、福島の人々と共闘する思いで、同時に福島の悲惨な状況下の人々に比べたら関東にいる我々には何も言う資格はないといった類の抑圧的言説をやりすごしつつ、かつての同僚で物理学者の友人にアドバイスを仰ぎながら様々な原発関連の本を濫読した。政府の情報は信用できず、この国のマスコミには何の監視能力も批判能力もないことを知った。家庭用放射線測定器を買い、マガイモノでないかどうかを判断しながら「専門家」のネット情報を検索し、情報操作を免れた海外からの情報にすがった。時には無心で庭の木々を伐採し表土を削り棄て、また時には子供たちが幼いころ親しんだ「ドラえもん」が原子炉内蔵のロボットだと知って自分の暢気さに唖然とした。近所の友達と日々愚痴をこぼし合うことで励まし合い、互いに得た限られた情報を「正確に」理解するよう心がけた。中には西南方面の縁者を頼って一時的に子供たちを避難させた友達もいたが、私の高校生と中学生の子どもたちは自分たちが築いてきた人間関係や社会から離れることを選択せず、当時最も大切にしていた部活動の維持を最優先した。それについて私はただ焦燥感と共に見守るしかなかった。

行方不明の方々の無事を祈り、福島の子どもたちの健康を祈り、被災地の連絡が途絶えた友達からの連絡を待ち、遠隔地の友達とは主にメールで情報を交換し、これ以上の最悪の事態が起きないことを共にやはり祈りながら日々できること（それは大変限られていたが）を坦々とこなすしかなかった。「進化」した科学とそれを得た人間の暴走に対して、私や友人は信仰をもたないままひたすら祈り続けたのである。

当時娘が通っていた埼玉県北本市（福島第一原発から約二〇五㎞の位置にある）の公立中学校からは、総理大臣菅直人の名で、被災地では自衛隊員や東電社員が必死に頑張っているのだから今勉強ができるということに感謝して日々精進すべしとの文書が届いた。そこには、原発事故についての説明も影響も書かれてはおらず、私にはそれはまるで「戦時下」において〈少国民〉として立派に国の役に立てとの激励に思えた。また、市の教育委員会に給食の食材の安全性を問い合わせると、「風評被害」に惑わされてはならないという訓辞を聞かされた上、政府が安全だと宣言した基準値以下のものを使用するとの一点張りで議論にもならず、あやうく「モンスターペアレント」扱いされそうになった。

ネットや一部のメディアに紹介される顔も知らぬ母親たちの行動に励まされ、募金やデモ参加などを通して共にいるという立ち位置を確認しながら、しかし一方で私はやはり孤独でもあった。仕事に追われながら限られた時間と資金の中で安全な食材を揃えることは至難の業であり、夫婦間でも諍いは避けられず次第に神経が磨り減っていったのだ。心を通わせていたはずの長野の姉には原発事故に対する距離感による温度差を感じ、九州の友達からはある余裕を感知してしまった。あるいは、放射能についての話ができる人と控えたほうがよい人とを瞬時に嗅ぎ分けて、周囲と孤立することなく近所や学校での付き合いを円滑に行っていかねばならなかった。非常時において日常生活を維持し家族を社会から守るための細やかな「気働き」や物理的な負荷が、女に集中的に負わされている実態を改めて実感した。

そんな時、仲間から一冊の本を紹介され私はそれを貪るように読んだ。それが、『チェルノブイリは女たちを変えた』（マリーナ・ガムバロフ他著、社会思想社、一九八九年六月）だった。これは二六年前に起きたチェルノブイリ原発事故時、ドイツの「産む性」と向き合った女たちが、原発推進派の政府や蔓延する放射能汚染と闘った経緯を記した証言集だ。この本の中で、マリア・ミースは次のように語っている。

チェルノブイリ以後もこうして普通の生活を営むということは、戦争中と同じように女の仕事がふえるということなのだ。経済界、政界、学界の原子力推進のロビー団体が今もって、原子力エネルギーは不可欠なものであると論じている間に、女性たちは、比較的汚染が少ないものをテーブルに出すためにはあと、なにを料理したらよいのかと頭を悩ましているのだ。

（「自然を女たちの敵にしたのは誰か」）

私は、この本を読んで随分と救われたのだった。絶望から立ち上がろうともがいた人間の切迫した記憶が、追い詰められ疲弊した魂をこれほど救済し得ることに感動してもいた。そして、この時ほど世界の女たちと深くつながっていると思ったことはなかった。頭ではなく、感覚全体、身体全体で、いのちの問題によってつながったと思ったのだった。

二　〈女こども〉という言説／母親の記憶に寄り添うということ

私が、再び子どもたちの安全について市役所に問い合わせた時、応対したのはいかにも優秀そうな若い女性だった。彼女は、私の、直ちに細部まで線量を測定して子どもたちの運動場などの行動を規制し、食材の安全確保を市独自の判断で進めてほしいとの主張に、「政府が安全だと言っています。『風評被害』の問題もありますから」と繰り返した。私は話をしながら、むこうがヒステリックな母親、あるいは無知な〈女こども〉を相手に「冷静に」仕事をこなそうとしているスタンスが透けて見えて、次第に意思疎通のための言葉を失ってしまった。

しかしそんな時私の頭には、「今の若い世代、子どもたち、これから生まれる子どもたちに、申し訳なかったと思います」という津島のコメントが浮かんでいた（『毎日新聞』夕刊二〇一一年四月四日）。取り返しようのない悔いはすでにある。しかし、これ以上の悔いは残したくないという気持ちだった。震災以後、いつの頃からか〈女こども〉という語られ方が定着しつつあった。「『風評被害』におどらされる愚かな母親の〈ヒステリー〉」というキャンペーンが男性雑誌を中心に繰り広げられたのだ（例外的に『週刊現代』や『女性自身』等の週刊誌は頑張っていた）。例えば、『週刊新潮』における武田邦彦と彼のブログで情報を得る母親たちへのバッシングをはじめとして、母親が平常心でいないことのほうが放射能汚染よりずっと家族の健康に悪いといった、高みから見下すような言説が流布された。七月二六日の『毎日新聞』の「月刊ネット時評」ではフリーライターの赤木智弘が、放射能が危険だという「放射能デマ」を鵜呑みにして「とぎ汁を子に飲ませる親もいる」との揶揄的な記事を書いた。そのような悪意に満ちた権力寄りの情報操作のなかで、福島においてさえ「危険を口にすると孤立する」状況が生まれ（「被災地ルポ　福島の父母の悲痛な叫び」『婦人公論』二〇一一年八月）、被災地から疎開した人を〈非国民〉と呼ぶ言辞があらわれた。「主婦」の信頼が根強い『暮らしの手帳』は、原発記事を完全に無視し、既に汚染されている食材を使った「美味しい」料理の作り方の記事に徹していた。それについて北原みのりは、「生活に根づいた女性誌が、まるで原発を無視する感性に、この国が本気で脱原発に舵を切るために、どれだけのエネルギーが必要かを考える。私たち、平常心を装っている場合じゃない」と怒りをぶつけている（『週刊金曜日』二〇一一年一一月一一日）。

このような状況について田中優子は次のように述べている。

> ちかごろ複数の男性から、意外な言葉を聞いた。「女こども」という言葉と、「原発反対は無知でヒステリック」という言葉の組み合わせである。もう絶滅したと思ってい た種に突然出会ったかのようだった。察するに、その人たちはまず自分を、原発を理解している知識人だと思ってい る。次に、国の電力の全体像や経済を考えずに脱原発を言うのは無知な人間だと思っている。さらに、男の知識人が脱原発を言っているのはあえて忘れて脱原発は女が言っていると思いたがっている。前々から女は無知でヒステリーだと思っているし、自分が知性あふれているのだから反対意見の持ち主は愚かに決まっている、のである。
>
> （「問われてくる心の弱さ強さ」『週刊金曜日』二〇一一年八月五日、傍線・引用者）

放射能の危険性を訴え、低線量被曝の恐怖に抵触する者たちの口を封じるために、原発推進派・維持派総出で躍起になって〈女こども〉の無知を喧伝しているように見える。また、同時にそこでは「無垢な」〈子ども〉を政治的に悪用した例も多く見受けられた。例えば、修学旅行で観光地を訪れた福島の子どもたちに、福島は安全だから観光に来てくださいと手作りのパンフレットを配布させて涙ながらに訴えさせるというものだ。私は、たまらなくなってテレビを消した。長年、放射能の内部被曝の脅威について訴え続けている肥田舜太郎は、こうした「住民間の対立は、権力には都合がよい」と警告している（「プロメテウスの罠」11『朝日新聞』二〇一一年一二月四日）。我々は今後ますます心してこの言葉を受け止めねばならないだろう。震災直後一見連帯しているかに見えた母親たちの間には、実は多くの格差と意識のズレが生じている。被曝量の深刻さの度合い、内部被曝を最小限に防ぐための時間や資金の限界値といった物理的な課題、情報を交換し助け合う緊密な人間関係の有無、疎開先を確保し得るコネの有無……等々。また、今まで以上に女たちに「母親」役割をおしつける風潮に対して警戒し続けなくてはならないだろう。

政府の発表を信じることで安定した生活を営もうとする生き方や、放射能への危機意識を持ちながらもその恐怖からあえて目を逸らしていく生き方。そして真逆にある意識的に抵抗する生き方など、道は一見多岐に別れるが、いずれにせよ政府は何も責任をとらないのだから、私たちは「自己責任」でそれらを選択して生きていかねばならないのだ。その「重責」を、国は個々の女の「善意」に付け込んで責任を放棄しようとしている。

そしていつしか、細分化される格差の顕在化とそれによって生じる心の間隙に、権力は今後更に巧妙に入り込んでくるにちがいない。それに対抗するには、一人ひとりの母親たちが当事者として経験を語ること、そしてそれに耳を傾けることが大切な行為となってくるのではないだろうか。不在化された母親の記憶を可視化し、共有して語り継ぐことで意図的な分断を防がなくてはならないと思う。

女性作家も、このような状況に対して様々な反応を示した。高村薫は、「女性は『このままでは子どもや家族の命は守れない』と生存本能で考え、危機意識を持っている。男性にも生存本能はあるのでしょうが、女性のほうが生きることに正直だと思います。(中略)放射能に汚染された食品を子どもにはたべさせたくないという母親の思いは、感情論では片付けられません」とやや過激な言辞をあえて使用して闘う母親を擁護し激励した(「日本の未来は、女性の生活本能に懸かっています」『婦人公論』二〇一一年九月)。一方、塩野七生は「一昔前の主婦連を思い出す」ような「放射能測定器」を持つ母親には健全な子どもは育てられないと全面的に否定し、実際には「実害」も含まれる食品汚染の問題を「風評被害」として一笑しようとした(『文藝春秋』二〇一一年一二月)。これは決して極端な例ではなく、メジャーなメディアに登場する男性を中心とする多くの「識者」や「専門家」と名乗る人たちの主だった意見であったと思う(曽野綾子や櫻井よしこは保守的な男性以上に男権主義的で「勇敢」だったが)。

そして創作活動ということに視点を移せば、例えば気鋭の新進作家として注目を集める朝吹真理子が、「私が一番怖いのは、放射能じゃなくて人間」であり、「『怖い』という感情が肥大化することは、思考を停止させることに」なるので、「私は『震災』や『放射能』のための作品を書きたいとは思いません」と断言している(『週刊朝日』二〇一一年九月九日)。私はそこに、繊細な文学者らしい「韜晦」といった姿さえも見出すことができなかった。

作家が、震災以後も自分という書く主体が変容しないと宣言するのも、震災が文学とは直接関係しないとの主張も一つの文学的立場に他ならないだろうが、我々読者が変わってしまったのは紛れもない事実である。作品を受容する側の私たち読者の意識は、〈3・11〉以前には決して戻れないのだ。そこを、朝吹はどのように考えるのだろうか。

三 「ヒグマの静かな海」の世界
――〈3・11〉以後の津島文学の可能性

津島は、「核の時代とともに歩んできた世代」(『毎日新聞』前出記事)と自己規定した上で、早い時期から原発事故の問題に言及して被災者を励ますメッセージを発信してきた。しかし〈3・11〉とそれにまつわる原発事故を直接作品化するまでには八ヶ月ほどの長い時間を費やしている。そうして書き上げたのが、短編小説「ヒグマの静かな海」(『新潮』二〇一一年一二月)である。

この作品は、例えば同時通訳者だった経験を生かして原発産業の内側を暴いた高倉やえ(『天の火』梨の木舎、二〇一一年一〇月)の社会小説的なストレートな切り込み方とは違う、寓話的で複層的なやや難解な物語となっている。目に映る景色そのものは何ら変化したわけではないのに、放射能汚染によって、その自然の美しさをもはや当たり前のように享受することはできなくなってしまった。樹々の緑も空の青さも眩しい光も以前と全く変わらないのに、実は同じではないことの異常さや哀しみや怒りを、震災の記憶と戦争のそれとを絡ませつつ死者たちに敬意を表しながら静かに伝えようとしている作品である。

「日常性」という枠組みの中で坦々と描写していく手法を使った比較的早い時期に発表された作品に、川上弘美の『神様2011』(講談社、二〇一一年九月)がある。これは一九九九年に発表された同名の『神様』を同時収録することで、〈3・11〉以前とその後の世界の恐るべき変容を声高にではなく寓話的に描き出している。同じアパートに越してきた「くま」に誘われて「わたし」は散歩に出かけるのだが、以前と変わらぬ長閑な風景の中には防護服の男達があたりまえのこととしてそこにおり、わたしは日記にその日の「総被曝線量」を計算して記録するのだ。

ドラマチックな物語性がない分、逆にその「日常性」が不気味さと哀しみを誘う仕掛けになっていると言えるだろう。一体、何故このような事態になってしまったのか? その答えはそこにはない。読者の心に委ねられるだけだ。

しかし津島は、人間の愚かな行為についてより明確に言及しようと試みている。津島の作品に登場する「ヒグマ」は、川上のどこかマレビト的な要素をもち牧歌的で人に寄り添う「くま」ではなく、野生そのものであり、最後はアイヌの人々から土地を奪おうとする内地の人間の「近代」の論理によって無残に虐殺されてしまう荒々しい「自然」を体現した熊である。そして、その「ヒグマ」に、語り手は戦争で心を破傷した一人の中年の男を幻視する。作品は、「もう若くない女」がかつて観光客として訪れた利尻島の新聞記事で読んだ百年前の「ヒグマ」の物語とそれを語らずにはいられない女自身の現在の物語、そして女の死んでいった家族の過去の物語を機軸にした三層構造になっている。次に紹介するのは冒頭部分である。

一頭の大きな体のヒグマが、海岸にあらわれた。今からおよそ百年前に当る一九一二年の、おそらく五月二十日前後のころ。いくら北海道の北端であろうと、五月下旬ともなれば、地表も海も春の色に変わりはじめる。でも、海の水はまだ冷たい。

「天塩地方の、海に面したサロベツ原野と呼ばれる広大な湿地帯を何日かうろつき、それから海に入り、沖へ向かって泳ぎはじめた」大きな「ヒグマ」のその動機について、語り手は、時に地図を広げながら科学的な推測に夢中になる。地震が多発していた明治四五年頃、まるで母親を恋うるような衝動的なおびえによって「ヒグマ」は海に飛び込んだのか。あるいは、子孫を残すためのメスを求める本能的な行動だったのか、語り手の実体が不明なまま様々な想像がいのちを育む雄大な自然を背景に語られていく。「ヒグマ」の体長や年齢などの生物的データが生真面目なまでに詳細な数値によって表現され、今我々が振り回されているマイクロシーベルトやベクレルなどの不慣れな数値の記載を想起させて複雑な思いにもなる。これには多分津島の意図的な仕掛けがあるのだろう。

しばらくすると、唐突に次のような記述が目に飛び込む。

とはいえ、これは考えすぎというものかもしれない。今は二〇一一年、日本列島の東北部を中心に、あまりに大きな地震と津波が襲ってきたあとなものだから、こんな想像もせずにいられなくなる。そして原子力発電所の爆発事故が起きて、海にも陸にも放射性能汚染がひろがってしまった、そんな年。
（傍線・引用者）

突然、読者は百年前の地震に脅えた孤独な「ヒグマ」の暴走の時間と放射能汚染にまみれた現代の時間とがつながっていることに愕然とさせられる。そして、いのちを育んだ豊かな自然が永遠に失われつつある現実に、喪失感と共に向き合わざるをえなくなるのだ。ある日、ある女はテレビの画面の中の、「津波と放射能の危険から逃れたひとびとが否応なく身を寄せなければならなくなった、どこかの避難所」に、ひとりの男のうしろ姿を見出して目が離せなくなる（ここで初めて読者は謎の語り手が「女」だったことを知る）。

女にとって、彼は、彼女が幻想した大自然の表象である「ヒグマ」の仮の姿であり、同時に「五十年近くも前に、この世からひとりで飛びだしてしまった」かつての知人の男そのものにも見えてしまうからだった。居心地の悪そうな実際には無縁の男に、彼女は二人の姿を同時に映し出さないではいられないのだ（正確には一人と一頭）。

彼女の記憶に残るその男とは、父親の戦友であり、父親が死んだ彼女の家を度々訪れては彼女の母親に世話を焼かれていた不器用な男のことだ。彼は、四〇を過ぎた頃見合いで結婚し、二児をもうけ一見幸福な家庭を築くが、戦争による破傷から快復できぬまま自殺してしまい、妻も病死してしまう。そして、子どもたちはばらばらに縁者にひきとられていった。当時無力な「女の子」だった女は、母親に子どもたちの行く末をすがるが、夫を失った未亡人の母親にはもとよりそんな余裕はない。それどころか、女の弟も急な病で死んでしまい、いつしか女の家はいくつもの死を内包した不吉な家になっていたのだった。そして再び、時間は〈3・11〉以後に戻る。

テレビの画面から伝わってきた津波の恐怖で、すでに記憶と現実が入り交じり、渦を巻いて、混乱していた。さらに、テレビのなかでも外でも、余震の大きな揺れがつづいた。放射能汚染がひろがり、被曝対策が報じられてもいた。窓を開けず、エアコンもつけないように。外では濡らした布を当てたマスクで口と鼻を覆うように。

女は、後半地震の揺れと時間の揺れの両方のおそれのなかで、「しあわせというもの」を考えてみる。それは、「女の子」

だった頃見た、「赤ちゃんを真ん中にしたあのヒグマさんの家」だとしみじみと思うのだった。

これはひとつの幻想譚だ。戦争と原発事故は、「核」の問題で深くつながっている。それぞれの喪失と破傷の記憶に耳を傾け、更に自然を軽視した日本の「近代」の歩みを振り返ることで、津島はこれからの日本の再生への歩みを模索しようとしているのではないだろうか。いのちを重んじ、自然を尊び、人の痛みに寄り添うことでしか未来への希望は見えてはこないのではないかと。「ヒグマ」さんの赤ちゃんがどうか今も幸せでいますように、そして、被災地の子どもたちが幸せな将来を歩みますように、世界中の未来を担う子どもたちのいのちが守られますようにと、女もじっと祈っているはずだ。

川上未映子は、「物語はそもそも、数え切れない現実にぶつかったときに、心を修復したり、癒したりする緩衝剤の役割をもっているし。（中略）いかようにも解釈できるような厚みのあるもの、寓話的な作品を用意するというのも一つあるかなと思います」と述べている（「大震災のさなかに、文学は可能か」『婦人公論』二〇一一年九月七日）。この作品は、まさにそうした手法が成功した例であると思う。

津島は、近年の叙事詩的な一連の作品、『あまりに野蛮な』（講談社、二〇〇八年一一月）、『黄金の夢の歌』（講談社、二〇一〇年一二月）、『葦舟、飛んだ』（毎日新聞社、二〇一一年一月）において、一貫して世界中の戦争による女と子どもの死に寄り添いながら、戦争や核の記憶に耳を傾けてきた。時空を超えて重なり合う幻想的な物語の連鎖のうちに、いのちの壮大な力を描き出している。

津島の文学には、物語を通じての痛みの共有の可能性、あるいは物語を通じて震災後を生きる心境を共有することへの希望が秘められているのではないだろうか。

かつて津島がそうして苦難を乗り越えたように、痛みを捨て去るのではなく抱えたまま生きる営為のなかにこそ、明日への希望を提示しうるのだという祈りに近い活路を示すことが、これからの文学に求められるのではないだろうか。そしてそれは、女にこそ潜んでいる力なのだと私は思っている。

生と死と再生・循環する文明へ
——文明史の転換

高良留美子

一　この社会での女性の位置

人間は循環する自然の一部である

二〇一一年三月一一日の東日本大震災、ことに東京電力の福島第一原子力発電所がとり返しのつかない事故を起こしたことで、私たちの生き方、考え方が根本から問われている。自然への畏敬の念が失われていたこと、近代の科学・技術を過信し、人間が自然を支配できるつもりでいたこと……。人間も循環する自然の生態系の一部であり、自然のなかで、自然と共に、自然から学びつつ生きていかなければならないことが再認識されている。そのためには自然を破壊しない再生可能なエネルギーを使わなければならない。

別紙に示すのは、生まれて成長し、病み、老いて、死ぬ人間の生と死を、ごく単純化して曲線で示したものである。その過程では挫折もする、病気もする。個体は老いて死ぬが、再び新しい個体が生まれ、成長していく。

〈物の生産〉と〈生命の生産〉の分断が、循環する生を真二つに断ち切った

動物も植物も、周期は違うが同じようなものだ。鉱物の塊である星々も、無から生成して膨張し、やがて消滅する。しかし人間だけは、自分自身の生に線を引いた。とくに近代資本主義のもとでの工業生産が、社会と家庭、〈物の生産〉と〈生命の生産〉を断ち切り、引き離し、循環する生を真二つに断

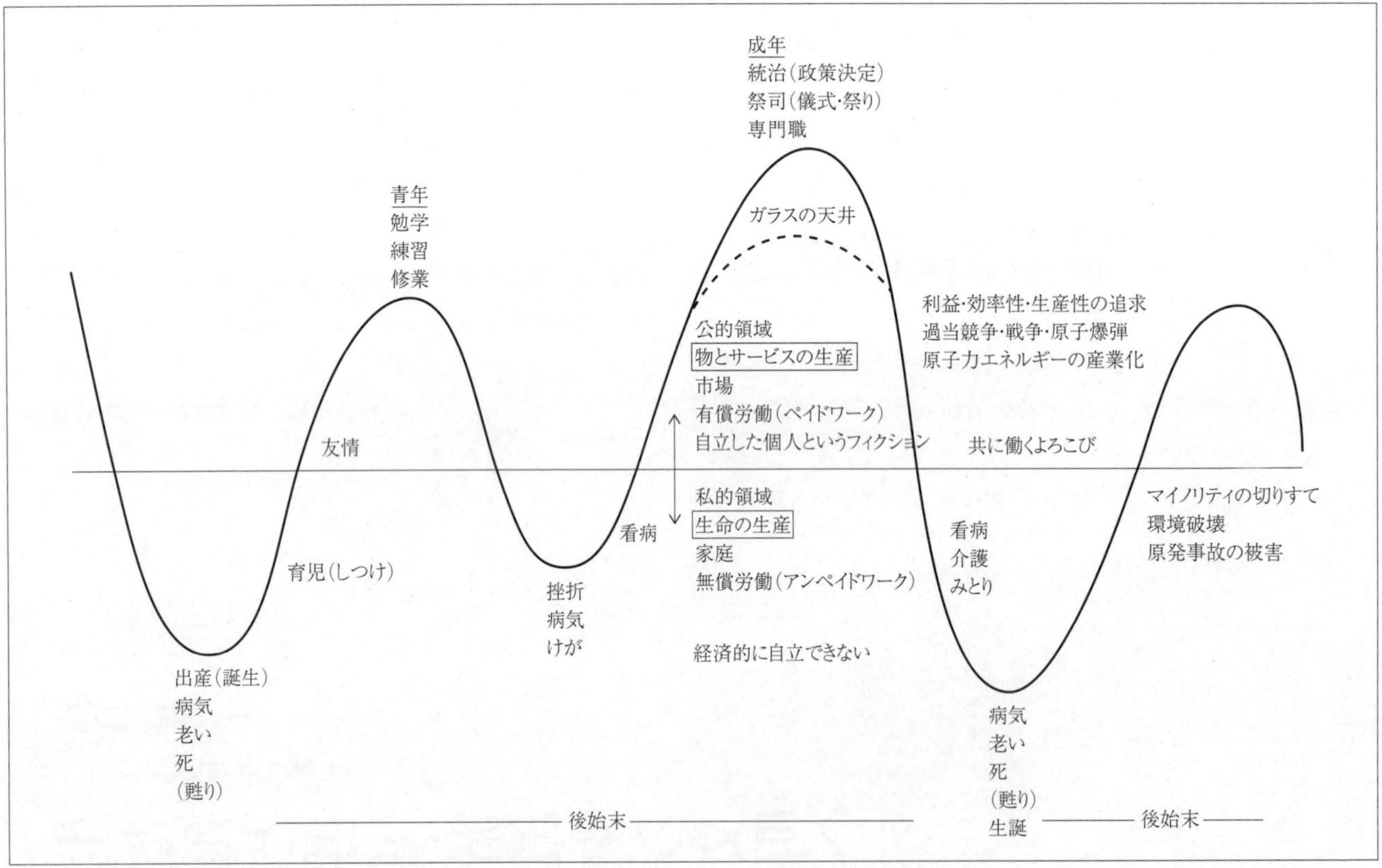
成年
統治（政策決定）
祭司（儀式・祭り）
専門職
青年
勉学
練習
修業
ガラスの天井
利益・効率性・生産性の追求
過当競争・戦争・原子爆弾
原子力エネルギーの産業化
公的領域
物とサービスの生産
市場
有償労働（ペイドワーク）
自立した個人というフィクション
友情
共に働くよろこび
私的領域
生命の生産
家庭
無償労働（アンペイドワーク）
経済的に自立できない
マイノリティの切りすて
環境破壊
原発事故の被害
看病
育児（しつけ）
挫折
病気
けが
看病
介護
みとり
出産（誕生）
病気
老い
死
（甦り）
病気
老い
死
（甦り）
生誕
後始末
後始末

ち切った。これは古代以来の家父長制もしなかったことである。

横線から上は公的領域、社会的生産の領域であり、ここでは物とサービスの生産と交換が行なわれる。労働力も売買される。そこでの労働は基本的に有償労働《ペイド・ワーク》である。その頂点には統治（政策決定とその執行）、祭祀（儀式、祭り）、専門職などがある。そこでは私的領域は、基本的に軽視・無視されている。

横線から下は私的領域であり、出産、子育て、看護、介護など、人間とその労働力の生産と再生産が行なわれる。その労働は基本的に無償労働《アンペイド・ワーク》である。社会はこの労働が作り出す人間によって動いているにも拘らず、社会が生み出す富の多くは、ここの働き手には還元されない。

前者には男性が多く関わり、後者には女性が多く関わってきた。子を産まない女性も子育て、看護、介護には携わってきた。そして女性は、そのために社会的生産から排除され、私的領域に閉じこめられてきた歴史をもっている。実際には社会的生産に加わっていても、その労働は低く評価され、報酬は安く見積もられてきた。

ワーキングプアの多い女性

女性の財産権と相続権は現在認められているが、女性の社会的労働が低く評価される事態は続いている。雇用労働者の三人に一人がパート・契約社員・派遣などの非正規労働者で、その七割が女性で、その半数が年収二〇〇万円以下のワーキングプアになっている。またその雇用は不安定で、雇い止めにおびえつつ契約を更新していかなければならない。正社員に転換する制度では、妊娠出産の可能性のある若年女性や、残業のできないシングルマザーが排除されがちだ。ところが派遣法とパート法の改正は、審議が進んでいないどころか、女性にとって不利な条件が次々と加えられている状況である。

女性たちがしてきた暮らしの創造・再創造と後始末
——吉武輝子氏の主張

私的領域で、女性は出産、育児、看護、介護など、人間の死からの再生のための仕事をしてきた。それだけではなく、衣食住に関する死と再生の仕事をしてきたのである。今は衣類を自宅で縫う人は少ないが、繕う・洗う・干す・たたむ・しまう。食については食糧調達・準備・煮炊き・洗い物、片付け・ごみ捨て。そして住環境を清潔に居心地よく保つのは、女性の仕事だった。要するに女性は、暮らしの創造・再創造と後始末をしてきたのだ。

吉武輝子氏は以前から「会社でも家庭でも女たちは後始末の仕事をさせられてばかり。今でも、後始末の思想が必要な社会状況は変わっていない」と主張してきた。今回の事故について「廃炉に三〇年もかかる、というけど、廃炉なんて完全にはできないんじゃないの。私のいう後始末は、次の世代にツケを回さない、ということでもあるのよ」という。そして「そもそも戦争は、きちんとした後始末が不可能」と語っている（「毎日新聞」二〇一一・一一・二五）。

女性の地位向上と「憲法九条を無傷のまま次代に手渡す」こと、そして脱原発の主張をつらぬいて、吉武氏は四月に亡くなった。

子供たち・女性・若い男性の身体が狙われている

家事の軽減に大きな役割を果たしたのが、電気であり、電気製品である。しかし発電のために原子力エネルギーを使ってきたことが、現在私たちを大きな矛盾に遭遇させている。放射性物質は、人間をふくむ全生物の生・死の場所である森と大地、海と大気を汚染した。放射能の有害な影響が子供にとくに大きいことは、チェルノブイリ原発事故の経験からも明らかになっている。また原子炉が「安全に」稼動するだけで、低線量の放射線が拡散され、女性の乳がん死亡率が増加していることも、アメリカの調査で証明されている（川元祥一『脱原発・再生文化論』御茶の水書房、二〇一一）。放射能は男性の生殖能力をも攻撃することがわかってきた。

放射性物質のためだけでなく、一年後の今日、外で遊べない、熟睡できないなどの理由で、郡山市の子供たちの発育には影響が出ている（柳田邦夫「深呼吸」「毎日新聞」四・二三）。

格差と不平等の上にしか成り立たない原発

原発は、危険な設備を過疎地や貧困地帯に押しつけ、大都市圏がそれを享受するという、格差と不平等の上に成り立っている。日本でも他国でも、その基本構造は変わらない。その下請け、孫請けなど、原発設備内部で働く労働者の労働条件は劣悪であり、その健康被害はすでに顕在化しつつある。「原発は被曝労働なしには動かない」と、計一五年間原発で働いてきた斉藤征二氏はいう（石川逸子編「風のたより」二号より）。

しかも最終処分場のメドさえ立たないこのシステムを維持することは、現存世代の欲望のツケを未来世代に押しつけることになる。原子炉の電力によって一時的に家事が軽減され、便利な生活が実現したとしても、それは真の豊かさ、真の幸福にはつながらない。

〝ガラスの天井〟と、暮らしの〈後始末〉をしない男性による政策決定

現代の日本では、看護や介護はある程度社会化され、足りないながら保育所もある。家庭と社会を分かつ線は、以前に比べて下がっているといえるだろう。しかしなくなったわけではない。とくに乳幼児、子供、病人、介護を要する老人のために、女性のエネルギーは依然として多く必要とされている。それは〝愛の労働〟と見なされて、当り前のこととされ、社会的労働としては評価されない。

点線で示したのは、女性が社会活動においてここまでしか能力を発揮できないという限界を示す線で、〝ガラスの天井〟といわれている。日本のこの天井は非常に低いところにあり、多くの女性が頭をぶつけている。

妊婦死亡率や中・高校への進学状況を重視する国連の「男女不平等指数（GⅡ）」では、二〇一〇年度の日本は世界で一二位だが、女性の管理職・専門職割合、男女の所得格差を重視する世界経済フォーラムの「世界男女格差指数（GGGI）」では、九四位という低さである。日本の女性たちは、教育を受けても能力を発揮する機会を与えられず、所得を低く抑えられていることがわかる。しかも日本女性の大学進学率は、いわゆる先進国のなかでは低い。とくに政治と産業の分野で、クォーター制を導入する必要がある。

政策決定が、暮らしの〈後始末〉をしない男性の手でなされていることは、政策に重大な欠陥をもたらす。政策決定における女性の不在は明らかで、大震災後の防災・災害分野でも、女性は登用されていない。

二　これまでの信仰・思想・哲学はこの領域にどう関わってきたか

これまでの思想や哲学は、ほとんど横線から上の、社会的生産と交換の領域だけを問題にし、思考の対象としてきた。しかしそれでは人間の生と死の問題を根本から考えることはできない。人間の思想や宗教が、古来この問題をどう考えてきたかを概観してみよう。

アニミズム、月の文化＝縄文土器の文化は、循環する人間の生と活動のすべてを肯定する。社会と家族、〈物の生産〉と〈生命の生産〉を分ける線などは存在しない。とくに月の文化＝縄文土偶の世界は、女性に産む力だけでなく、死からの甦りの力を想定することによって、女性がすべての活動に参加することを可能にした。大地母神でもある月母神は、豊饒や慈愛だけでなく、時に災害をもたらすが、人間は供犠と芸能を捧げることで災害を斥けることができると信じて、生きる力を得てきた（高良留美子『花ひらく大地の女神』御茶の水書房、二〇〇九および「日本の女性原像を探る」『危機からの脱出』同社、二〇一〇・四所収）。

月の文化は新石器時代に成立し、世界的な広がりをもっている。それが一万年以上つづいた東日本では、土偶が数多く作られ、その九八〜九九％は女性（女神像）である。その下腹部に印されている逆三角形▽は、生誕だけでなく、死からの再生を司る聖なる場所であった。この時代には戦争がなく、激しい階級差もなかったことが明らかになっている。

東北には代表的な縄文都市、青森県の三内丸山遺跡がある。人間の絆を大事にする東北人の気質は、大震災後に生まれたものではない。長い伝統に育まれてきたものだと思う。

ソクラテスとプラトンの政治哲学。プラトンが理想とする国家は、生産者・軍人・統治者の三階級から成り、統治者は哲人である。その社会は自立者による完全な分業社会だが、分業は「それぞれの人の自然本来の素質」に基づいて、生涯を通じて割り当てられるもので、選択の自由はない。

女性については、すぐれた素質と教育を受けた国家の守護者の妻女たちは、選ばれて男性と共に国家の守護の任に当たるべきであり、彼女らに「音楽・文芸と体育を課するのは、自然本来のあり方に反することではない」という。その上でプラトンは守護者間での女性と子供の共有と、男は三〇年、女は二〇年という生殖の年齢制限をもうけ、「劣った者たちの子供」や「欠陥児」は、「しかるべき仕方で秘密のうちにかくし去ってしまうだろう」という（『国家（上）』岩波文庫）。

プラトンの思想の背景には、師のソクラテスから受けついだ「魂に配慮して善く生きる」という人生観があった。しかし民主制に挫折したかれの国家論には、それだけ切りとれば全体主義的な、上述のような思想も含まれているのである。

一神教（ユダヤ教、キリスト教、イスラム教）のうち、原キリスト教はローマ帝国内の被抑圧者の解放を求める普遍的な宗教だった。だが神は男性化され、月母神は聖母崇拝とし

「十字形土偶」
青森県青森市三内丸山遺跡出土
高さ32.0cm
縄文時代中期
青森県教育庁文化財保護課蔵

「穴を穿たれた牙」

犀の牙製、イスラエルのナハル・ミシュマール出土。

紀元前4000年期初頭、銅石併用時代。「片面だけが磨かれている。」

「立像」と共にニューヨーク、メトロポリタン美術館蔵。

磨かれた面を表としてみると、これは上弦の月、肥っていく月を表している。

「立像」

象牙製、イスラエル出土、紀元前4000年期初頭、銅石併用時代。

下腹部の逆三角形▽は、日本の縄文土偶にもみられるものである。


て残った反面、怪物視された（魔女狩り）。また死から再生する力を教祖だけに限定した。死後三日目に甦ったとされるキリストの甦りは、月の三日目の甦りの模倣である。なおイスラムでは月が重要視されているが、女性の地位は低い。

カースト制度をもったアジア的社会（インド・韓国・日本など）は、月母神を慈愛と破壊の両面をもつ女神として、保持・追放・隠蔽した父権制社会である。それは月の信仰に不可欠な動物供犠と芸能に携わるシャーマンを、カースト制度の底辺においた。月の民の賤民化である。（のちの）被差別部落民と女性は、月の信仰の弾圧によって地位が低下し、一方は社会的（あるいは私的に処理できない）ケガレ、他方は私生活のヨゴレの〝後片付け〟と再生の仕事をすることになった。その点、両者は密接な関係をもっている（ケガレとキヨメについては川元祥一『部落文化・文明』御茶の水書房、二〇一〇参照）。

この社会では、共同体は差別によって歪められている。マルクスのいう「共同体制が実体であり、個々人は、この実体の偶有物に過ぎない社会、その基礎の上に上位の権力や国家が居すわる」社会である。アジア的社会の完全な克服は、日本を含むアジア諸国において、西欧をのぞく世界のほとんどの地域において、いまなお現実的な課題であり続けている。

仏教の創始者・釈迦は、曲線の最下部にあたる生・病・老・死の四つの苦しみからの解脱を求めた。釈迦の原仏教は人間解放の普遍的宗教であり、ヒンズーのカースト社会の女性差別に抵抗して女人の成仏を認めた。日本の仏教はこの社会の女性差別を引きずり、大乗仏教の〝変性男子《へんじょうなんし》〟による女人成仏を受けついでいる。なお、浄土宗・浄土真宗は月の共同体文化を受けついでいる。

しかしケガレに積極的に関わったところに、鎌倉仏教のダイナミズムが生まれた。旧仏教はケガレ忌避という制約のため、禅宗・律宗・念仏宗の僧侶たちに葬送を任せた（松尾剛次『鎌倉　古寺を歩く』吉川弘文館、二〇〇五年）。戦乱や飢饉のため死者が多く、武具用の皮革の需要が急増したこの時代、鎌倉仏教はケガレの救済者・管理者として、旧仏教から脱皮したのである。

マルクス／エンゲルス『ドイツ・イデオロギー』（廣松渉編訳、岩波文庫、二〇〇二）は、分業が性行為における男女の分業から始まる自然発生的分業であることを洞察し、自然発生的分業から自由意志的分業へという、労働の疎外からの解放の方向性を示した。「人間が自然発生的な社会の内にあるかぎり、（略）したがって活動が自由意志的にではなく自然発生的に分掌されている限り、人間自身の行為が人間にとって疎遠な、対抗的な威力となり、人間がそれを支配するのではなく、この威力の方が人間を（支配する）圧伏する。」

自然発生的分業とは、「自然的な素質（たとえば体力）、欲求、偶然等によって、ひとりでに、あるいは「自然発生的」に生じる分業である。」妊娠可能な女性の自然的素質もそこに含まれる。この本は宗教以外の思想において、初めて自然発生的分業の廃棄の問題に踏みこんだ。しかし日本では、まともに受けとめられていない。

所有については、マルクスは資本家による生産手段の私有を廃棄し、あらゆる生産手段の共有に基づく労働者の個人的所有の再建をめざしていた。

吉本隆明氏は最近亡くなったが、文学者の戦争責任の批判には大きな役割を果たした。氏は家族については男女の〝対幻想〟を重視したが、性別分業については何も言わない。「個体幻想は共同幻想と逆立する」という命題を超歴史的な真理と考え、『共同幻想論』ですべての共同幻想を否定した。そのため吉本の〝自立〟思想はアジアや被差別部落など、〝他者の発見〟には繋がらず、個人と社会との新しい関係をつくる思想を生み出すことはできなかった。自然を肯定的なものと見たが、それを統御する近代的技術を過信したため、原発推進に陥った。家族・国家についても自然との関係についても、また高度資本主義の現状肯定に氏を導いた〈大衆の原像〉の見誤りについても、吉本氏の思想に日本の近代を超える契機を見出すことはできない。

フェミニズムの最近の流れとして、近年「依存は人間の条件である」という視点に立ったケアの倫理と正義論が生まれている（エヴァ・フェダー・キティ、岡野八代、牟田知恵『ケアの倫理からはじめる正義論』白澤社発行・現代書館発売、二〇一一）など。

市場における〝自立した個人〟はフィクションであり、実際は家族に依存している。フェミニズム正義論が目指すのは、家庭内部におけるジェンダー秩序の解体であり、男女がその性別によらず、均等に有償・無償労働の分担を目指すことである。ケア労働を負担としてだけ捉えるのではなく、公的な徳性を涵養する倫理を認めるべきだという。そしてプライバシーは家族単位ではなく個人単位に改めることを提案している（有賀美和子『フェミニズム正義論』勁草書房、二〇一一）。

三　矛盾の底から、未来を視る

原子力エネルギーの産業化という究極の利益追求

市場を支配する利益、効率性、生産性至上主義は、幼児や病人や老人をかかえた女性、障害者、在日、部落民などのマイノリティを差別し、切捨てつつ、地球環境の破壊・貧富の格差拡大の道を突き進んできたが、その究極が、原子力エネルギーの産業化である。しかし今度の事故によって、それは安全でもなく、利益にもならないことが明らかになった。しかも原子力産業は後始末を考えない、後始末のできない産業である。

放射性物質は半減期をもっている。セシウムは地球上に存在しなかった元素で、セシウム137の半減期は約三〇年、完全に無害化するには百年以上かかる。いっぽうプルトニウムの半減期は、二万四〇〇〇年以上という長さである。これが完全に無害化されるのは、人類がアフリカを出てから今日までの七万年をさらに越える、一〇万年という歳月が必要である。フィンランドの森の地下深く作られた最終処分場「オンカロ」の周囲には、髑髏の絵を描いた看板が立っている。現代の言葉が通じない時代を想定しているのだ。

循環する自然に学び、持続可能な社会を実現しよう

生きもののいない太陽や宇宙で起こっている核融合現象を、生きものに満ち満ちたこの地上で人工的に起こすこと自体、自然への畏敬を欠いた傲慢な行為であり、そのような科学・技術は、将来起こり得る地球の地殻変動を乗り越えることはできない。人間は自然を知りつくし、支配しつくすことはできないのだ。太陽のものは太陽に、宇宙のものは宇宙に返すべきだ。放射性物質の研究と利用は、医療と研究の範囲に留め、原発は廃炉へむけて舵を切ろう。そして自然に学んだ技術を発展させて、持続可能な社会を実現しよう。

人と人のつながり、縁《えにし》の原型はここにある

この地上では、人間と生そのものの生産と再生産という、人間にとって最も重要な仕事が、私的領域として軽視されてきた領域で、日々行なわれている。人と人との絆、基本的なコミュニケーションの原型は、ここにある。それがストップすれば、人類の存続は危うくなる。ここには市場原理は入りこめないし、入りこむべきではない。

しかし人間がはじめて他者と出会うのもここであり、家庭内暴力もここで発生する。性別役割分業に基づく「専業主婦」は、経済の高度成長期に大量生産・消費を支えたが、その後心理的・経済的要因によって解体しはじめた。妻側からの離婚の申し立てや熟年離婚の増加、家族関係の希薄化と子どもへの暴力といった深刻な問題が生み出されている。父・母・子という近代家族が崩壊の危機を迎え、新たな家族像が模索されているのだ。

暮らしと人間関係の再建のために

大津波と原発事故は家族と地域を直撃した。大震災以降、人と人の絆の大切さが再認識されている。被災地で生きるため、新しい町作りのために、人びとの結びつきが深まり、ボランティアの人たちとの絆が結ばれたことなどが報告されている。

しかしそれは大津波と原発事故が個人の生命を奪い、家族と地域を破壊したことの反面であり、被災地の人びとが大切な家族を失い、家や職場を失い、別々に避難生活を送らなければならない状況は、今日もつづいている。とくに福島では絆の崩壊、心の荒廃が懸念されている。

復興後に、前と同じ関係に戻ることはできない。暮らしと

人間関係の再建には、新しい展望、ヴィジョンが必要だと思う。

東北の女性たちが働いてきたことに希望がある

何よりも、東北の女性たちが〈物の生産〉と〈生命の生産〉の分割線を越えて働いてきたことに希望がある。

社会と家庭、公と私を分かつこの線を、できる限り撤廃しよう。女性という〝生まれ〟による分業を廃棄し、自由意志による分業と、すべての領域における男女平等を実現しよう。そして人と人との絆をつよめ、その価値観で、社会そのものを自然との共生の可能な方向へ作り直していきたい。

そして、かつて月の文化がイメージ化したような、すべての人間活動を包括する生と死と再生の思想と文明を確立しよう。それは新しい時代のための最重要な思想的・政治的課題である。

女性が活躍する国は財政的にもプラス

ここでは詳述しないが、女性が経済分野に参加すれば財政的にもプラスになることが、明らかになっている。女性の所得が増えれば消費も増え、保険金や税金も払われるからだ。財政危機に直面している国は、女性が活躍できない国に多い（山田昌弘「毎日新聞」二〇一一・一一・二四）。

経済だけでなく、女性の知恵と創造力、コミュニケーション能力を活かせば、人間の生活はもっと豊かでゆとりあるものになるだろう。

四　東北の真の再生を求めて――文明観の転換へ

東北再生の試み――女性についての言及の欠如

今度の災害において、女性たちの底力が再認識されている。しかし東北の女性たちは、どのような生を生きてきたのだろうか。その歴史は明らかになっているのだろうか。

近年、長いあいだ遅れた地域とされてきた東北への差別観を覆し、東北再生を求める言説が、赤坂憲雄氏らから生まれている。これまで無関係とされてきたアイヌとの関連など、画期的な試みだが、今までのところ女性についての言及はほとんどない。

また東日本と西日本では、言葉にも文化にも大きな違いがあることが、網野善彦氏らによってつとに指摘されているが、それが女性の生活にどう表れているかは、明らかにされていない。高群逸枝の母系制と招婿婚の研究も、主に西南日本に例を求めている。女性たちの労作になる『福島県女性史』（福島県、一九九八）、『みやぎの女性史』（河北新報社、一九九九）、『あゆみとくらし――青森県女性史』（青森県、同）などを参照しながら、そこに記されていないことを含めて、考えてみたい。

東北女性の歴史

縄文時代には女神が崇拝され、シャーマンも女性であった。族制については母系制説、一夫二婦説などがある。西日本では一四、五世紀の南北朝・室町時代まで招婿婚《しょうせい》が残り、家父長制は成立しなかったが、東北ではどうだったのか。男女を問わず第一子に家督を継がせる「姉家督」が近代まで残ったが、これは近世後期まで遡ることができる。血縁的に双系的な継承原理として特徴づけられ、女性に相続の権利を認める相続形態として、注目される（『日本女性史大辞典』吉川弘文館、二〇〇八）。

一つの仮説だが、東北地方は長い縄文的共同体の伝統の上に、西南地方よりむしろ早く、父権制がかぶさったのではないか。そこにはいくつかの要因が考えられる。

①八世紀末、唐帝国の弱体化につけこんで、中国大陸から異民族・吐蕃《とばん》が武力侵略した。その父権制と、ヤマト政権による蝦夷征伐の影響。大同二（八〇七）年という象徴的な年号の意味するものが、小林恵子《やすこ》氏の古代史によって解ける（『海を渡る国際人　桓武天皇の謎』祥伝社、二〇〇九）。「蝦夷《えみし》」とはかれらのことらしく、東北が日本でなくなる危険さえあったようだ。吐蕃は「俘囚」ともなり、〈鬼〉や〈ナマハゲ〉の起源であるかもしれない。

②貞観地震（八六九）による巨大津波の影響により、律令制の崩壊が早まった。

③武士の本拠地である関東との地理的関係から、武家社会の影響が早く、強く及んだ。とくに福島の武士団は、関東地方から下向してきたものが多く、その多くは庶子が東国の本領を離れて下向した武士団だった。武家社会は家父長制であり、女性の地位は低下した。

④江戸の食糧米は多く奥羽米に依存していた。江戸幕府は利根川を銚子から太平洋へ流す付け替え工事を行なったが、その最大のねらいは、江戸湾回りだった年貢米の江戸への輸送を、銚子回りにすることだった（『河物語・利根川』関東建設弘済会、一九九二）。今度津波をかぶった仙台平野は、伊達政宗以来の干拓で広げられたところで、空港周辺は米の積み出しのため、仙台藩が三〇〇年近くかけて整備した港で

ある。

こうして東北は水田稲作を強制され、冷害・飢饉から抜け出すことができなかった。

共同体の存続と、女性の自立

しかし月の文化は共同体的な慣習や地域の結びつき、人情の濃さなど、さまざまな形で残り、東北の社会と文化を特徴づけてきた。小正月、山の神信仰、女と水の関係、月の講などの民俗も残っている。北部でいまも生きる、生者と死者をつなぐ巫女＝イタコやカミサマは、おそらく北部へと追いつめられた縄文人の精神文化を受けついでいる。東北人にはたくまざるユーモアや、性への寛容さもあると思う。

狩猟の比重が大きかったため、動物の血をケガレとみる意識はなく、被差別部落は近世以前にはみられなかった。東北には、母系制の遺制と血のケガレを重視するカースト制の上に成り立ってきた天皇制の文化とは違う、共同体の伝統があるのではないか。

いっぽう共同体の強い殻によって、自然災害や国家の強制から村や家を守ってきたため、そこには目に見えない「掟」がある。「掟」に背いた人に、家も村もとても冷たい（山内明美『こども東北学』イースト・プレス、二〇一一）。農業組合や漁業組合でも、古い家父長制体質の運営がなされてきた傾向がある。

他人の思惑を気にし、お互いの自由を規制しあう傾向も根強いのではないか。女性が自分の意志で生きようとするとき、それは束縛として働く。親の跡継ぎでない女性が高い学歴を得ることへの無言の非難も、村には根強く存在していたと南三陸町の農家出身で社会学研究者の山内氏はいう。

「絆」は、東京一極集中が進む中、地方が生き残るための手段でもあったのだ（市川明代「三陸支局で勤務して」「毎日新聞・記者の目」四・二五）。

東北のつらい近代史

しかしその背景には、東北のつらい近代史がある。明治時代、とくに福島では、地域住民の幸福を重視した農民層による自由民権運動が激しく燃え上がったが、政府によってつぶされ、東北は東京に膨大な働き手を供給してきた。恐慌のたびに男たちは失業して故郷へ戻り、娘たちは遊郭に〝身売り〟させられた。東北は大日本帝国の軍人・兵士の供給地でもあった。

戦後はオリンピックの施設や高速道路などの都市開発が、東北などからの出稼ぎ労働者によって行われた。残された女性と老人の手によって、東北は食糧基地になり、今は減反を強いられている。「東北は、電力も、魚も野菜も、労働力も、東京に提供してきた。なのになぜ潤わない」と、長く出稼ぎをしてきた男性はいう（前掲「記者の目」）。

加害と被害の混在する東北――国内植民地として

今度の被災地では、PTSD（心的外傷後ストレス障害）になった人が予想外に少なかったと、精神医学者の斉藤環氏はいう。「「理想的被害者」を演じるわけです。（略）自己主張すべきではないという暗黙の規範があって、PTSDという表出までが抑圧されているように感じます」とのべている（鼎談「私たちにとって『東北』とは何か」「毎日新聞」三・七）。

これを受けて山内氏は語る。「長い歴史の中に今回の震災を置くと、具体的な植民地の問題に突き当たります。（略）戊辰戦争で「賊軍」にされた東北の人は、中央で出世できず、植民地に向かい、軍人として成功した例も多い。傷ついた東北の人は、アジアを直接傷つける側にも回った。PTSDを発症できない困難さの中に、こうした「加害」と「被害」が混在している気がする。自分の被害を口に出すと、自らの加害性も暴露せざるを得ない、抜き差しならぬ内面。悲しみを表せない困難、PTSDにも困難――これをこそ「東北」と呼ばずしてなんと呼ぶべきか、と思います。（略）まぎれもなく中央と地続きにある「東北」はなぜ、己の痛みを語れずにのみ込んでしまうのか。」

斉藤氏は「今回あらわになったのは、共依存関係のようなものです」という。「虐待で、加害者と被害者が共依存関係にあるときは、被害者はすぐにはPTSDになりにくい」、「それが「底つき」になった。非常にひどい目に遭って、もうやっていけなくなると依存は断ち切れるというのが、医学上の定説です。今回の「底つき」を、どう依存の断ち切りに仕えるのか。もしくは、よりマシな依存関係があるのか」と語っている。

震災後一年が過ぎ、「緊張の糸が切れ、今になってつらくなってきた」という声が聞かれる（前掲「記者の目」）。PTSDが今になって表れてきたのだ。

加害者の〈殿様〉体質

安全神話をふりまいて今度の大災害をもたらした東京電力

は、競争相手のない独占企業である。ユーザーは東電以外の電力会社から電気を買う選択肢をもっていない。そのため東電はユーザーに目を向ける必要がないし、目を向けていない。まるで封建時代の〈殿様〉のような存在なのである。その体質は大震災後一年を経た現在も変わっていない。一方的に電気料金を値上げしようとしている。年間五兆円という東電の豊富な資金力に、政治家が群がる構図も形を変えてつづいている。

「原子力ムラ」の一方の当事者である東京大学工学部の原子力研究者たちもまた、「最高学府」の特権の上で批判を免れてきた存在である。厖大な資金と巨大なシステムを必要とする原発は国家が関わらないと実現できないが、東大は草創期からその役割を果たしてきた。今も原子力関係のあらゆる要職を東大出身者が占めている。かれらが原子力業界から一人数億円にのぼる献金を受けていたことが報道されたが、大学広報は「多忙につき答えられない」と回答しただけだった。

原子力マネーは地元自治体、霞ヶ関、政党、マスコミにも
――国ごと破滅した過去を思い出す

原発をかかえる全国各地の自治体がこれまで受けとってきた「電源三法交付金」は、三兆円にのぼる。原発のメリットを目に見える形で住民に示すため、国は交付金の使い道を公共施設の整備に限った。そのため施設の維持管理費がかさみ、自治体の財政を圧迫している。しかも原発が完成すると交付金が減額されるため、自治体は新たな原発マネーを求める(NHKスペシャル、二〇一一・三・八)。

さらに電力会社から自治体に直接渡され、金額も使途も公表されない厖大な寄付金がある。これが地元の反対運動をつぶしてきた。原子力ムラは霞ヶ関の官僚や東電や東大ばかりでなく、地元自治体にもあり、国と自治体とのあいだには共依存関係が成立しているのだ。かつて植民地保有や戦争や満蒙開拓移民をすれば豊かになると、罠に誘いこまれ、国ごと破滅した過去を思い出さずにはいられない。

電力会社からの広告料で潤ってきたマスコミも、寄付金を受けとってきた既成政党も、その責任を放棄してきた。原発の危険性だけでなく、電力の自由化についても同じである。寄付金や広告料は、すべて電気料金に上乗せされるのだ。

文明史の転換

以前から、わたしたちは文明史の転換を求めてきたが、今

度の大震災と原発事故に遭遇して、その思いは一層つよく、深くなるばかり。その転換とは、優劣観の上に立つ二項対立の解消であり、まず文明と自然の、次に男と女の（いいかえれば〈物の生産〉と〈生命の生産〉、社会と家庭の）、二項対立の、さらには、都市と農村の二項対立の解消である。

文明が優位に立って自然を支配するという文明観と自然観を転換しなければ、原発事故によってより顕わになった地球環境の危機は、人類と生物の生存を危うくするだろう。男と女、〈物の生産〉と〈生命の生産〉、社会と家庭の不平等な二分割関係を解消しなければ、家族の存在・地域の連携・子どもの成育は危うくなるだろう。そして都市と農村、とくに東京と東北の関係を変革しなければ、安全な食糧と水の供給は危うくなるにちがいない。

前掲の市川氏がいうように、「震災以前から被災地を「絆」頼みに追い込んできた、社会の仕組みを見直すほかない」のだ。

生命論的な自然観へ

西欧で発達した近代科学の自然観は、機械論・決定論であった。コペルニクス、ガリレオ、ニュートンを経て、デカルトによる機械論、ベーコンによる自然操作の考え方など、機械論的な世界観に立って、自然をみてきたのである（中村桂子「科学と感性」『世界思想』二〇一二年春号）。そして文明は自然より優位に立って自然を研究し、支配するものとされた。「男は文明、女は自然」といわれるとき、それは女性を受動的な「物」の側におき、男性を能動的な支配の側におく差別観とつながっていた。

しかし二〇世紀後半から二一世紀にかけて、機械論的・決定論的な自然観を離れ、生命論的な世界観をもつ新しい科学が生まれている。自然は機械のように固定したものではなく、生成するもの、時間を紡ぎだすものであることがわかってきたのである。この立場に立つ中村氏はいう。「これまでは、物理的、固定的な自然の中に特殊な存在として生命が存在すると捉えられてきたが、むしろ生命系のように生成する姿の方が基本だということになってきた。ここで重要なのが時間である。機械論の中では時間は無視されてきたが、今や時間を紡ぎ出す存在として自然を観ることが必要になってきたのである。時間のあるところには必然的に関係が生じる。時間と関係を感じることが自然の理解なのである。」

フェミニズムの新しい展望と、開かれた平等な人間関係を

わたしたちの生きる二一世紀は、わたしたちがこの自然観の転換をふまえつつ、〝産む、産まない〟に拘らず、体内に時間の循環を感じることのできる生命体としての女性を基軸に据えた、フェミニズムの新しい展望を切りひらくときではないだろうか。従来の差別的な性差社会（ジェンダー社会）は、性差を固定的・差別的にみる自然観に立っていた。そのためこれまでのフェミニズムは、そのような性差観によって女性の〈本質〉が規定されることを怖れ、生命体としての男女の差異をほとんど考察しないできた。しかしその姿勢を転換しなければ、女性の真に自然で自由な生活は達成されない。

そして男女を問わず、長くつづいてきた〝お上〟意識や、〝上意下達〟、〝寄らしむべし、知らしむべからず〟の姿勢を払拭し、政府と国民の関係を対等なものにすることが肝要である。「共同体制が実体であり、個々人はその偶有物に過ぎない」アジア的社会の特質として、花田清輝は「国家権力が強い」ことを挙げていた。

さまざまな試みによって、地域や家庭、生産の場での人間関係を、開かれた、民主的で平等な人間関係に変えていくことが、日本の再生への道である。外部からの力によってではなく、自主的、能動的、意識的に結びつく行為によってこそ、人びとが互いに助け合い、社会を変革し、家庭や地域を人間と人間、人間と自然の共生の場として再生し、循環する時間性を失った現代文明を、生と死と再生の文明に変えていくことができると考える。

「底つき」を自覚しつつ共依存関係を断ち切り、国内植民地から自らを解放しようとしている東北の人たち、福島の人たちと、連帯していきたい。

エッセイ

「チェルノブイリ・ハート」の衝撃
――林京子の生命を見つめるまなざし

山﨑眞紀子

忘却されたチェルノブイリの記憶

二〇一二年三月、札幌のミニシアターで短編ドキュメンタリー映画「チェルノブイリ・ハート」（監督&プロデューサー、マリアン・デレオ、二〇〇三年アメリカ）を観た。大気を汚さず安価で安全なエネルギーとして謳われ、原子力発電所はつくられ稼働していった。だが、多くの人々はその言葉を根本からは信じてはいなかったはずだ。チェルノブイリ原発事故が発生したのが一九八六年四月二六日。今から二六年前に起きた惨事に、原発反対に向けての具体像は明確となったからだ。事故当時の日本国内では、ソ連のみならずヨーロッパの食品の安全が保障されていないのではないかと食に関して敏感になっていた。あるオーガニックレストランでは、イタリアも汚染されているからパスタも食べるのを控えようとソバをパスタの代替食品として調理していたことも見受けられた。しかし、チェルノブイリ原発事故は一般世間ではいつのまにか記憶の彼方にしまわれ、原発は依然として地震大国日本に居座り続けた。

二〇一一年三月十一日の東日本大震災、そして津波によって福島第一原子力発電所一、三、四号機の原子炉で水素爆発が起き、大量の放射性物質が外部に放出されたことにより、二六年前の悪夢に引き戻された。今度は対岸の火事ではない。自分の生まれ育った国、そしていまそこで生活している日本での出来事である。日本国内の一般的な見方では、被曝問題は福島の問題として捉えられている向きがあるが、世界からみればフクシマは日本国全体の被曝問題を指しているのであろうし、国内では流されていない原子炉爆発場面や津波被害映像もネットを通じて全世界的に配信されている。むしろ、日本国内の人々の方が知らされていない情報の方が多いとも聞く。

どのように捉え、行動化していくか考えていた矢先に出会った映画「チェルノブイリ・ハート」の衝撃は、実に筆舌に尽くしがたい。この映画では、放射能という目に見えない人体に有害な物質が、知らぬ間に体の中に取り入れられ遺伝子や細胞を傷つけ、その結果受けた健康被害が映像という目に見える具体的な姿となって映し出されている。心臓に穴があいた状態で生まれる赤ちゃん、脳が後頭部にもう一つの頭ほどの瘤となって流出している赤ちゃん、同じく肝臓や腎臓などの内臓が腰に袋状のものに包まれ下垂し、足は小さく細く奇形化した赤ちゃん、下肢や指先が象のように大きく腫れた子ども、甲状腺は放射性物質のヨウ素を取り込みやすい性質があり、若い世代に甲状腺癌が多く発症している。また、甲状腺はホルモンバランスを崩すためか精神障害施設に収容されている子どもたちも多い。悲惨なのは、親に捨てられた障害を持つ子のために、チェルノブイリ事故以前にはなかった遺棄乳児院が建てられ、そこには収容人数を越えた遺棄された子どもが所狭しとばかりにいる。このような目も覆うばかりの姿が映し出される。上映はR12（一二歳以下鑑賞制限）がつけられているが、確かにあまりにショックが大きい。二六年前の大惨事がもたらした結果が、目の前の映像につきつけられる。この映画を観れば、原子力発電が「安全で安価」だとは誰もいえないだろう。また、同時に、フクシマ問題は直ちに全国民が考えて早急に解決をはからなければならない問題であることを再認識させられる。

フクシマの子どもたちを全員疎開させなくてはならない、これが映画を見た直後に出てきた私の思いである。

戦争、自然災害、貧困問題、常に弱い存在が被害を多く受ける。少なくとも被曝は（内部被爆も含め）細胞分裂が活発である胎児、赤ちゃんや子どもが最も健康被害にあいやすい。一刻も早く、家族そろって移住を実現してほしい。もちろん、郷土への愛着、職業の確保など、そうは簡単に運ばないであろう。国が決断し、強制疎開を命じ、生活保証をしなければ、なかなか決断がつくものではない。だが、子どもは日々成長し、放射性物質を体内に取り込んでいく。チェルノブイリをいつの間にか忘却していったように、フクシマもいつの間にか忘れられたりはしないだろうか。被曝被害をこれ以上更新しないことが、迂闊に日常を過ごしてきてしまった3・11後の、いま、私たちにできることではないだろうか。

経済至上主義によるメディアコントロール

それにしても現在、あまりにも知らされていない情報が多い。一年が経過し日常生活を送るなかで埋もれていってしまいがちなフクシマ。情報はもっと遍く共有されなくてはならないはずだ。それも「絆」「家族」という情緒的な物語にのみ回収されるのではなく、原発事故によって損なわれてしまった健康、しかも放射能という目に見えずに遺伝子まで傷つけ、次世代へ負の遺産として引き継がれていく問題をどのように解決していくのか。その健康被害は放射能と同様に、いまはまだ可視化されないが、ヒロシマ、ナガサキを経験した日本、そしてチェルノブイリを経験した世界の人々は、フクシマ原発事故の解決には長い時間がかかることは想像できるだろう。

事故原因の追及、事故被害に遭ってしまった人々の健康問題、被害者補償の法制化、東電への一兆円支援など、知らぬ間にスルーされ可決されていく中で、「知らぬ間に」が命取りとなる現状を、緻密に検証しなければならない。そのためにメディアが果たす意義は大きい。にもかかわらず、新聞もテレビも本当に知りたいことをなかなか報道しない。真実があまりに衝撃が大きく、不特定多数に流す情報としてはふさわしくないせいもあるだろうし、ほとんどのメディアがスポンサーによって規制がかかる要因もあるだろう。これまでの経済効率至上主義は、3・11の最大なる敵であることも明確化された。民主主義国家といわれている日本でもメディアコントロールは平然と行われていることにもっと自覚的でありたい。

「チェルノブイリ・ハート」の衝撃から、私はネットでかなりの情報を検索し始めた。映画タイトルのみならず、女性監督「マリアン・デレオ」の名での検索でも、チェルノブイリ問題のさらなる衝撃映像は閲覧することができる。一方でフクシマ原発事故当時の映像や目を覆うばかりの悲惨な津波被害など、ネットでは削除されてしまっているものも多い。私が辿りついたネット情報の一つで考えさせられたのは、二〇一一年イタリア国営放送で放映された「キエフ病院のこどもたち」だった。ここにはチェルノブイリ事故と同年である一九八六年生まれの女性が生んだ子どもが、重度の障害を持って生まれている姿が映し出されている。二〇一一年現在で二五歳となる映像に登場したチェルノブイリ汚染後に生まれた女性のみならず、十歳は上かと思われる女性も、重篤な症状を発症して生命を脅かされている我が子を心配そうに泣きはらした目で見ている。ナレーターは言う。「普通はこのような映像は、国家は隠すでしょうけれど、貧しい国なのでこういう映像が流出するのです」と。この言葉は私の心にいつまでも重く響いている。ソ連崩壊後のウクライナ、ベラルーシでは、予算不足のために、満足に治療を行えない子どもたちが命を落としていく。

林京子の生命を見つめるまなざし

「チェルノブイリ・ハート」や「キエフ病院の子どもたち」には、被曝者が命を生み出すことの重さが正面から取り上げられている。日本はチェルノブイリより四一年も前に原爆による放射能被害に遭っている。ただし、原爆被害についてのあらゆる情報は米国政府によって公表が禁じられた。また、生存している被爆者も自ら明かさないことが多い。そうした中で、自らの被爆体験、そして出産、生み出した子の命（健康）を、目を凝らして見守り続けてきた人生を作品化していった作家に林京子がいる。彼女の声こそ、いま改めて聞くべきだろう。

彼女は「被爆を根に生きてきた命と人生」を振り返り、一九四五年八月九日からこれまでの日々を「一日一日が切実な生であったはず」でありながらも、振り返ると「なぞりようのない空白の時が、あるだけです」（「著者から読者へ」、『祭りの場・ギヤマン　ビードロ』一九八八年八月、講談社文芸文庫）と述べている。「なぞりようのない空白」とは何だろう。そもそも林京子は書き始めた理由を「戦争の悲劇が、それ一代で終わらない悲劇、しかも肉体的に代々しこってゆく悲惨さが有ってよいものだろうか——

私は、それを書きたかった。出来れば発表もしたい。その方法として店頭で文芸首都をみつけた。」と記している（「文藝首都」一九七〇年一月号）。

一九七五年四月に『祭りの場』で群像新人賞を受賞した林京子は、同年七月には同作品で芥川賞を受賞した。「『祭りの場』については三十年たってやっと小説化するだけの距離がもてたということだと思います。」（「私の文学の原点」、「赤旗」一九八五年六月一四日）と書くに至るまでには、いつ失うかわからない自分の命や、生み出した我が子の命を維持し見守ることに全神経を費やした三十年という年月がある。ようやく書き始めて発表すれば、被爆以後、沈黙を続けている長崎市民が大勢いる、沈黙が意味する傷の深さをあなたはわかっているのか、書くことを即刻止めるべきだとの青年からのハガキを受け取る経験もしている。このことに触れ、林京子は「書いても書いても、あの日にみてしまった死に終わりがなく、生き残った私たちへ負わされた生命への不安も、また重い。その不安が、被爆二世である私たちの息子や娘にまでつながるとき、私は必死で、落ちこぼした八月九日の一粒々々をひろいあげ、書いてしまう。黙れ、といわれても黙ることが出来ない生命への愛しさが、青年の忠告とは全く反対の行動に私をかりたてるのである。」(「三十一年目のこわさ」、「毎日新聞」一九七六年八月五日夕刊)と発言している。

林京子は、この被爆者の妊娠・出産、そして産んだ子の命をめぐって、小説という心に迫る形で表現し続けている作家である(林京子の研究は、渡邊澄子『林京子・人と文学――〝見えない恐怖〟の語り部として』長崎新聞社、二〇〇五年七月、および渡邊澄子、スリアーノ・マヌエラ著『林京子 人と文学』勉誠出版、二〇〇九年六月に詳しい)。一九三〇年八月二八日生まれの彼女は、一九四五年八月九日ナガサキで被爆した。もうすぐ十五歳の誕生日を迎えようとする年齢だった。その年齢は女性にとって、初潮を迎え女性ホルモンが活発に分泌され、妊娠・出産へ向けて調い始める重要な時期である。彼女の結婚は昭和二六年。その二年後に男児を出産している。『曇りの日の行進』(『祭りの場』講談社、一九七五年八月)には、結婚生活と出産、産まれた子どもの生命をめぐる場面が描かれている。

林京子が色濃く投影されている主人公「私」は、夫から「君は被爆者だから、これから一〇年も生きるかな。その間は僕が保証するよ」と言われて結婚生活のスタートを切った。この小説における語りの時点は、すでにその「保証期間」が過ぎ、結婚前まで被爆に無縁だった夫も結婚生活を通して原爆症がどのようなものか、遺伝因子に及ぶ影響を熟知していた。妻の健康には無関心になりつつある夫でも息子の健康状態だけは気を配っている。

作品中には同じ被爆者である「私」の友人のエピソードが語られている。その友人は、子どもを六人産みながら、夫には被爆の事実を話さずひた隠し、長崎から最も遠い北海道に住み、同窓会にも絶対に出席しない。

私には、この知人の気持が理解できるのである。あなたも被爆してみるといい、とくってかかる私の気持ちと、陰と陽との差はあるが同質のものである。

私はその頃、よく考えこんだ。いつか、息子が私の過去を知ったとき、夫は、息子を連れて家を出るかもしれない。レプラ患者の親から幼児をひきはなすように、離れて住むことを提案するかもしれない。親であれば、我が子の心身共の健康を願うのは、あたりまえである。たとえ、息子に被爆二世の健康上の憂いがなくとも、心の暗さを、私と生活するために植えつけられる可能性はある。部外者の夫には耐えられまい。

夫との間に一子をもうけ共に長い時間を暮らしながらも、「部外者」と書く「私」の被爆体験は想像するにあまりある。原爆症は鼻血など出血が止まらずに亡くなる場合が多く、月経時の出血も出産時の出血に対しても常に恐怖心にさらされる。その上、産まれてくる子どもの健康への不安、出生後も常に細心の注意で見守らなければならない。「どんなに身近かに夫がいてくれても放射能に犯されているのは、私一人である。一人で耐えることに慣れるのは、早い方がいい。」と「私」は語るが、「私」の産んだ子どもの健康への関心は、心身共に細心の注意をもって夫にも共有されてはいる。だが、産む性を持つ林京子のまなざしは冷徹である。

命は誰のものか

林京子の父は彼女が子どもの頃によく「大人になったらお母さんのようなひとになりなさい」と言ったという。「父と母の結婚生活は、子供を育て上げる共通の目的で、対等であったようである」と、外で働く父と家庭をしっかり守る母との分業に上下関係はなかったと観察している。少なくとも、彼女が被爆するまでは確かにそう思っていたという。だが、満十四歳で長崎・浦上の兵器工場に学徒動員され、そこで林京子が被爆した際に、病み上がりの母が七里もの距離を歩いて京子を迎えに来た際に、京子を抱きしめて泣いて「これでお父さんに申し訳がたつ」と言った言葉、この言葉に林京子は違和感を抱いた。当時、父親は勤務地であった上海に残り、先に妻子を帰国させている。その際に子ども四人をよろしく頼むと父は母に頼んだのだ。

後でわかったこととして、上海で長崎の被爆報道を知り、仮に京子が死んでいるとしたら離婚もやむを得ない、自分が帰るまで四人の娘の安全を頼んだはずだ、その約束に反したとしたらどのように責任を取るのか、とのハガキを父は出していたことを知る。違和感を抱いた母の言葉、そして父が突き付けた母への責任問題、ここから林京子は「腹は借り物」という言葉を思い浮かべ、対等と思っていた両親の上にもその古き因習があったことを読み取っている（以上、「女のかなしさと苦悩——樋口一葉『にごりえ』」、猪野謙二編『小説の読みかた——日本の近代小説から』岩波ジュニア新書、一九八〇年九月）。

この際に抱いた反発が、彼女の「いつの時代にも、いかなる問題にも生命の貴重さを根底におくべきだと、私は思っている」（前出「三十一年目のこわさ」）との言葉を導いた一つの要因とも言える。生命に対する責任、それは誰が誰に負わせるものなのだろうか。林京子が抱いた違和感は、「腹は借り物」に象徴されるように、子どもを産み育て上げることを家父長制度における家存続のための一つの手段と捉える人間観だった。

人間の生命があって家があるのではなく、家のために人間の生命があるという捉え方は、大義のために生命を投げ出させることにもなりかねない危険性を伴っている。「生命の貴重さ」は国や家、大義のためにあるのではなく、その生命がここに生かされているからこそ尊いのだという思いは、林京子の次の言葉から強くうかがえる。

「考えてみると私たちは、少なくとも私は、彼女たちの死を八月九日から掘りおこすことで、自分の生命を確かめ、今日まで生きてきたように思う。十四歳で死んだ少女たちの幼い顔を焼け跡から掘り起こし、その中に自分の生命を置くことによって、私は命の貴重さを知り、死亡した友だちの生命への愛しさも知らされた。」（「東京新聞」一九七七年八月九日夕刊）。

即死してもおかしくない爆心地にいた林京子。自分が生きていたという奇跡、その瞬間に生きている自分の生命を抱きしめる思いは、同じ場所で同時刻に同年齢で亡くなった友人たちの生命の中におくことで、より一層かけがえのないものとなり、命に愛しさがこみあげてくるものから生じるのだろう。自らも命を生み出し、死の淵を見た林京子の言葉は重い。

福島原発事故の際、日本政府は原発二〇キロ圏内に居住する人たちへの強制退去、三〇キロ圏内は退去勧告としたが、アメリカは八〇キロ以内に住んでいるアメリカ人全員に退去勧告をしたことに対し、この三〇キロと八〇キロの違いについて林京子は、医師で自らも広島で被爆した肥田舜太郎から聞いた言葉として、「人の命、人権に対する認識の度合いの違い」を上げている（林京子［聞き手］島村輝『被爆を生きて』岩波ブックレット、二〇一一年七月）。

戦後、人権意識や人命尊重を日本国憲法で保障されてはいても、チェルノブイリを先蹤とすれば３・11、フクシマ以降の子どもの命は、国や自治体の貧富の差や国家方針に握られていることに改めて気付かされる。

生命は誰のものでもなく、その人自身のものであり、どのような大義名分があろうと、他のために費やされて良い生命などあるはずがないことを見失っているのではないか。

現在、フクシマでは、将来子どもを産まないほうがいいと考えている少女たちが多いと聞く。ベラルーシの健常児出生率が一七％である現在、少女たちの恐れはもっともなことのように聞こえる。この少女たちの声に含まれる恐怖心、絶望感の重さに胸が痛くなる。だが、将来、理屈ではなくどうしても産みたいと思う気持ちが、訪れることもあるかもしれない。そのような命を生み出したい欲求を、私たちはどのようにかなえ、サポートしていけるのだろうか？ これまでのヒロシマ・ナガサキの声を、特に女性たちの声を、あの時は語れなかっただろう想いを、聞き取ること。そして、経済効率を優先にしてきた社会システムを人間の命中心に置くように変えていくこと。

「いつの時代にも、いかなる問題にも生命の貴重さを根底におくべきだ」、林京子の導き出した言葉の意味を深く受け止めたい。

3・11後のフェミニズムに向けて

長谷川　啓

一　近代信仰の果て

三・一一の東日本大震災から一年が過ぎた。日本に生きる私たちを震撼させたこの大震災は、直後の衝撃はもとよりのこと、その後もずっと不安を抱かせている。ことにフクシマ原発・放射能汚染問題は、生き物すべて、自然・地球破壊に関わり、近代科学文明への不信を決定的にさせた。これまでの思想を根底的に問い直さなければならない時代に入ったようだ。日本の大転換期を迎え、フェミニズム批評のあり方も再考しなければならない時期が到来したように思う。

それにしても、被爆国でありながら、核の平和利用という目眩ましの実態を半ば知りつつも、私たちは何と便利さの中で思考停止し、五四基もの原子力発電所の建設を結局は許してきただろう。大庭みな子が「浦島草」で、原爆は欲望の象徴と言っているが、近代科学文明の欲望追求に、私たちフェミニストも加担してきたことになる。貧困の問題があらためて浮上するほど日本の資本主義が行き詰まり、原発災害という追い討ちにあって、ようやく日本近代を本格的に砥石にかける声が広がっている。中沢新一は早くも『日本の大転換』（二〇一一年八月）を唱え、イタリアの哲学者ジョルジョ・アガンベンは「壊れゆく『資本主義宗教』」（『毎日新聞』二〇一一年一二月三日）と、指摘している。

私自身も、韓流によってアジアに目覚めて以来、すでに日本近代への疑義ははじまっていたものの、明治以降はもとより、近代そのものへの問い直しの必要を決定的に痛感させたのは、今度のフクシマ原発災害である。私たちは何と近代信仰に陥り、ことに戦後以降の現代日本が結局はアメリカの植民地支配下にあったことを自覚してこなかっただろう。文化・言語はもとより、沖縄問題にとっても、核兵器につながる原発設置についてもしかりである。

日本資本主義の発展は、明治以降、アジアの諸国を侵略したばかりか、足尾鉱毒事件・水俣病・イタイイタイ病・原発等々、公害の垂れ流しとともにあり、人間はもとより自然や生き物を侵犯してきた。フェミニズム批評は、これまで原爆や慰安婦等の戦争問題には取り組んできたものの、それらの諸問題については、あまり言及してこなかったように思う。日本近代の家父長制への反撃は過激にしてきたにもかかわらずである。

今年の三月、郡山で行なわれた「原発いらない！　福島県民大集会」に参加してきた。加藤登紀子は、コンサートのトークで「原発は文明災」だと告発し、有機農業を営む福島の農家の男性は第一次産業の必要性を説きつつ、田畑を原発に汚染されて復帰できない現状と苦痛を訴えた。避難地から福島に戻って挨拶した女子高校生は、「電力・経済力などといっている暇はないはずだ」と、抗議の声をあげていた。いまや、放射能という見えない脅威の前で被害者同士の間に亀裂が生じ、さまざまな分断と対立に追い込まれているという。

新・フェミニズム批評の会二〇周年記念大会「三・一一フクシマ以後のフェミニズム」の講演で、被爆体験を語り続けてきた林京子は、あらためて放射能による内部被曝の恐ろしさについて訴えた。画家の富山妙子は「福島第一原発事故の光景は、生き方を根底から問う出来事に思われた」といい、「豊かさと便利さを追求してきた近代文明の終焉を象徴するような光景」だと語っている（『週刊金曜日』二〇一二年三月二日）。

そもそも昨年の三・一一に遭遇する直前に、水俣病を告発し続けてきた石牟礼道子は『週刊読書人』のインタビュー（『週刊読書人』二〇一一年二月二五日）で、「近代という病い」について語っている。チッソの患者たちが「国というものは親さまだと思っていた」が違っていたこと、「徳が抜け落ちた場所から日本は立ち直らなければならない」、水俣病に「ゆるゆると毒殺されてゆく」という発言は、そのまま今度の原発災害に重なる。そして、「近代教育というのは何を教えてきたのだろう」という問いには、痛烈なパンチにあったように、根底から私たちの存在を問い直されるような思いがする。

津島佑子が『毎日新聞』（二〇一二年三月九日）「再生への提言」で、反原発を求める人たちが国境を越えて手を繋ぎ始めていることを伝えながら、「身の丈にあう幸せを」と主張しているように、私たちは日本の風土・自然に根ざした社会を本気で築いていく世直し運動を開始しなければならないと痛感する。例えば『ブータンから考える沖縄の幸福』（沖縄大学地域研究所編　芙蓉書房出版　二〇一一年九月）における「グローバリゼーションではなくローカリゼーションこそが地球を救う」という発想やブータン社会へのまなざし、『江戸に学ぶエコ生活術』（アズビー・ブラウン著　阪急コミュニケーションズ　二〇一一年三月）の「地球を守る江戸人の知恵」を見直す必要もあろう。『「里」という思想』（内山節著　新潮選書　二〇〇五年九月）や地域共同体を語る『コミュニティデザイン　人がつながるしくみをつくる』（山崎亮　学芸出版社　二〇一一年五月）なども視野に入れなければなるまい。前者は、「近代的な個人という理念は、自然や歴史、地域や協同といった関係のなかで生きる人間の世界をこわし」、自由・平等・友愛という近代的理念の内実は人間中心主義的なもので、「人間の自由の追求が自然の生命の世界を破壊する役割」を果たしたと述べる。それらの理念は「それを生みだしたヨーロッパ近代の文明の享受と一体化していた」と剔抉しながら、「里」というローカルな世界から「近代」を解消させる思想を語っている。

杉浦康平の『多主語的なアジア』（工作舎　二〇一〇年七月）ではさらにアジアに着眼しながら、現代の行き詰まりを切り拓く示唆に富む発言をしている。「主語」を振りかざした「自我」や「主体」というものが現代社会全体に横溢しすぎているが、「自己、自我だけに焦点をあてた自分だけの生存圏の拡張行為が、いろいろな意味で有限な地球に破綻をもたらしている」と語る。そうした自己・自我主義に対して、アジア各地の神話は山川草木ことごとくに魂が宿るというアニミズム的な思考に支えられているという。宇宙的な自我はあらゆるもののなかにも存在していて、「梵我一如」の魅惑的な相互関係を結ぶというのだ。「主語」にあたるものはあちこちに無数に潜んでいて、まさに多主語的な世界なのだと述べているのである。

昨年刊行された小説・金原ひとみの「マザーズ」は、現代陥っている若者たちの自我の軋みや痛み、荒廃した夫婦関係、父性意識の欠如や母たちの闇などを、まさしく抉り出していた。「いのち」を出産しても、都会の密室での孤絶した育児状況では、幼児虐待にも陥らざるをえない。その光景は、村落共同体の光と影を表象した壺井栄が、自然との一体感を手放さずに他人の子供をも育て上げる雑居家族を描いたことの意義を、今さらながら懐かしく想起させるほどだ。

二　「いのちへの視座」へ

三・一一以後のフェミニズムは、このように環境も人間自身も侵犯された状況の中で、あらためて、「いのち」という根本的次元に立ち返って考えなければならないのではなかろうか。そこで浮かび上がってくるのが、森崎和江の『いのちを産む』（弘文社　一九九四年二月）『いのち、響きあう』（藤原書店　一九九八年四月）である。

『いのちを産む』は、「いのちをはぐくむ」ことの大切さを説き、「人間たちの、必要以上の利潤を追う生産性が、生存の基盤である地球を破壊しつつあ」るにもかかわらず、「地球の病気」に対応する「地球のお医者さん」や「地球の薬」の情報が欠落しているのではないかと問うている。

そして、村落共同体の女たちや炭坑の女たちが「わたし」と言わず「わたしら」というのは何故かと問いつつ、子供を身籠もってみてはじめて「近代的自我」の「わたし」に疑義を抱き、「わたしら」の意味に共感していく。現代の競争社会における「自己実現」教育の鞭に引っぱ叩かれる若者たちがそこから降りたいと思うほど（ニートもしかり）、もはや自己実現は日本社会の自明のものとなり、他者の発見に力を注がなくなっている。そうした現状を問い、幼児虐待・育児放棄さえしかねない親たちの現実を憂い、「同じ屋根の下に生きている子どもや赤ん坊である他者」の発見の意義深さを説く。「産むこととは、生まれることであり、自己の内なる自然の開発は、他者の発見そのものなのに」というのだ。近代的『自己』に逃げこむことなく、他者を孕む女性の自己をありのままに生かして生きたい、と発想するのである。

また、先進諸国の共通性は、生物としての人間を二義的なものと扱ってきたことであり、認識と行動の軸を単独者としての「自己」に置いていた点にあること、「近代思想への根強い信仰」が、いのちを取り巻く諸現象の元凶だと、指摘している。個人の「自己」と体内の自然とを分離させ、前者を優先させて自他を認識する現代社会の人間観が問題だという。効率主義のもとに、生物としての人間たちの条件を考慮することなく、いのちを疎外していることに問題があるというのだ。

今後、「近代的な観念である『自己』をどう越えて、『他者』とともに『類』を生きようとする」のか、「人びとが『いのちを産む』ことを、いかに思想化するかが、その手がかりのひとつ」だといい、「産まない、産めない個人をも含み、子どもも老人もそれを意識してこそ、生物一般を含めた自然の循環系を、生活思想とし得るのだ」と語っているのである。

金井淑子は『依存と自立の倫理〈女／母〉の身体性から』(ナカニシヤ出版　二〇一一年二月)で、森崎発言を受けて、この〈女／母〉を一緒にして「わたし」とルビをふり、「母」に「いのち」とルビをふっている。そして、森崎和江が、「胎児を孕んでいる女の一人称」を語る言葉の不在に気づいて「他者を内在化させた〈わたし〉へ」と思索を深め、「近代的自我が〈いのち〉の根への考察を欠いている」という認識に至っていることを指摘する。森崎の「〈いのち〉の根への考察を欠いている」という近代への問いは、自然・人間を侵犯する公害問題から近代を問うて命の根源へと向かう石牟礼道子にまさしく重なる。

そして金井は、盛岡正博が「ウーマンリブと生命倫理」(山下悦子編『女と男の時空——日本女性史再考6』藤原書店　一九九六年七月)で、田中美津の女性論こそ生命主義の源流をなし、七〇年代のウーマンリブのなかでは権利論に還元しえない「フェミニズム生命倫理」への問題意識の萌芽があったと指摘していることに言及。「フェミニンの哲学」にこの田中美津の論を重ねた時に、フェミニンといのちをつなぐ視座として、「リブに先立つ日本の土着のリブ思想家」森崎和江の存在が浮上してくるというのだ。女の身体性を通していのちへの視座が拓かれた、この近代の土台を穿つ思想の水脈は、水俣問題を通して近代と思想的に対峙する石牟礼の文学にも繋がっているという。

これまで家父長制下での母性の拘束の中で苦しみ、戦争中に母性が国家に利用されたこともあって、母性神話の解体は女性解放の要であった。したがって、母の問題を取り上げることは、いわばフェミニズム思想にとってアキレス腱のようなものである。だが、「母の領域」の課題を、「いのちの係留点として女性の身体性を捨象しない、いのちの時間軸が関わった身体性の主題として位置づけたい」という金井の主張に、私は賛同したい。「女(わたし)のからだ」から、「母・いのち」を切り捨てず、しかし「女・わたし」も明け渡さずに、世界と向き合う思想の構築の必要性、生命を産み出す「母」をあえて「いのち」と命名する姿勢に、あらたなフェミニズム思想の地平が見えてくる。近代科学文明の象徴かつ最先端である原発により、いのち（生存）の危機にさらされ、地球破壊に至った今日だからこそ、痛切に響いてくるフェミニズム思想といえるのではなかろうか。

私たちは何と、自然や母性からの離陸を志向した近代主義的フェミニズムに陥っていただろう。エコロジカル・フェミニズムとも通底する森崎・石牟礼・田中・金井らの「いのちへの視座」は、三・一一以後のフェミニズムの方向性を示すものであり、いのちの循環に立ち返って、家族や共同体、自然や母性について考え直してみるフェミニズム批評を、アジアの一点である日本から、あらためて発信していきたい。

近代日本の夜明けとともに開始された女性解放の言説も、もはや一世紀を超えた。今、近代の終わりを生きている私たちは、その主張を押し進める一方で、「～からの解放」をも超えて、そろそろ女の身体・発想に根ざし、立脚する思想構築が求められているのではなかろうか。それこそが、脱原発の世界へ、地球救済に繋がる道であるように思う。

「自然」は誰のものか

渡辺みえこ

心が死ぬこと・体が生き延びること

私は一九八〇年代に二年ほどパリで暮らしたことがあった。そのころフェミニストの友人たちと反核運動やエコロジー運動をしていた。

その後日本で、二〇〇一年ジェノバの第二七回サミットでの二〇万人〜三〇万人デモのニュースを知った。死者一名、負傷者約二五〇名を出したとも。「八人（G八首脳）に世界を決めさせない。あんたら八人、われわれ六十億人」「地球は売り物ではない」「市場万能主義の撤廃」「国際投機資金への課税」「途上国の債務帳消し」などのスローガンによる反グローバル・デモだと報道された。

その時、平和的にデモに参加していたフランス人の友人、タチアナが、逮捕され獄中死したのを知った。彼女は、十二歳の娘を持つ五五歳のシングル・マザーだった。毎年八月六日、広島原爆投下の日には、カルチエ・ラタンで髑髏のお面をつけてダイ・インのデモをしていた。

その親友のクレアは、私に国際電話をしてきて号泣していた。その後鬱になり、パニック障害になって仕事ができなくなった。

一年後彼女は自殺を図った。三〇分後、同居している恋人に蘇生させられ、命をとりとめた。しかし、脳が三分の二ほど壊死し、失明、言語障害、歩行困難……重度身体障害者となって、毎日強い痛み止めを飲み続ける生活になった。

彼女はやはり私への電話で泣き続けた。「目が見えない」「よくしゃべれない」「歩けない」「物が持てない」「大好きな本が読めない」……。フェミニズム運動をしていたスポーツ好きの彼女は、今までできたことを急激に失ったことを嘆いていた。

それでも彼女はもう死のうとはしなかった。彼女は一回死んで、心の痛みを体に渡したのだろう。五六歳の彼女の人生はつらく悲しいことが多かった。その悲しみ、痛みをすべて体の痛さに預けたのだろう。同じような悲しみの経験でかつて私と彼女は深く共感し合った。

それでも彼女の大きな喜びは、三〇代に娘を持ったことだった。彼女自身の娘の未来のため、タチアナの娘の未来のため、六〇億人の未来のため、地球のため、命がけで闘ってきた。国は違っていても私も彼女たちと共に生きていた。子供たちや地球のため彼女たちと共にできることをしていた。

クレアは、その後リハビリをして僅かに見えるようになった。少しずつコンピューターでそれまでの経験を小説に書いて、二冊の小説をパリのフェミニスト出版社から出した。

二〇〇九年に出版した『黄色いキャンピングカー』では、シングル・マザーがヨーロッパを娘と旅行して、男性に会ったが孤独は深まり、狂気に陥る。その後やはりシングル・マザーの女性に出会って癒しを得ていくと言う物語だ。その後二〇一〇年には、『もう一つの死』で、診療内科で知り合ったシングル・マザーのフランス人女医と日本人女医との交流を物語にした。今も彼女は少しずつ書いている。

日本は大地を信じてきた。その大地が液状化したり揺れたりすることは、その上で暮らしている私たちを不安にさせ救いようのない恐怖を与える。

私の母は父が他の女性のところにいきっきりになった大きな家で、一〇年を病で過ごし六四歳で死亡したが、晩年は大地やそこから春を忘れずに芽を出す水仙や梅の花などと話をしていた。

日本人は自然とのつながりが強く最期の友は、自然であるので、欧米キリスト教個人主義文化の人々よりも精神病になりにくいと言われている。

でもその誰にでも与えられていた空気、水、大地が、見えない放射能というもの、人が造った化け物に汚染されているとしたら。どこに逃げれば（「避難」）よいのだろうか。

死んで「母なる自然」に還れるか

クレアの娘、エミリエンヌが、私の遺骨を地中海に撒いてくれると言っていたことがあった。古代ギリシアの女性詩人、サッフォーが活躍したオリーブの産地、ミティリニ島（現在は北エーゲ地方のレスボス島）がある海に。

死んで「母なる自然の海」に還したいと、エミリエンヌはその時思ったのだろう。エコロジー運動のスローガンに「もうこれ以上彼女（地球）を強姦する（開発など）のをやめよう」「彼女は微熱（温暖化）を持って震えて（地震）いる」というのがあった。「母なる大地」も「母なる海」も無尽蔵の「母性愛」があふれ続けるわけではない。

去年の夏休み前に古くからの友人の研究室を訪れた。彼女は自分のお弁当のおにぎりを半分分けてくれ、ハーブのお茶を淹れてくれた。「ありがとう」、と言うと「ただの梅干しだけで」とにっこりと静かにほほ笑んだ。朝あわてて握ったという彼女の掌（たなごころ）の形をしていたような気がした。掌の語源は「手の心」だと言うようなことを思い出しながら食べた。

そして部屋を出ると廊下に出て何時までも見送ってくれた。私が彼女にこの世の別れを言いに訪ねたかのように。彼女の家もホットスポットだと言っていた。

私たちは本当はいつも今日が最後かもしれないのだけれど、それを忘れて過ごしている。今、同時代に生きて「ありがとう」「ごめんなさい」「それは見過ごせない」などの言葉がとくべつ深く響いている気がする。

三・一一では親戚の子供たちが亡くなった。昨年秋、詩の言葉では何篇か書けたが、まだそのことは私自身受け入れられていない。

生きることは服喪

私にとって生きることは服喪でもあって、それは生きながらえるにつれ、重なり増えていった。

今までは個人的なこととして孤独な中での見送りだったが、しかしこの福島のひとびとや子供たちの見送りは、日本にいるひとびとを中心に多くの人が悲しんでいるという初めての種類の悲しみを経験した。

地震対策の遅れ、中央集権的政治、首都東京のエゴイズム、近代科学技術への過信……など社会的問題でもあり、日本社会に生きているものとしての責任もある。

それでもなお個人的な問題として一人一人の死は、生き残った私個人の悲しみとして重い服喪が増えた。子供たちとの約束を果たせなかったこと、「うそつき」と言われながら「来年ね」と言ったままの約束。忘れていた誕生日、……生まれてきたことを喜んであげることも果たせないまま逝ってしまった。
かつて石原吉郎は大量虐殺について、ひとの死は数ではないと言っていた。「私」自身の服喪に、癒されることや癒しなどなく、癒されることを拒む深い悲しみの部分もある。

そこから明日を生きることが許されるなら、その極私的な悲しみを他者に、社会につなげていく道筋を見つけ、その努力をしていくことなのかもしれない。

私にとっては沈黙に近い言葉としての詩の言葉もそのひとつだった。

故郷

まほちゃん　ひろちゃん　りょうた君
ひとは　死者を弔うのに
土に埋め　灰にし
海や野に葬り
天葬し　空葬するひともいます

でもどんなふうにしてもこの弔いは
終えられません
幼いあなたたちの弔いに　いったい
どんなふうな別れがあるのでしょうか

あなたの母は言うでしょうか
もういちど　あなたをお腹に入れて
生まれ直させたい
何でもない風のわたる丘へ　と

フクシマで二〇一一年の夏を迎える死者たちと
あなたの弔いが終えられず
ただ立ちつくす
私たちの誰ひとりにも
もうどこにも　故郷などないのでしょう

（渡辺みえこ詩集『その日と分かっていたら
フクシマのまほちゃん』七月堂　二〇一一年一一月）

2:1

Ⅳ　女性表現から見えてくるもの

異変を生きる
——3・11〈フクシマ〉以後の女性文学

北田幸恵

はじめに　現実がシュールリアリズムを超えた

3・11にまつわる夥しい映像の中でも、観光船「はまゆり」が岩手県大槌町の民宿屋上に乗り上げた光景は衝撃的だった。それはまるで大時計が溶けてだらりと木の枝に垂れ下がった荒野を描いたサルバドール・ダリの「記憶の持続」（一九三一年）の超現実的な世界が、突如、東北の海岸に現れたかのようだ。日本に生きる私たちは3・11の大惨事以後、悪夢が現実になった「異変」の中を否応なく生き抜かざるをえなくなっている。

二〇一一年三月一一日午後、日本東北部を襲った巨大地震・津波は、死者・行方不明者約二万人という甚大な被害をもたらし、さらに福島第一原発事故を引き起こし、巨大な複合災害となった。観光船「はまゆり」の写真は、今回の大地震・大津波がいかに仮想現実さえも乗り越えたかを物語っているが、一方、原発事故の方は、チェルノブイリ事故と同じく世界最大レベルの事故であり地球的・歴史的な影響において激甚であるにもかかわらず、破壊され捻じ曲がった福島第一原発一、三、四号機の外観は確認できても、内部で進行している危機的な事態、そこから排出されている途方もない放射能物質の総量と破壊力を、ただちに視覚、嗅覚、触覚などで把捉することはできない。政府や東京電力による情報開示が迅速的確に行われない状況のもと、私たちは利用できるあらゆる方法と知見を動員し、事態を正確にとらえ対処することが求められている。アメリカで原子炉の設計・運用・廃炉にかかわってきたアーニー・ガンダーセン『福島第一原発――真相と展望』（集英社新書、二〇一二・二）によれば、一号機はメルトダウンから水素爆発に至り、炉心は九〇％破損され汚染水が今も流れ続けている。見た目には一番ましな二号機の格納容器は爆発により四つの中で損傷が最も大きい。三号機の核燃料の大部分はメルトダウン、メルトスルーし、一番懸念される四号機は定期点検のため原子炉から取り出されたばかりの使用済み核燃料が「格納されていない炉心」状態で露出している。しかもこれまで世界の核実験で放出された量に匹敵する放射性セシウムが眠っている、という。また原子力学者の小出裕章は『騙されたあなたにも責任がある　脱原発の真実』（二〇一二・四）で、福島第一原発事故では、「広島原爆の100発分を超える量のセシウム137が、すでに環境にばらまかれた」、また今12万トンの汚染水があり、その中にはそれを超える量が存在している。一号機から三号機で出力は200万キロワットであり、「広島原爆4000発分に相当するぐらいの核分裂生成物が炉心の中にあった／そのうち、すでに放出されてしまった分は、わずか100発とか200発、あるいは300発と私はいっているわけですから、まだまだ大量の放射性物質は、閉じ込められた形で残っています」という。これらの福島原発事故の苛酷さを指摘した科学者の知見は、3・11〈フクシマ〉以後を生きる私たちが、向き合わなければならない現実の圧倒的重さを示している。

3・11〈フクシマ〉の歴史的な大惨事は、私たちすべてに、これまでの知の枠組みの根本的な見直しを求めているといえる。これまで家父長制度や価値観からの女性の解放を追求してきたフェミニズムもまた例外ではなく、異変を乗り越えて生き延びるために、自然、環境、エネルギー、生命、生存の問題を組み込んだ新たな視点の女性解放理論の再構築が必要になっている。

ここでは、このような構築に向けての一つの試みとして、時代と性差にかかわってきた女性作家たちをとりあげ、3・11〈フクシマ〉以後、彼女らがどのように異変を受け止め、異変に立ち向かい、異変を表象しているかということを作品を通して吟味し、今日のフェミニズムの可能性と課題について考えてみたい。

一　3・11〈フクシマ〉以後の女性文学者の反応

女性作家とフェミニズムの検討に先立ち、3・11〈フクシマ〉直後の文学者の発言として、広島・長崎、さらにビキニ環礁に象徴される核時代に向き合ってきた大江健三郎の「私らは犠牲者に見つめられている」(「東日本大震災・原発災害・特別編集　生きよう!」『世界』二〇一一・五、『ル・モンド』三・一七に加筆)と、アメリカで長い間、草の根の反核運動を展開してきた作家米谷ふみ子の『だから、言ったでしょ!核保有国で原爆イベントを続けて』(かもがわ出版、二〇一一・五)の発言に注目しておきたい。

大江は同論文で、福島原発事故を核に対する「危機」と捉え、「国民的実感」において、これまでの「あいまいな日本が続くこと」はありえないと言い切り、日本の現代史は、明確に「新局面」に至ったとの認識を示している。

　この現実の事故をムダにせず近い将来の大災害を防ぎうるかどうかは、私ら同じ核の危機のなかに生きて行く者らみなの、あいまいでない覚悟にかかっています。

「広島へのもっともあきらかな裏切り」である福島原発事故を「ムダにせず」に「近い将来の大災害を防ぎうるかどうか」は、みなの「あいまいでない覚悟」にかかっていると、大江は核の危機を脱出していく「覚悟」を日本人に迫っている。

米谷ふみ子もまた、前掲書の最終章と「あとがき」を福島原発事故で結ばざるをえない無念を以下のように記す。

　この本を書き終えた時に、東北地方を中心に広範囲にわたる前代未聞の巨大地震がありました。マグニチュード九・〇とか。その直後に大津波が起こり、何もかも呑み込まれる光景をCNNで見て身が竦む思いで、夜は眠れませんでした。その結果、私が二十年間恐れていた原子力発電所でのメルトダウン(炉心融解)寸前の事故が起こったのです(政府と東電がメルトダウンを認めたのは、五月二十四日のことであった。……引用者注)。/また日本にどうして五十四基(運転中)もの原発を建てたのか、広島、長崎の経験で核の危険性を学ばなかったのか、と私は昔から疑問に思っていて、新聞にそういうことを書いて載せてもらおうとしましたが、ダメでした。その新聞社の当時の特派員が、「原発の批判はご法度なんだ。昔から新聞社と政府の間に批判しないという契約があるんだ」と私に言ったのに驚きました。

広島・長崎から核の危険を学ばず、五十四基もの原発を作ったことと、それを支えてきたメディアの報道規制を米谷はきびしく批判し、引用文に続いて「生きとし生きるもの全体の生存」を考え、原発に対処することを求めている。核や原発を許してきた、あるいは許さずとも現実に状況を飲み込まされ、原発列島に生きてきた、そのような既存の体制を徹底して検討し、歴史を転換させる覚悟を持って、日本人一人ひとりが、今日から未来へ、日本および地球のすべての生存の問題として、考え行動することなしに、今回の事故の悲劇を乗り越えることはできない。核時代を自己の文学のテーマにしてきた大江健三郎と米谷ふみ子はこのように訴えている。

日本の政界・産業界・学会・メディアの上部から末端までもが、いかに安全でクリーンという原子力イデオロギーに汚染され、「原子力ムラ」化していたかということを川村湊『福島原発震災記——安全神話を騙った人々』（現代書館、二〇一一・四）は完膚なきまで明らかにしている。また『朝日新聞』の「文芸時評」を担当し、3・11に果敢に言及してきた斎藤美奈子は、「パラダイムシフトとなった大事件や大事故に絡む人間は寒い」と嘯き、「華麗にスルー。どっしり構えて、乱れない」ことを美学とする批評（佐藤友哉「恋せよ原発」『群像』一二月号）の時代錯誤ぶりを批判してきた。川上弘美『神様２０１１』（『群像』、二〇一一・六）や、津島佑子の『ヒグマの静かな海』（『新潮』二〇一一・一二）などを、「異形」の形を借りて「寒い」現実に敢えて挑戦した作品として取り上げ、3・11に取り組む文学者と文学の存在意義を擁護している。

これまで見てきた大江、米谷をはじめとする作家、批評家の原発批判の発言は、風評被害というレッテルで事態を隠蔽する閉塞した強権に抗する、文学者としての矜持を示したものであった。3・11〈フクシマ〉以後、これまで多くの文学者が脱原発を語り、一年後の今日、アンソロジー『それでも三月は、また』（講談社、二〇一二・二）や、日本ペンクラブ編『いまこそ私は原発に反対します。』（平凡社、二〇一二・三）が相次いで刊行されるといったように、異変に向き合った力強い文学者の言説の流れが生み出されている。前者には多和田葉子「不死の島」、小川洋子「夜泣き帽子」、川上弘美「神様２０１１」など女性作家の作品が収録されている。後者には俵万智「目の前の命を」、雨宮処凛「泣いてるだけじゃダメなんだ——イラクと東京で掲げる「NO

NUKES』」、落合恵子「制御できないものを、処理できないものを持ってしまった人間、わたしたちよ」、澤地久枝「『福島』につながる二人のひと」、瀬戸内寂聴「原発事故は人災です」、津島佑子「『夢の歌』から」など、二十数名の女性の作家、評論家の作品が収録されている。

これらの作品の中から、川上弘美「神様２０１１」、津島佑子「『夢の歌』から」と『群像』に発表された「ヒグマの静かな海」、多和田葉子「不死の島」を取り上げ、異変とフェミニズムの問題を考えてみることにしたい。

二　放射能つき日常のはじまり
川上弘美『神様２０１１』

川上弘美の『神様２０１１』は3・11を反映した最初の小説の一つである。デビュー作「神様」（一九九三、中央公論社）と、修正版「神様２０１１」を併載した『神様２０１１』という体裁の作品である（便宜上、修正作品を「神様２０１１」とし併載全体を二重括弧で『神様２０１１』と表記する……引用者）。3・11以後を描こうとしたとき、川上が「神様」を改めてとりあげ、敢えてこのような異例の措置をとったことの意味はどこにあるのだろうか。「神様」も「神様２０１１」も、「わたし」が行動を共にする「くま」は日常を司り、女性のわたしに過不足なく配慮する成熟したオスであり、わたしにとって「神様」であるとされている、基本ストーリーは変わらない。しかし、「神様２０１１」では大きな変質が起こっている。「神様２０１１」の冒頭部をとりあげ、加筆修正を加えた部分を太字で示すことで両者を比較してみよう。

くまにさそわれて散歩に出る。川原に行くのである。春先に、鴫《しぎ》を見るために、**防護服をつけて**行ったことはあったが、暑い季節にこうして**ふつうの服を着て肌を出し**、弁当まで持っていくのは**「あのこと」以来**初めてである。散歩というよりハイキングといったほうがいいかもしれない。

くまは、雄の成熟したくまで、だからとても大きい。三つ隣の３０５室に、つい最近越してきた。ちかごろの引越しには珍しく、**このマンションに残っている三世帯の住人全員に**引越し蕎麦をふるまい、葉書を十枚ずつ渡してまわっていた。ずいぶんな気の遣いようだと思ったが、くまであるから、やはりいろいろとまわりに対する配慮が必要なのだろう。

ゴシック体の加筆部分に着目すると、改変後は「防護服」を着けるのが日常化し、「あのこと」以来、肌を出すのは今回が初めてだとされ、福島原発以後の現実として再構成されている。

また、引用文に続く川原までの道行は、「神様」では、水田に沿った舗装された道を、車が徐行して通り過ぎ、大変暑く田に働く人も見えず、くまの足がアスファルトを踏む音だけが響く。「暑くない？／と訊ねると、くまは、「暑くないけれど長くアスファルトの道を歩くと少し疲れます」と答えた。／「川原まではそう遠くないから大丈夫、ご心配くださってありがとう」／続けて言う」。くまは暑いからレストハウスにでも入ろうとわたしに細かく気を配ってくれる、となっている。「神様２０１１」ではこれに対応した部分は大きく改変されている。川原への道の脇の田は土壌の除染のために掘り返され、暑い中で「防護服に防塵マスク、腰まである長靴に身を固め」た人々が除染作業をしている。「あのこと」のゼロ地点にずいぶん近いこのあたりとあるので、原発から二十キロ近くの避難準備地域が想定されているようだ。「今年前半の被曝量はがんばっておさえたから累積被曝量貯金の残高はあるし、おまけに今日のＳＰＥＥＤＩの予想ではこのあたりには風はこないはずだし」というわたしに、くまは「僕は容積が人間に比べて大きいのですから、あなたよりも被曝許容量の上限も高いと思いますし、このはだしの足でもって、飛散塵堆積値の高い上の道を歩くこともできます。そうだ、やっぱり土の道の方が、アスファルトの道よりも涼しいですよね。そっちに行きますか」などと、わたしに対して放射線値について細かく気を配っている。

「神様」から「神様２０１１」への重要な変更点の一つは、高橋源一郎が『恋する原発』（『群像』二〇一一・一一）の中で鋭く指摘したように、子供の消去とそこにこめられた意味であろう。

「神様」

「お父さん、くまだよ」

子供が大きな声で言った。

「そうだ、よくわかったな」

シュノケールが答える。

「くまだよ」

「そうだ、くまだ」

「ねえねえくまだよ」

「神様」ではくまを見て喜ぶ天真な子どもの声が川原に響きわたっているが、「神様２０１１」では、「今は、この地域には、子供は一人もいない」。防護服に身を包んだ二人の男たちの、「くまは、ストロンチウムにも、それからプルトニウムにも強い」らしいという関心が示されるだけだ。高橋は子どもが消去された点に着眼し、この小説では、「あのまえ」と「あのあと」で目に見えない喪ったもの、わたしたちの共同体の重要な成員である子どもたちの「喪」に服することで、追悼がなされていると捉えている。「神様」と「神様２０１１」の交響の中に、『神様２０１１』の大震災以後の作品としての重要な意義をさし示している。

作品の最後の場面を比較してみよう。

「神様」では、マンションに戻って別れ際、くまは両腕を広げ私の肩にまわし、頬をこすりつけ、肩を抱いたあと、楽しかったと感謝の気持ちを告げ、「熊の神様のお恵みがあなたの上にも降り注ぎますように。それから干し魚はあまりもちませんから、今夜のうちに召し上がるほうがいいと思います」と細かく気遣う。「神様２０１１」では、「くまはあまり風呂に入らないはずだから、たぶん体表の放射線量はいくらか高いだろう。けれど、この地域に住みつづけることを選んだのだから、そんなことを気にするつもりなど最初からない」と、わたしがくまとの抱擁をこだわらない理由がわざわざ示される。くまは「熊の神様のお恵みがあなたの上にも降り注ぎますように。それから干し魚はあまりもちませんから、めしあがらないなら明日じゅうに捨てるほうがいいと思います」というように、「神様」と違って、「神様２０１１」では魚を捨てるように勧める。そのあとに「神様」にはなかった次のような文章が「神様２０１１」に書きこまれ、物語は閉じられる。

部屋に戻って干し魚をくつ入れの上に飾り、シャワーを浴びて丁寧に体と髪をすすぎ、眠る前に少し日記を書き、最後に、いつものように総被曝線量を計算した。今日の推定外部被曝線量・30μSv、内部被曝線量・19μSv。年頭から今日までの推定累積外部被曝線量・２９００μSv、推定累積内部被曝線量・１７８０μSv。熊の神とはどのようなものか、想像してみたが、見当がつかなかった。悪くない一日だった。

シャワーを浴び、丁寧に体と髪をすすいで、寝る前にわたしは日記に向かう。内部被曝線量と外部被曝線量、累積値を丹念に記入する。このように「神様２０１１」の方は、着衣、魚の調理、他者との身体的接触、線量計測と記録など、全面にわたって放射能への細かい配慮が書き込まれている。つまり、「神様２０１１」では「神様」の簡明な文章は分厚く皮膜で覆われ、何者かからの侵食を防衛している。神様のようにわたしを守ってくれるはずのくまは、たえずわたしの線量を気にする。「あのあと」、他者への配慮や愛は、放射能への理解を共有し立ち向かうことなしにありえないということを語っているかのようだ。自己と他者は放射能への共同防衛を通して互いの距離を測り、共通の意志を確かめ合うのだ。

「神様２０１１」のくまは、神としての絶対性は剥ぎ取られて相対化されている。わたしはくまに頼りつつも、一日の終わりは日記への放射能測定値記録で締め括らざるをえない。両者共に「わるくない一日だった」と書かれているが、「神様２０１１」の「わるくない一日」は、放射能でコーティングされた、留保された「わるくない一日」であり、無垢な一日はもうどこにも存在しなくなってしまったことを示している。くまは神であり、異界からのマレビトとしての存在ではあるが、異変後は人間と同様に、放射能に配慮を示さなければならない時代に入ったともいえよう。

川上は本書「あとがき」で「原子力利用にともなう危険を警告する、という大上段にかまえた姿勢で書いたのでは、まったくありません。それよりもむしろ、日常は続いてゆく、けれどその日常は何かのことで大きく変化してしまう可能性をもつものだ、という大きな驚きの気持ちをこめて書きました」と述べている。川上が語るように、「あのあと」大きく何かが変容し、人々は異変の中を生きなければならないことを明確に告知した作品として、「神様２０１１」は3・11以後の小説の重要な転換点を示すものとして位置づけられる。

三　津島佑子『ヒグマの静かな海』と「夢の歌」から

津島佑子の「ヒグマの静かな海」では、百年前のこと、道北サロベツ原野で育ったヒグマがその頃北海道で頻発していた大地震を逃れたのか、対岸の奥尻島に泳ぎたどり着いたところで住民に射殺されるという、ヒグマの受難の歴史が女性主人公によって確認される。クマは土地の記録によれば、体長二メートル四〇センチ、体重三百キロ、七、八歳のオスのヒグマで、ヒグマの寿命は二十五歳だからまだ若い。

昔、母のもとを訪ねて来ていた、ヒグマに似ていたので「ヒグマさん」と呼ばれた男、彼は戦争で抑留された語り手の亡父の戦友で、戦争の傷を抱えながら身寄りもなく戦後を生きた男である。やがてヒグマさんは結婚し子どもを持ち幸せになった筈だが自殺してしまった。ヒグマさんの妻も追うように病死し二人の子どもを孤児として残した。女は何もしてやれない自分を子どもを見捨ててしまったと悔いた。そのヒグマさんによく似た男とその家族を、女はテレビに映された東北の被災地避難所の避難民の中に見出す。初老を迎えた語り手の女性はヒグマさんを通してヒグマさんと自らの家族の過去を追想するという作品で、地震などの天変地異や戦争、原発事故などの人災で、壊され流亡化していく人々の悲しみ、孤独、犠牲になる野生や自然や人間性が哀悼されている。クマが人間に襲われていく不穏な海の静けさと百年後の放射能汚染の静かなこわさを重ねている。ヒグマと「ヒグマさん」はオス・男性として表象されている。女主人公が語り追想する対象は男であり、ここには野性的、力、大きさを持つ性的他者として、人間を超える力を表象しているといえる。女にとって異形のものは男性の神であったり、動物であったり、マレビトである。いずれにせよ、地震、津波、そして加えるに放射能汚染という人類史の危機に、クマという野生、自然と人間を媒介するものとして、作者により「熊」が召喚されているのだといえよう。歴史的断絶の感覚、異物感を〈クマ〉という人間に近く、しかし人間ではない存在の異能者、異形の者としてクマに仮託している。

「ヒグマの静かな海」で、自然災害や戦争、原発事故で人間らしさを翻弄され剥奪される生き物の悲しみ、それらをまだ乗り越えることのできない無力さに深く目を凝らしている津島佑子は、前掲の『いまこそ私は原発に反対します』に寄せたエッセイ「「夢の歌」から」の中では、3・11〈フクシマ〉への再生への願いを具体的に明確にうち出している。

原子力発電は先住民や遊牧民族の土地にあるウランに支えられているが、福島原発事故が起こったとき、自らもウラン採掘のため土地を汚染され、健康を害された、取引先の一つが東京電力だったという、オーストラリアのアボリジニから謝罪と激励の手紙が届く。「ウラン採掘に改めて反対し、鉱山使用料として今までに」「支払われていた巨額のお金も返上することを決意した」ことが伝えられる。また同じくアボリジニの人々でつくる「西オーストラリア非核連合」からも手紙が来る。東京電力の原発を稼働する燃料となるオーストラリアのウランが「みなさまの海水、水道水、食物連鎖、さらにみなさまの遺伝子までも汚染してしまうであろうことに対し、大変遺憾に思います」。私たちは地震や津波を止めることはできないが、「核の脅威を止めることは可能であり、またなされなければいけません」。「私たちはオーストラリアによるウランの輸出廃止を固く決意しています」。

私たちの国土は海でつながっており、私たち両国民は過去に核爆発による影響を受けたという歴史でつながっています。そしてなによりも、核のない未来を望む心で私たちは結ばれているのです。

文字を持たず歌で土地の記憶を伝える「夢の物語」の伝統を持つアボリジニには、かれらの土地が荒らされればジャンという致命的な力が解き放たれるという伝承がある。一九七〇年代ウラン採掘が始まったとき、ジャンが目覚め世界中が滅びるかもしれないと、時の長老が抗議したがオーストラリア政府に無視されたという。アイヌの歌の伝承やアボリジニの「夢の物語」に魅せられ、ユーラシア内陸部の伝承をたどる『黄金の夢の歌』（講談社、二〇一〇・一二）を書いた津島は、アボリジニの人々の気品に満ちたメッセージを「日本の東京という都会に住み、東京電力の電気を否応なく使っている私」はどのように受け止めたらいいのかと自問する。またウランを警戒するクレッジと呼ぶ「夢の歌」を持つ、ウラン採掘を禁止したアメリカ・ナバホ族の人々。アメリカや日本の核最終処理場要求を断ったモンゴル、太平洋への核廃棄物廃棄を断った北マリアナ連邦のテニアン市長。フランスに核実験中止を求めたニュージランドとオーストラリア、フィジー政府。今日まで太平洋における人々による「反核」の流れが粘り強く続けられてきた。日本への原爆投下と太平洋での核実験をきっかけに、「ネイティブ・パシフィック」とも呼ばれる先住民諸国とニュージランドとオーストラリアの人々が「あらゆる核を否定」することを決意したのに対して、二つの原爆を経験した日本は、あたかも列島が太平洋に面していないかのように太平洋からの声に背を向け、ひたすら原子力による経済発展に突き進み、今度の原発事故に行き着き、太平洋に厖大な量の放射能を撒き散らしたことを、津島は痛恨の思いで振り返る。

これ以上、人類を愚かな存在にしたくない。どの国でも、使用済み核燃料の最終処理の方法が今もってわからないからには、少なくとも原発事故を起こしてしまった日本国内にある原発はすぐに停止させ、使用済み核燃料をこれまで以上に一本も増やさないようにするのが、「常識」というものだろう。／地球の生命体にとってあまりに危険な人工放射能を作る、不気味に巨大な原子炉をご神体のように崇める代わりに、植物、動物、虫などの無数の生命に溢れたこの地上で、「夢の歌」の叡智を私は聞きつづけたい。どんな時代になっても、人間は自然の一部として生きるほかない、と今度の大震災で日本の私たちは思い知らされたのだから。

不気味な巨大な原子炉というご神体にひれ伏し、愚かな人類として絶滅の道を歩むのではなく、地上のあらゆる生き物と人類が自然のなかで共存する未来をという津島の「「夢の歌」から」での提言は、放射能に苦しむ今日の日本に最も必要とされている思想だ。日本に先駆けて核を拒否した太平洋の人々や先住民の人々と連帯して共に生き延びる道を模索すること。そこにこそ、人間的で真にグローバルな生き方があることを示している。原子炉は停止、使用済み燃料は一本も出さない、という津島の提言を実現していく他に生き延びる道はない。たとえその道が、歴史に類を見ない、無数の人々の無限の目ざめと英知と行動が必要だとしても。

津島のこのエッセイは、すぐれた個性的な提言に満ちた作品が集成されたアンソロジー『私は原発に反対します』の中でも、核と原発の時代からの脱出をよびかけた、重要な宣言となっている。

四　最悪の近未来を回避するために　多和田葉子『不死の島』

津島がグローバルな視点から反核を説くのに呼応し、多和田葉子もまたドイツと日本の両国で生活し文学活動を展開している作家としての独自のグローバルな視点に立つ作品を発表している。アンソロジー『それでも三月は、また』に収められた近未来小説「不死の島」だ。時は二〇二〇年、ドイツの永住権を持つ日本人女性の目から3・11〈フクシマ〉以後の日本が語られる。アメリカからドイツの空港に帰国すると、出入国の窓口で日本人というために明らさまの拒絶反応に遭い、数年日本に行っていないことを釈明してようやく入国できる。すでに世界では日本は同情の対象から忌避される国に変化している。二〇一一年の原発事故で原発をすべて止めるべきだったのにそれをせず、二〇一五年になって政府はようやく原発を止めたが遅すぎたようだ。二〇一七年に再度起こった大地震で爆発を起こし、政治も生活も縮減し、かつての繁栄は見る影もなく、日本は不気味な世界の小国となっている。世界の飛行機は日本に運航せず、インターネットも使用されない。政府は怪しげな勢力に占拠されたのち、今は民間の会社によって運営されている。電気は細々としており、人々は放射能汚染のため食べるものもない。西洋人が書いた『ガリバー旅行記』風の日本紹介本を通してしか外国から日本を知るすべはない。それによると、不思議なことに事故の当時、百歳だった老人は死なず、いや死ねず、老人に介護されながら若者だけが原因不明の病いで次々と亡くなっていく。スローモションの夢幻能ゲームが流行り、恨みを残して亡くなった人々の霊を鎮魂する呪文を唱えると点数が入りゲームが終了する。一、二の地域を例外として、不死の島となった日本にすでにかつての面影はない。

多和田の「不死の島」はSFの世界だとは思えない生々しいリアリティを感じさせる恐ろしい小説だ。現在、インターネット上では、これからの日本の激変を占い、カタストロフィーに脅える予知夢が流行し、近未来への恐怖が増幅しつつ流通しているという。原発事故の対応の遅さ・不適切さが、日本を後戻りのできない、どうしょうもない島へと転落させ、しかも若者、子供は犠牲になる一方、老人ばかりが不死のまま、永らえている、世界から見捨てられた島として多和田は日本を描いている。万事、江戸時代にまで退嬰しつつ、緩慢な死を生きる「不死の島」である。ここに多和田の今回の原発事故への日本の対処に対するきびしい批評と鋭い告発がこめられていることはいうまでもないだろう。多和田が予知する地獄的な世界に手を拱いて墜ちていくのか、あるいは懸命に英知と行動をもって避けるのか、多和田の「不死の島」が示す残された時間は限られている。読者は答えを求められているのである。

結び　異変と切り結ぶ女性作家たち

これまで見てきたように、3・11〈フクシマ〉以後、川上弘美、津島佑子、多和田葉子らの戦後生まれの女性文学者たちは、それぞれの独自の手法を生かしつつ、これまでの彼女らの文学空間を大きく超えようとしている。異変に切り結び、生き残りを賭けて、現在から未来の日本に開こうとしているといえる。環境や生命の根源に降り立ち、想像力を全開させ、歴史の転換点に立って、文学を展開し始めていることを確認できる。

川上の「神様2011」は3・11以後、この国が日常的に放射能と格闘する新局面に突入したことを明確に示した。津島の「ヒグマの静かな海」は近代史の中で自然災害や戦争・原発事故が人間を含め地球の生き物を破滅させていくことを凝視し、またエッセイ「「夢の歌」から」では太平洋での反核・反原発の粘り強い取り組みに背を向けてきたこれまでの日本への深い反省と、今後の環境を守る闘いの必要を呼びかけている。また多和田の「不死の島」は現在のように不適切な事故への対応が続くならば、どのような悲劇的な事態を招来するかをSFの手法で鮮やかに先取りして見せている。いずれの作品も、利権や利益に魂を売り、生命を蔑視し、未来への想像力を欠いた、政治、経済、メディア、学問の在り方にノーをつきつけ、新たなパラダイムへの転換を図るように人々に警告を発している。これらは女性作家たちの、3・11〈フクシマ〉に帰結した家父長制度とその価値観への根底的不信の表明と深くかかわっていると同時に、新たな転換への宣言でもある。

福島を中心とした再生のための闘いの物語が本格的に産み出されるには、また、女性の困難の全貌を掬いあげる女性文学が出現するには、まだ多くの時間と多難な道のりを経るだろう。しかし、太平洋に面した島々の一つである日本が、これまでの「原子力ムラ」的社会の閉塞状況を越えて、原子炉に頼らない環境で生き直していくことを願う「夢の物語」を語り始めていることを、これらの女性作家の作品は明瞭に示しているのである。

原発事故と水俣病
——石牟礼道子『苦海浄土——わが水俣病』から

岩淵宏子

福島原発事故と海の汚染

二〇一二年三月二四日の『朝日新聞』朝刊に、国際協力機構理事長である緒方貞子氏の「日本の原発輸出に疑問」という記事が掲載された。日本政府がインフラ輸出戦略の柱に掲げる原発の輸出について、「自分の国でうまくできなかったものを外に持って行っていいのか」と疑問を投げかけたのだ。氏は、東京電力福島第一原発事故をふまえ、「日本ほど技術が進んでいる国で、しかも（原爆を投下された）広島、長崎の経験があり、原子力に慎重なはずなのに、こんなことになった。うまく行かなかったと言わざるを得ない」と原発の安全性を疑問視し、「太陽光、風、地熱など発電方法が進歩するなかで、いろんな形で考えるべきだ」と脱原発の取り組みを求めた。

緒方氏の提言はきわめて適切であり、多くの購読者は我が意を得たりと思ったことだろう。ところが、緒方記事と同紙面のトップには、「政権、再稼働手続きへ」という大見出しがあり、「大飯原発　来月から地元説得」と続いている。野田首相は「地元に入る際は政府をあげて説明し、私も先頭に立たなければいけない」と再稼働に意欲を示しているという。原発の安全神話が決定的に崩れ、空前の福島事故の収束がまったく見えていない暗澹たる現況下で、日本の現政権はなぜ、人類史に解決不能な負の遺産を残すかもしれないことに意欲を持つことなどできるのだろうか。ましてや日本は地震国である。東海地震は必至であるといわれて久しいなかで、危機感や危惧の念を抱かないのだろうか。

福島原発事故以来、原発に関する多くの書籍が出版され、改めて原発事故の恐ろしさを痛感させられたのは私だけではあるまい。とりわけ小出裕章『ぜんぶなくす　原発ゼロの世界へ』（エイシア出版、二〇一二）からは多くのことを教えられた。世界を戦慄させたチェルノブイリ原発事故は一応の収束をみて放射能物質が出尽くした状態だそうだが、福島第一原発事故は現在進行形で汚染物質が漏れ続けているという。事故発生当初の放射性物質の大気中への放出を広島型原爆と比較すると、セシウム一三七は一七〇発分、セシウム一三四は三〇〇発分だそうで、合わせて広島型原爆の四七〇発分だそうである。これによって生じた被害はさまざまにあるが、そのなかの一つに海の汚染という問題がある。各号機の原子炉の爆発を防ぐために急務であった冷却作業は今も続けられており、膨大な量の放射能汚染水が漏れ続けているという。どれほど大量の汚染水が海に流出したかは、推し量ることさえ困難であるそうだ。

水俣病

海が汚染するという事態を考えると、直ちに水俣病を思い起こさずにはいられない。水俣病とは、チッソ工場の百間排水溝から流された有機水銀によって水俣湾が汚染し発生した公害病であり、公害の原点といわれる。数ある有機水銀のうちのメチル水銀で海が汚染されていた時期に、その海域・流域で捕獲された魚介類をある程度の頻度で摂食した場合に罹患した。人類史上、環境汚染による食物連鎖によって引き起こされた最初の病気といわれている。

水俣病は、メチル水銀による中毒性中枢神経疾患であり、主な症状としては、四肢末端優位の感覚障害、運動失調、求心性視野狭窄、聴力障害、平衡機能障害、言語障害、手足の震え等があるといわれている。重篤なときは、狂騒状態から意識不明をきたしたり、死に至る場合もある。メチル水銀により脳・神経細胞が破壊された結果であり、血管、臓器、その他組織等にも作用して、その機能に影響を及ぼす可能性も指摘されている。

人の命より企業利益を優先させ、原因特定を故意に遅れさせたために、一九五三年の第一号患者認定から、水俣病解決策を閣議が了承した一九九五年のいわゆる第一の政治決着まで実に四〇有余年を有した。さらに水俣病の患者認定のありようをめぐって、二〇一〇年に第二の政治決着がつけられ、本年（二〇一二年）二月末には福岡高裁で、水俣病と認定されるべき人が除外されていた可能性があるとし、「手足の先ほどしびれる感覚障害のみでも認定患者とすべき」という判決が出された。五〇年以上にわたる水俣病問題は、今なお混迷のなかにあって多くの被害者を苦しめている未曾有の公害事件である。母胎を通して、胎児の段階でメチル水銀に侵された胎児性水俣病患者を生み出し、患者は現在、四代目にまで及んでいる（後掲『なみだふるはな』による）という。

この社会的・政治的事件を取り上げ、ことの本質を世に知らしめ、反公害闘争を推進させる大きな力となりえた歴史的作品が、石牟礼道子の『苦海浄土――わが水俣病』（講談社、一九六九）であることはよく知られている。プロレタリア文学のめざした社会を揺るがす文学の力というものの存在を実感した感動を鮮やかに思い出す。石牟礼は、『石牟礼道子対談集――魂の言葉を紡ぐ』（河出書房新社、二〇〇〇）で、次のように語っている。

水俣病というのは、水俣という一地方の病じゃなくて、日本の病ですよね。日本が抱え込んだ病変です。特殊な地方で起きた事件じゃなかったと思う。

石牟礼の水俣病へのこうした視点、すなわち水俣病とは、「特殊な地方で起きた事件」ではなく、利益優先、企業優先の近代社会が抱え持つ普遍的な「病変」の表徴であると位置づけるまなざしは、『苦海浄土』が、社会性や倫理性、告白性にすぐれているだけでなく、文学作品としても高い芸術性を達成することのできた基底となっている。

石牟礼道子と水俣病

石牟礼道子は水俣の地で育ったとはいえ、自らや親族は水俣病を罹病してはいない。石牟礼はなぜ、水俣病問題と取り組んだのだろうか。

一九二七年三月一一日、天草で出生し、水俣で成長した石牟礼道子の実家は、請負業を営み、「石屋」と呼ばれていた。しかし、「石の神様」といわれていた当主吉田松太郎（母方祖父）の湯水のごとき金使い、採算を度外視した道路工事や拓きの事業にたちまち財産を蕩尽し、一九三六年には、最下層の人々が流れ寄る通称「とんとん村」の藁小屋に移り住むまでに落魄する。

生涯「天草の水呑み百姓の倅」を自称、自負し続けた養子格の父白石亀太郎は、反りの合わぬ舅の事業の後始末に苦闘し、そのためかアルコール中毒から酒乱となる。しかし道子は、無学な父のなかにたぎる熱い血や潔癖で真っ直ぐな気性に深い信頼をよせていて、「世の中の下々《しもじも》にいる人間の汗で、この世は成立っとる」(「桜の盛りに」『草のことづて』筑摩書房、一九七七)という父の想いを、後年、受け継ぐことになる。

また、村人から「おもかさま」と呼ばれる母方の祖母も、急激な家の没落と夫の妾問題による心労からか、道子が物心ついた頃にはすでに盲目で、「神経殿《しんけいどん》」といわれる精神を病む人となっていた。道子はこの祖母に抱かれて育ち、のちにはこの祖母の守りをするという関係のなかで、人間存在の深い悲しみへの感応と、他者の魂との深い交流を原体験としてもつことになる、この祖母と父の存在は、「正よりも負のほうへ、狂の側へ、影の中へ、有よりは無の底へ身を置きたい」(「この世は未知」『草のことづて』)という石牟礼文学に通底するまなざしの基点となっている。

貧しさのため女学校進学を断念して水俣実務学校へ進み、一九四三年、同校を首席で卒業する。直ちに助教練成所へ最年少で入り、同年二学期より弱冠一六歳の代用教員として教壇に立つ。しかし、時局に迎合する職員室と子供たちを通じて知った村の家々の苦しみとの深い亀裂に苦悶し、一九四六年、結核のため秋まで自宅療養となり、翌年には、戦争の責任をとるつもりで教職を退く。同年三月、代用教員をしていた石牟礼弘と結婚し、翌年には長男道生が誕生する。しかし、結婚に高い存在への揚棄を求めていた道子は、夫権優位の結婚生活の実態に、次第に苛立ちと反発を募らせていく。この頃また、鋭敏すぎる感受性をもち、父と衝突の絶えなかった弟の一《はじめ》がアルコール中毒を進行させており、貧しい生活の中で弟一家を丸抱えしていた石牟礼は、祖母、父につづく弟の問題に、狂気の血筋への凝視を深めていたようだ。

そんななかで、一七歳の教師時代に詠み始めた短歌への傾斜が、文学への開眼となる。一九五二年初め頃、地元の水俣短歌会という同好会に参加、さらに一九五三年一月、熊本の詩誌『南風』に入会、たちまち同誌の気鋭の一人となり、一九六五年四月まで在籍する。しかし、水俣出身の詩人谷川雁との出会いが、石牟礼の思想と表現に、短歌という形式には収まりきらない飛躍をもたらすことになる。

谷川の思想の特色は、未解放部落民や娼婦、底辺労働者など無名の民衆のなかに真の人間性を見出し、彼らを基底に据えた革命論を展開させた点にある。谷川のいう「〈段々降りてゆく〉よりほかないのだ。（略）下部へ、下部へ、根へ根へ、花咲かぬ処へ、暗黒のみちるところへ」（『原点が存在する』弘文堂、一九五八）とは、石牟礼にとって自分やわが血族のいる場所であった。自分の血族の属する世界と、世間一般の人々の世界とが引き裂かれていた石牟礼にとって、谷川の思想はひとつの出口を与えてくれ、それは同時に、祖母、父、弟などの不如意の生の意味を、まったく新しく捉え直す契機ともなったのである。

一九五八年八月、谷川雁、森崎和江、上野英信たちが始めた交流誌『サークル村』の創刊に参加した石牟礼は、同年末、同会員で水俣市衛生課職員の赤崎覚に、熊本大学水俣病研究班の報告書をみせられ衝撃を受ける。翌年五月、水俣市立病院に入院中の水俣病患者を見舞い、以後、打ち棄てられていた患者のなかに分け入り、闘争の先頭に立ち続ける一方、患者をはじめとする名もなき民衆の心を表現する散文作家としての道を歩み出す。

そのことと関連して逸することのできない存在が、同郷の女性史研究家高群逸枝である。石牟礼は、一九六三年の高群の『女性の歴史』（講談社、一九五四～五八）との邂逅を、「ひとつの象徴化」（「高群逸枝との対話のために」『潮の日録』葦書房、一九七四）を遂げたと表現している。それは、高群の生命再生産の立場から世界をみるという母性主義に接して、「母胎である女たちだけが、今この時代に残された、究極の自然」（「女という原初」『花をたてまつる』葦書房、一九九〇）であり、「女が全体をもっている」（「高群逸枝との対話のために」）という確信を抱き、「いまだ発せられたことのない女の言葉でもって」「帰らねばならない。（略）はるかな私のなかへ。もういちどそこで産まねばならない、私自身を。」（同）という認識に達したことを意味する。谷川雁と高群逸枝の思想から、女であり底辺の存在でもある自分こそが、水俣病患者をはじめとする疎外されたものたちになりかわって自己表出すればよいのだという啓示をうけたとき、石牟礼はうたい語る表現者に生まれ変わることができたと思われる。

『苦海浄土――わが水俣病』の世界

そのような経緯を辿って上梓された『苦海浄土――わが水俣病』は、二〇世紀社会の「病変」の表象である水俣病と水俣病患者をどのように描いているのだろうか。

『苦海浄土』の構成は、水俣病と水俣病闘争に関する客観的記述と、患者のモノローグによる主観的記述からなる重層的構造になっている。前者は、水俣病の悲惨な実態、患者を取り巻く幾重もの疎外状況、そうしたなかでの闘争の経緯などを、医学雑誌や新聞掲載の記事、厚生省への報告書などを引用して浮き彫りにしており、石牟礼の現実認識の確かさを示している。後者はすぐれて文学的と評される部分で、その白眉は、第三章「ゆき女きき書き」の坂上ゆきと第四章「天の魚」の江津野老人の語りであるといわれている。これらは当初、たんなる聞き書きと捉えられたり、石牟礼がかれらに憑依して語ると解されたりもしたが、今日では、そのいずれでもなく、きわめて意図的に選び取られた創作方法とみなされている。なぜなら、この絶妙な語りは、初出稿「海と空のあいだに」（『サークル村』一九六〇・一、『現代の記録』一九六三・一二、『熊本風土記』一九六五・一二〜一九六六・一二）では固く平板であったのが、改稿によって内容的に凄みと深さが増したばかりか、道子弁といわれる鄙びた水俣訛りのリズムをも獲得しているからである。

また、患者像の造型に注目すると、彼らはたんに公害病の被害者として捉えられているのではなく、「わたくしたちの、祖像」（『苦海浄土』あとがき）と位置づけられていて、発病前は一様に健康な働き者として設定されている。八六号患者である仙助老人は、「一ぺんも医者殿《どん》にかかったことのなかった体ぞ」という自負を持っているし、山中九平の姉で四四号患者のさつきは、母親から「生きとれば、おなご親方で、この家はぎんぎんしとりましたて」と惜しまれる壮健な娘として語られ、江津野老人の息子の清人も、「いやあ、あん清人しゃんな、この前までは模範青年で、薪荷のうて山坂下りるときなんの、腰ゃびゅんびゅんしなわせて、走って下りよったもんな」と羨ましがられる「お宝息子」として造型されている。

その暮らしぶりも、「もっとも明快な祖型」とされ、江津野老人は、漁師生活の悦びを次のように語っている。

> 魚は天のくれらすもんでござす。天のくれらすもんを、ただで、わが要ると思うしことって、その日を暮らす。／これより上の栄華のどこにゆけばあろうかい。（第四章）

彼らは健康であった昔日の生活を「栄華」と表現するが、かれらのいう「栄華」とは、栄えときめいたり、権力や富貴を極めるわけではむろんない。自然と一体化して生きることを満腔の悦びをもって享受していたかれらのつつましやかな生活は、富や利益の追及をもっぱらにする近代資本主義社会の価値観とは明らかな対比をもって形象化されているのであり、原初の象徴として描出されているといってもよいだろう。かれらの語る海もまた、象徴的である。

海の底の景色も陸《おか》の上とおんなじに、春も秋も夏も冬もあっとばい。うちゃ、きっと海の底には龍宮のあるとおもうとる。夢んごてうつくしかもね　（第三章）

　ゆき女の語る豊かであまりに美しい自然は、近代文明によって崩壊させられる以前の生態系の原初の姿とも解釈できるが、渡辺京二は、「この世の苦悩と分裂の深さは、彼らに幻視者の眼をあたえる。苦海が浄土となる逆説はそこに成立する」と解し、「独特な方法でわが国の下層民を見舞う意識の内的崩壊」を語っているという深い読みを提示（講談社文庫版『苦海浄土』解説、一九七二）している。患者たちは、病苦や経済的逼迫だけでなく、企業に寄生する市民社会からも追い落とされる苦しみを味わう人々でもある。現実から拒まれた彼らが狂気を抱えて苦海を浄土と幻視するように、彼ら自身の存在も受難の深さゆえに、いっそう純化し聖化されて位置づけられている。そうした患者たちの位相は、「この杢のやつこそ仏さんでござす」という江津野老人の、胎児性水俣病である九歳の孫杢太郎を指していうことばに端的に表わされている。

　以上のように『苦海浄土』において石牟礼は、二〇世紀社会は、「わたしたちの、祖像」ともいうべき人々の、「もっとも明快な祖型」ともいうべき生活を破壊し、彼らに受難の深さゆえに苦海を浄土と幻視させるほどの打撃を与えたとみている。極限状況を超えて光芒を放つ彼らの人間存在としての美しさは、近代社会が繁栄の名のもとに侵犯した過ちを、自ずから照らし出さずにはおかない。

水俣病と福島原発事故との共通性

　藤原新也は、石牟礼道子との対談集『なみだふるはな』（河出書房新社、二〇一二）で、福島・チェルノブイリ・スリーマイルという三回の事故による原発三〇基分の放射能は既に世界を覆っているのではないかと憂え、水俣病と福島原発事故によって起こった共通現象を、奇しくも次のように証言している。

僕は飯舘村の線量の高い地区の地面で数匹のアリが狂ったようにくるくる踊っているのを見て、切にそう思いました。あの狂ったアリは、水俣病にかかって鼻の先でくるくる踊って海に飛び込む「踊り猫」そのものなんです。

本文のはじめに、現政府はなぜ、人類滅亡の危機に繋がる危険性を孕んでいる原発を稼働し続けたがるのかという疑問を呈したが、このようにみてくると、これは水俣病を招いた本質と同じなのだと強く確信する。水俣病が端的に象徴しているように、国や企業の発展、経済の繁栄のために人の命さえ奪っても構わないと考える近現代産業社会の病根が、原発問題にもまさに貫徹されているに違いない。いずれも筆舌に尽くしがたい惨状をもたらしているのだが、これ以上の未来永劫に繋がる負の遺産は何としても避けなくてはならない。水俣病と同じように、母性をもつ女たちの被害が自身だけに留まらない残酷さは、後藤みな子や林京子の原爆文学が訴え続けてきた通りである。

かつてヒットラーの恐怖政治とファシズムで世界を震撼させたドイツは、福島原発事故を受けていち早く反原発に大きく舵を切った。過去の過ちに学び、未来を切り拓こうとする勇気ある姿勢といえよう。他方、フィンランドでは、自国の原発から出た放射性廃棄物を一〇万年間閉じ込める「オンカロ」（フィンランド語で「隠し場所」の意）という最終処分施設を作る計画が進行中だそうである。一〇万年とは、現代から遡るとネアンデルタール人の時代に相当するという。どちらが賢明であるかは自明だろう。原発に代わって、太陽熱発電に水力、風力、バイオマス、地熱発電などを使って、自然エネルギー一〇〇パーセントにもっていくことも不可能ではないと聞く。私たちは、何が真実なのかを見抜く眼を持ち、力を結集せねばなるまい。

石牟礼の世界は、近現代社会がもつ本質的な貧しさへの警鐘と、失われたものたちへの鎮魂を、最後の原初であると位置づける女の感性とことばによってうたいあげ、現在および未来の闇を照らし出している。福島原発事故に遭遇した今、石牟礼文学が提起した問題は、いっそうの重みをもって私たちの前に蘇ってくるのだ。

〈3・11 フクシマ〉と佐多稲子『樹影』

伊原美好

はじめに

佐多稲子は今から四〇年前、作品『樹影』で放射能による内部被曝の脅威を克明に描いた。

一九七二（昭四七）年九月に刊行されたこの作品は、林京子や後藤みな子のように直接「産む性」を問題としたものではない。しかし、原爆投下によって飛散した放射能が人間の精神と肉体に及ぼす影響を明確に抉り出しており、〈3・11〉以後の今こそ、読まれるべき作品ではないかと思う。

ここに登場する主人公たちは、共に原爆の外部被曝からは生き延びたが、しかし、原爆が投下されて一〇年以上経過した後に内部被曝を直接の原因として亡くなっている。作品の構造は複層的である。長崎の「新地」で生きる二七歳の中国人女性柳慶子と、妻子ある三三歳の日本人画家麻田晋という男女の、敗戦後の一九四八（昭二三）年夏から一九六七（昭四二）年秋までの二〇年間にわたる内部被曝との闘いの記録を主軸にしているが、愛し合いながらもそれぞれが被曝体験を深部で抱えたがゆえに孤独に生きざるをえなかった男女の相克、さらに麻田の愛人柳慶子と麻田の妻邦子という二人の女の葛藤、そして華僑として地方都市のある区域に囲い込まれて生きた父と娘の苦悩という三つの物語が、原爆・恋愛・民族をキーワードにして女性の視点から重層的に語られている。

一　「色のない画」——内部被曝への恐怖

主人公の男女は、共に原爆手帳を持ち、原爆症で亡くなったことが暗示されている。

麻田の手首に暗紅色の紫斑が浮き出たのは原爆投下から一三年経過した時であった。この時期は体内にひそむ残存放射能の問題が再確認され、社会的に大きな問題となっていた。長崎でも原爆症患者の増加から原爆病院ができ、原爆症の調査や検査が行われ、市民のこの問題に寄せる関心も日に日に高まっていた。麻田は、閃光を直接浴びたわけではないが、原爆投下の翌日から放射能の黒い雨が集中的に降った地区で、甥の捜索と原爆被害者の救助活動をしたことから被爆していた。さらに三菱製鋼所のプールから放射能に汚染された菜種油（砲身の焼きを入れるために保存されていた）を一升瓶に詰めて持ち帰り、それを貴重な栄養源だと揚げ物に使用していたのだ。後にこれがトラウマとなって、夢の中で、ぬるっとした油の底に深く引き込まれる恐怖感を味わう。その感覚が次第に麻田の精神を蝕み、深い寂寥と孤独感を深めていくことになる。

麻田が自身の内部被曝を疑う日々は、彼に「抜け場のないトンネルの中にでも行くような恐怖」感を抱かせ、画家としての負け犬意識を負わせてしまった。そして、終には画のモチーフさえ失わせてしまうのである。麻田の後頭部から始まる悪寒と激しい疲労感は、次第に身体の中心から狂ったように広がり、奇妙な虚脱感と共に、考える力すら奪っていったのだ。やがて左手首に紫斑が現れると、原爆症を疑う彼の深部に潜んでいた恐怖感が顕在化し、地獄のような静寂と孤独に追いこまれてしまった。芸術への渇望と愛情問題に煩悶しながら、やがて虚無と孤独の心象風景を写した二枚の画「樹骨」・「木立」が遺作として残されることになる。

この画は白と灰色を基調とし、ほとんどそれ以外の色がなかった。つまり麻田の心の底に焼き付いた原爆の〈傷痕〉の風景には、色彩などなかったのだ。それらは「立ち枯れの樹木に見え、題名どおりに骨のようにも見えた」と語られている。麻田は、自分の肉体を貫いた放射能を自覚した時、以前であれば美しいと感じた長崎の夕焼けにすら原爆の〈傷痕〉を重ね合わせて見ざるを得なかった。これらの画は、精神と肉体を蝕んだ内部被曝の象徴として存在していたのではないだろうか。

二　女たちの〈傷痕〉

『樹影』全体には、二種類の通奏低音が響いている。一つは麻田の妻邦子の語らない語りであり、もう一つは愛人慶子が経営する茶房「茉莉花」に込められた民族音楽である。この聞くことのできない〈声〉と〈音〉をメタファとして、佐多は二人の女たちの原爆の〈傷痕〉と心の闇を追求している。

長崎が閃光に貫かれたそのとき、邦子はまだ麻田と結婚しておらず長崎にはいなかった。だから、邦子が抱えた原爆の〈傷痕〉は、家庭の崩壊としてあらわれることになる。夫の愛も得られず、当時の多くの女性がそうであったように自活の道もなく、常に経済的に不如意の中で心を閉ざし、内面を語る言葉も持たず、夫に依存するしかなかった邦子。芸術に煩悶し、精神に闇を抱え、二人の女性と子供の将来を憂い原爆症によって命を奪われていく夫の傍らに、ただ孤独に佇むしかなかったのだ。そんな生活の中で、邦子もまた心の闇を抱え内向していくが、作品の中に彼女の語りはない。しかし、〈語らない／語ることのできない〉女の語りは作品内から通奏低音のように聞こえてくる。内部被曝で精神と肉体を崩壊させた夫によって、孤独と沈黙の中で生きるしかなかった邦子もまた、原爆の二次被害者であり、長崎の〈傷痕〉を生きた一人と言える。

一方、「新地」は爆心地から少し離れていたことと長崎の特異な地形のためか、慶子は直接被爆はしなかった。当時の長崎の人口は二四万人と推定されているが、その六二パーセントの一五万人という多数の人々がこの日死傷している。しかし、現在でもこの中に華僑の人が何人いたのかは正確にはわからないという。現在の平和公園の丘にあった長崎刑務所に収監されていた中国人三三人が爆死した事実が、確認できるのみである

その日、父に追い立てられるようにして避難した慶子は、二人の妹と寺の境内でふるえながら一夜を過ごしている。数日後彼女は爆心地を、おびただしい死体や異様な臭気、天びん棒の前後に三体ずつまるで骨ばかりになった遺体を担いだ男の「鬼姿」を見ても、感覚が宙に浮いたような非現実的な思いの中で、リヤカーを曳きながら歩いた。そして、この時の残存放射能によって被曝し命を奪われることになる。慶子が受けた内部被曝も、手足のしびれと極度の疲労、胃腸の不調、更には上膊部や股に現れた紫斑に似た症状として徐々に顕在化していく。

地虫のように鳴り響く耳鳴りが、慶子をまるで生き急がせるかのように「中国人」としての生きる証を求めさせ、政治運動に駆り立てて行ったが、やがて「爆竹が弾けるように」

死を迎える。彼女の突然死はクモ膜下出血だと診断されるが、原爆症による脳腫瘍の可能性が暗示されている。

結婚も同郷人とするべきだという父や同胞の常識に対峙し、慶子は「愛人」として日本人麻田との愛を生き切った。しかし、長崎の空を焦がす落日に、麻田は原爆の夕映えを見てしまい、慶子は素直に美しいと感じている。こうした二人の感性における決定的なズレは、それぞれの内部に抱えていた差異や違和感をまざまざと示していくことになる。二人は深く愛し合いながらも、内部被曝によって引き裂かれてしまったのだと言えよう。

三　〈いのち〉の確認

『樹影』で描かれた二人の女性は、内部被曝に煩悶する男に寄り添い、その苦悩する日常を支え、そして、女たち自身も直接、間接的な原爆の〈内部被曝被害者〉となってしまっていたのだった。この二人の女性は、いわば〈男〉と〈内部被曝〉の二重の被害をこうむった女たちであった。

『樹影』は次のように閉じられている。

麻田の弟の足元のすぐ一段下の墓地には、巻物を形どった巨大な石碑が今もまだあのときのままだった。それはあの一瞬の事実を二十二年間維持して見せているひとつのものであった。枯草の中に仰向けになった石碑の、細かな漢字を連ねて彫ったおもてにはひび割れの線が一本走っていた。

作品の最後で佐多は、一発の原子爆弾とそれに続く内部被曝の脅威を、過去から現在そして未来へと続く人類や自然に与える重大な問題として語っている。佐多が修飾語を一切削ったかのように表現した「一本のひび割れの線」ということばには、内部被曝が抱える問題がみごとに表象されている。巨大な石碑に一瞬にして刻まれた「一本のひび割れの線」は、今後深刻化する核の問題と、内部被曝の脅威を強く喚起させる。原爆の〈傷痕〉から、それを背負って生き残った者、またこれから未来を生きていかねばならない者たちの〈いのち〉の問題を、〈一本の線〉として再確認しているのだ。

ところで、この作品の主人公の画家麻田晋、茶房「茉莉花」を営む柳慶子はいずれも実在した佐多の親しい友人たちである。麻田のモデルは画家の池野清であり、慶子のモデルは清が設計した喫茶店「南風」の女主人林芳子であった。そして、池野の死後、初めて見た遺作について、佐多は次のように語っている（「著者から読者へ　主題と実感の間」『樹影』のあとがき）。

彼の死のあとに展覧会場に出品された彼の画は、黒のリボンが添えて展示され、その絵は殆ど白一色に見えるほど色を失っていた。白と、微かな黒で描かれた三本の立木は、彼の心身の苦痛を表現しているように見えるものだった。この絵を見たとき、長崎の被爆ということが、私の心に直接の感情をもたらしたとおもう。

ここで、『樹影』の冒頭を想起しておきたい。この作品はつぎのようにはじめられていた。

あの人たちは何も語らなかったのだろうか。あの人たちは本当になにも語らなかったのだろうか。あの人たちはたしかに饒舌ではなかった。それはあの人たちの人柄に先ずよっていた。

佐多はこの作品で、この冒頭の「何も語らなかった」友人たちのことばをしっかりと読者に伝えたのだ。「友人が原爆を語らないことで、私もまた、長崎の被爆を忘れた。というより、私の友人たちには原子爆弾が関係しないというふうにおもったようである。これは私が鈍感であったということになる」と、同じ後書きで語っていた。これは〈3・11　フクシマ〉以後、私たちが置かれた状況によく似ていると思う。私たちは、〈あの人たち〉が語らないことばを語り続け、そして、何より〈鈍感〉であってはならないのだ。

作品では、長崎で開催された第二回原子力禁止大会で「原子力は生命となるべきものである。それはしかし、生命の破壊で始まった」と演説した「外国代表」があったと書かれていた。福島の原発事故後の今でさえ、政府は原子力の「平和利用」や「有効利用」についての政策を手放そうとせず、関西電力大飯原子力発電所三･四号機の再稼働認可が想定されつつある。〈原子力ムラ〉の利権に絡む経済至上主義によって、根本的な〈いのち〉の問題、内部被曝の問題が背後に追いやられようとしている。電力不足が大きく喧伝されているこの夏、私たちは今こそ原子力発電所の再稼働を許してはならい。佐多は、〈3・11　フクシマ〉以後の、未来に続く〈いのち〉

『樹影』は、原子力の「平和利用」などあり得ないとする強いメッセージを発信し続けている。

と環境に与える放射能汚染の問題をすでに警告していたのである。

〈3・11〉以後、どのような言葉を立ちあげることができるのか
――フェミニズム／ジェンダー批評、その射程

岩見照代

ことばを失った後に

〈3・11〉は、あらゆるものを一瞬にして奪い去った。繰りかえし放映された巨大津波に飲み込まれていく町々、広がり続ける放射能汚染。地震と原発事故「以後」、私の中で、何かが決定的に終わってしまっていた。しかし一体、何が終わり、何がはじまろうとしているのか。私には〈したいこと〉、〈するべきこと〉を長い間、見つけることができなかった。

そんなある日、石巻在住の友人のお連れあいと、久しぶりに電話で話をする機会があった。普段なら直ぐ電話を取り継いでくれるのだが、彼女は電話を代わることを忘れたように、話しはじめた。彼らの家の被害は、幸い床上浸水に留まったが、片づけには長い時間がかかり、大工さんが入ってくれたのも、やっと一年以上も過ぎた今年の四月。無論、近在の甚大な被害からすれば、ある意味、こんなことは大変とも何ともいえるものではない、しかし、この一年間、彼女（現在六〇歳くらい）は、何をし、何を考えてきたのか、そしていったい自分は何をしたいのか、無我夢中を通り越してどうしてもわからなかったという。そして先日、報道でよく取り上げられた女川町や亘理町だけではなく、その間に点在していた小さな村々が、根こそぎ無くなっているところに行って、手を合わすことができた時、ああ、この一年間、これがしたかったのだとやっとわかったという。

公的な〈追悼の儀式〉では覆い尽くせない悲しさのなかに

宙づりにされた、癒されることのない悲しみと、放射能汚染によって〈故郷〉を奪われた多くの人々の無念さを、記憶の底にとどめること。そして甚大な被害を今なおお与え続けている原発事故は、いったい誰が、そして何故に起きてしまったことなのかを考えること。

地方への原発押し付け構造と沖縄への米軍基地押し付け構造の相同性、いっけん感動的な呼称をもった米軍による「トモダチ」作戦や、多数の自衛隊の投入に垣間見える日米軍事協力深化への道、公平にはほど遠い補償・賠償のありよう、〈東北〉地方の漁業、農業、林業、そして地域産業における〈中央〉優位の構造、「がんばろう日本」キャンペーンからは見えてこない、ハイチや中国・四川大地震、インドネシアのスマトラの大津波……。ここで言いたいのは、世界各地で頻繁に起きている大災害のことではない。「復興」と称して投入される米軍や仏軍などによる介入、部分的な復興援助を通して拡大する階級格差など、一見遠い〝外国《ヨソノクニ》〟で起き、起ころうとしていることが、東北被災地で、そして「日本」で、同じように始まろうとしているということだ。

〈3・11〉以後、より可視化してきた「政・官・産・学・メディアの五角形」（河野太郎）の癒着の構造が、グローバル化を続ける世界経済システムと同じ構造をもっていること、またかつて独立したアラブの産油諸国が、石油価格をコントロールしようとしたため、フランスの原発政策が「推進」に大きく舵を切ったことなど、原発問題は単純なエネルギー政策ではなかったのだ。日本の原発導入のきっかけも、一九五四年の第五福竜丸事件以降高まった、反米、反核世論をおさえるために、ＣＩＡと読売新聞、日本テレビが「原子力平和利用」キャンペーンを開始したことは、〈3・11〉以後、よく知られるようになった事実である。「アラブの春」と福島原発事故は、世界の地政学的な要因に繋がっていたのだ。

時と場所を隔てた地震・津波被害を、ナショナルなテリトリーに押しこめないこと。そして〈3・11〉の以前と以後に起きたことを、〈あいだ〉に生きている私たちが、その表象不可能な経験を、私も生きかつ死ぬような「根源的な喪」（デリダ）とでも呼びうる次元から立ち上げ、次の世代にしっかりと伝えること。

記憶すること／書くこと《エクリチュール》

金時鐘は、大震災のおよそ一ヶ月後に、次のような感想を寄せていた。

これは私の資質のせいだろうか。春ともなればひなびた記憶が、現像液から浮かび上がる画像のように甦ってくる。春にすら恵まれなかった詩人たちの、幸うすい詩片がボソッとほころんでくるのだ。ノアの洪水さながらの東日本大震災の惨事すらやがては記憶の底へと沈んでいって、またも春はことともなく例年通り巡っていくことであろう。記憶に染み入った言葉がない限り、記憶は単なる痕跡にすぎない（「春ともなれば」『東京新聞』二〇一一年四月二一日夕刊）。

この感想が、アジア・太平洋戦争の凄まじい経験をした、在日朝鮮人詩人の言葉であったにしても、鵜飼哲がいうように、「この言葉は、震災後の日本人の平均的な意識に、相当の抵抗を感じさせたにちがいない」（「符牒とタブーに抗してアナクロニー・過誤・不可能な正義」（『現代思想　総特集　震災以後を生きるための50冊　〈3・11〉の思想のダイアグラム』二〇一一年七月臨時増刊号）。

しかし、このエッセイの眼目は、「記憶に染み入った言葉」の問題、つまり、〈文学〉とは何かの真摯な問いかけにあったのだ。

「ひなびた記憶」が、「幸うすい詩片」となって、「ボソッとほころんでくる」。詩人たちのかつての体験が、現在の感情として追体験されるほど、いま、生起してくる。過去を想起するといっても最初と同じ体験が甦ってくるのではない。さまざまな事象でみたされていた煩瑣な現実の体験をふるいわけ、認識可能な一つの事象としてそれを体験するのである。こうして喚び起こされた過去とは、もはや具体的な感情の追体験でもなく、時間の流れの後方への転換でもない。普段は隠されている、より深い本質層への回帰とでもいいたい充実した体験を感得させるものなのだ。金時鐘の記憶が喚び起こした〈詩〉とは、現実と非現実とが融合しイマージュと化した〈体験〉のひとこまである。そして書かれた体験とは、「詩句とは感情ではない、それは経験なのだ。唯一行の詩句を書くにも、既に、多くの町々、多くの人々、多くの物を、見ていなければならぬ」（リルケ『マルテの手記』）というように、多くの体験を一気に凝縮した、想像力で想起された〈体験〉なのだ。

ちりてあとなき姿とは
誰が定めける言葉ぞや
風の剣に落ちてより
活きて心にさき初めし
（島崎藤村「芍薬」明治二八年）

現実は一度〈落花〉して、そして後、初めて〈活きて心〉の内部に咲くことができる。心に咲いた花とは、もはや過去でも現在でもなく、不滅という実感をともなったものなのだ。金時鐘のエッセイは、次の文章で終わっていた。「もともと詩は理屈で読ませるものではない。行き着くところ、単純素朴な歌にこそなっていくべきものだ。読者の生活感覚、生活意識に働きかけて心情の俗情をゆさぶるのは、その素朴な実感がひびかす律動感である。美しい言葉とはその実感のことだ。詩はいま誰に届いているのだろう。いかなる詩がいかように、時代の変遷を貫いて今も生きているのだろう」と。金は、震災の〈記憶〉を風化させずに、そして〈3・11〉を忘れないために、「記憶に染み入った言葉」で書けと、逆説的に語っていたのだった。

　記憶とは、自分だけの記憶だけで無く、他者の苦痛や悲哀、喜びに想像力を働かせ、体験を新しく構造化する力動的な過程である。未曾有の災厄の体験を／直視し、記憶し、書くこと《エクリチュール》。そして初めて、〈活きて心にさかせる〉ことができるのだ。これが〈言葉〉の力＝〈文学〉である。

　鵜飼は、アイヌ民族の権利獲得運動を長年担ってきた宇梶静江が、震災直後の八日目に書いた、「多くの民が／あなたの重さや痛みと共に／波に消えてそして大地に還っていった／その痛みに今／私達残された民が／しっかりと気づき／畏敬の念をもって／手を／合わす」（「大地よ」）と、人だけでなく、裂けた大地の痛みにも手を合わす詩と、辺見庸の「神話的破壊とことば——さあ、新たな内部へ」（『文藝春秋』、五月特別号）と、冒頭の金のエッセイを引用しながら、三氏の言葉が、「列島の文化の、ある同じ痛点に、三者三様に触れている」こと、また「天災と人災の二分法の外部で思考し表現する必要」を、強く示唆していると指摘していた。

　この「痛点」を「外部で思考し表現する」＝〈外部の思考〉とは、金時鐘の場合は在日の〈記憶の言葉〉であり、宇梶の場合は自然現象もすべて「カムイ」と考えるアイヌ民族の自然観であり、辺見庸の場合は「神話的な破壊を叙述することば」、つまり「畏れを畏れとして表すことば」である。この「ことば」にもっとも近いのは、詩人の言葉だろう。

詩のことば

たとえば石牟礼道子は、高群逸枝と宮沢賢治を比較しながら「宣明のような言葉」として、次のように語っている。

希なる詩人の持っている本能というか、宇宙的夢想というか、それは理論化できない詩神の召命のような、或いは神のうたた寝の夢を、共に視たような気分で出て来た、うっすらと熱のさしている宣明のような言葉であろうとずっと思って来ました。

(『比較家族8ジェンダーと女性』田端泰子他編、早稲田大学出版部、一九九七年)

ここで石牟礼が指摘した「本能」や「宇宙的夢想」や「詩神の召命」をあわせもったものが、詩人/幻視者(ビジオネール)である。古来多くの詩人たちは、この幻視を経験し、繰り返しこの体験に言及しようとするが、当の詩人たちにとっても、この能力については、うまく表現できないものである。しかし一つ言えることは、この体験をした者は、もはや書くことを止めることができないのだ。

わたしの胸は燃え上がった。
燃え上がるままに、
わたしは書いた焔なす詩を。
それのほかにはこの社会には、わたしの仕事はもはや一つもない。

(高群逸枝「東京は熱病にかかっている」『高群逸枝全集第八巻』理論社)

このように「燃え上がるままに」、「書くこと」。それ以外に「仕事はもはや一つもない」。彼らはなぜ書くことを止めることができないのか。宮沢賢治は、「感ずることのあまり新鮮にすぎるとき/それをがいねん化することは/きちがひにならないための/生物体の一つの自衛作用だけれど/いつまでもまもってばかりゐてはいけない」(「青森挽歌」)という。賢治にとって〈書く〉とは法華経のプロパガンダのためでもなく、もちろん「名を得る」為でもなんでもない、緊急で個人的なのっぴきならぬ要請、〈きちがいにならないための自衛作用〉、まさに滅び去るまいという要請以外のなにものでもなかったのだ。

空には暗い業の花びらがいつぱいで／わたくしは神々の名を録したことから／はげしく寒くふるへてゐる／ああだれか来てわたくしに言へ／「億の巨匠が並んでうまれ／しかも互ひに相犯さない／明るい世界はかならず来る」と

（「業の花びら（異稿）作品第三一四番」）

この神の悩みを悩む賢治は、まさしく至高なるものの仲介者といっていいが、ちなみに詩人について、エレーヌ・シクスーは次のようにいう。

ただこれができるのも詩人たちのみであって、描写することと結びついている小説家たちではありません。詩人たち、というのは、詩とはまさに無意識から力を授かることであり、無意識とは、境界のないもうひとつの国であって、抑圧された者たち、つまり女性たち、あるいは、ホフマンなら言うでありましょう妖精たちが、生き延びている場所だからです。

（『メデューサの笑い』松本伊瑳子他編訳、紀伊國屋書店、一九九三年）

石牟礼が言ったように、「神のうたた寝の夢を、共に視」ることのできる〈幻視〉の力を授かった詩人たちが、「新たな詩人よ／嵐から雲から光から／新たな透明なエネルギーを得て／人と地球にとるべき形を暗示せよ」（宮沢賢治〈断章七〉）と、未来を予言し、新しい世界を展望できるエクリチュールを可能にするのだ。しかし詩とはまた、金時鐘が言うように、「行き着くところ、単純素朴な歌」であり、「読者の生活感覚、生活意識に働きかけて心情の俗情をゆさぶるのは、その素朴な実感がひびかす律動感」である。〈3・11〉を体験した未だ言葉にできない体験は、〈祈り〉のことばとなって、次のように発話された。

祈りのことば

宮城県三陸沿岸部の五〇戸ほどの村落で、一九七六年に生まれ育った山内明美は、「被災地のきみ」にむけて、次のように書き出していた。

この大津波の傷は、もっと深いと思う。皮膚もはがされて、ところどころ肉が裂けて、血のにじんだ骨さえ見えているかもしれない。みんな、どんなに痛んでいるだろう。自分の痛みさえわからないくらいだ。きみたちが背負った、その傷は、たぶん、消えてはなくならないだろう。くり返しくり返し、よみがえる痛み。その剥き出しになった傷の裂け目に、そのうえ、さらに放射能がすり込まれている。もうとても抵抗などできない、そんな絶望感が漂っている。
（『こども東北学』イースト・プレス、二〇一一年一一月）

肉親を失い、友人を失い、生活のすべてを一気に呑み込まれてしまったこどもたち。その上、みえない放射能が襲いかかってくる。「みんな、どんなに痛んでいるだろう」。しかし山内は、「けれども、こんな過酷な世界にあってなお、手をつなぎあって、未来へ向けての一歩を、踏みだしたい。そう、祈りながら……」と、〈未来〉への一歩を、共に歩み出そうと呼び掛けたのだった。しかし、この見えない未来は、まだ〈祈り〉に托すしかすべはない。

そういえば、金時鐘もまた「クレメンタインの歌」で、「私達ほど、――そうだ、私だけのことでは絶対にないんだ！――祈りに絡まって生きている存在も、そう多くいはしないだろう。隔たっている家郷がすでに祈りであり、彼岸の彼方に横たわっているのが、行き着けそうもない祖国だからだ」と「祈り」について語っていた（『「在日」のはざまで』立風書房、一九八六年）。〈祈り〉とは、決して〈たどり着けない／書くことのできない場所〉＝〈ふるさと〉を書く《エクリチュール》ことだったのだ。

故郷を離れること、仮設住宅に住むこと、移転すること、たとえそれが家族ぐるみ、町ぐるみであったにしても、人はなぜ馴染むことができないのだろうか。このとき失ってしまったものとは、何であるのか。山岸健の『人間的世界の探究』は、その副題どおり、「トポス／道／旅／風景／絵画／自己／生活／社会学／人間学」に即して考察した著書であるが、ここに端的に〈ふるさと〉とは何かが記されている。

人間の生活と生存は、記憶と不可分な状態にある。生活史の場面、場面において、人間関係、間柄、縁、リレーションシップ、メンバーシップ、いろいろなトポス、さまざまな旅、道具体験、作品体験、言語体験、風景体験……多種多様な世界体験などが、クローズ・アップされてくる。いろいろな対象に自分自身の心身を委ねることで私たちは生きてきたのである。対象の欠如は、人間にとって大きな打撃としか言いようがない。他者、人びと、道具、作品、トポスであろうと、風景であろうと、支え、よりどころ、対象となるもの、これらのいずれもが、人間と人間的世界においては必要とされてきたのである。トポスとは居場所であり、身の置きどころである。住居や坐席などを意味する言葉だ。家、村や町などがトポスなのである。人間的世界は、全面的にトポスといえるような様相を見せているのである。人間的世界は、トポスによって、風景によって意味づけられているといえるだろう。

（慶應義塾大学出版会、二〇〇一年）

この風景によって、トポスによって意味づけられているのが、〈ふるさと〉なのだ。確かに「いろいろな対象に自分自身の心身を委ねることで私たちは生きてきたのだ」。このかけがえのない蓄積は、もはやとり換え不能だろう。ボルノーがいうように、〈すまい〉は人間の実存の拠点である。人間が世界のなかで自己を保持し、自己の課題を果すためには、いつでもそこへ退き、そこで緊張をとき、ふたたび自己自身へもどることのできるやすらぎと平安の空間が必要となる。人間から「その住居の平安をとりあげるならば――人間の内的解体も避けがたい」のが、〈住居《すまい》〉=〈ふるさと〉なのだ（大塚恵一訳『人間と空間』せりか書房、一九七八年）。

村の語り

山内はまた、「村々のおじいちゃんやおばあちゃん」が語ってくれた大雪や地震、津波のこと。すさまじかった戦争、食べものもお金もない時代のこと、幼くして奉公にだされた話、家が貧しくて、学校へ行けなかった悔しさ。たとえ学校へ行けても、凶作のためにお弁当をもっていけなかったときの空腹、そんな日は、お昼時間にちいさな妹を連れて、沢の水でお腹を満たしたことなど、「そのからだいっぱいに広がっている」村の「つらさ」も書きとめていた。

村の飢饉は、まずは村の若者が村の外へ働きに出る、若い女性なら「娘身売り」で、もっと危機的状況になると、女とこどもは、その身体が売買の対象になる。それもわずか七、八〇年くらい前までの村の現実だったという。山内の大叔母の両親は、本家の財産のかなりの部分を売り払って満洲へ移住したため、敗戦後に命からがら日本へ引揚げてきても、村の「掟」に背いたとして、故郷喪失者となった家族だという。大叔母は当時としては珍しい高等師範学校出で、爵位のある家に嫁いだが、故郷から絶縁された女性が、身分違いの家に嫁ぐことは、「三つ指ついて嫁入りし、毎日がお仕えだった」ともいう。近代が加速させてきた家族制度、「良妻賢母という規範」（小山静子）と、村の掟は不可分だったのだ。女性が高学歴を得る行為は、「奢っているという眼差しさえあった」のだ。この「掟」は、山内自身が「女性の自分が、将来を自由に想い描くことは、『家』や村の規範に対する『抵抗』ではないか」、と考えさせられるほど、内面化されてしまっていた規範だったのだ。

村の記憶は、それが語り出されるまでは深い沈黙の中にあり、村の歴史を深層で支えてきた凝縮した知の集積でもある。近代的知のシステムに絡めとられなかった〈昔語り〉は、いまだ名づけられぬ〈他者の声〉となって、知の境界を侵犯し、制度化された自明の知に亀裂を走らせる。〈祈り〉や〈他者の声〉は、近代の知を構成してきたシステムから排除されてきた階級、ジェンダーや世代やエスニシティをめぐる声をつぶやきはじめ、差別の様態を語り出したとき、〈他者〉の〈身体〉が立ち上がってくる。〈在日朝鮮人〉や〈村〉の記憶が、近代のシステム自体に内在するイデオロギーを暴き出し、抑圧されたものを可視化するのだ。しかし忘れてならないのは、近代においてはじめて、各個人の生がかけがえのないものとして認識されたことである。一人一人が、かけがえのない個人だと考えることができるようになって初めて、なぜある人だけが〈重荷〉を背負わなければならないのか、なぜある人だけが消えることのない〈傷〉を負わなければならないのかという、次への問いを可能にしたのだ。

「植民地支配と民族分断という外的な力によって離散させられたディアスポラ」と自己規定している徐京植は、震災直後の六月と一一月、福島原発事故の被災地を訪れ、「日本はひとつ」とか「日本は強い国」というスローガンに象徴されるように、こうした発想がいかに自己中心的で〝傲慢〟なものかを鋭く指摘していた。日本国と企業は加害者で、今なお被害を全世界に及ぼしているのだ。福島の放射線を浴びているのは、日本国籍保持者だけではない、福島の酪農家の一人は自殺に追い込まれたが、何の保障もないその妻（フィリッピン人）子の行く末については、政府は考えた気配もない、放射線測定器の貸与を政府に頼んでも、貸してもらえない郡山の朝鮮学校、そして表土除去作業の費用も、行政側から援助がないなど、〈災害弱者〉の実態を浮かび上がらせた。〈弱者〉のなかには、被曝の危険に直接身をさらしながら、原発最前線で働く／働かされる三次、四次下請け会社の労働者たちも含まれる。〈災害経験〉でさえ、あらゆる面で〈等価〉でないのだ。

農林漁業地域であった東北地方にも、少なからぬ在日朝鮮人が住んでいるのは、日本の植民地支配時代に、鉱山や土木工事現場などに、多くの朝鮮人が連行されたからなのだ。（「原発さえなければ」『フクシマを歩いて　ディアスポラの眼から』毎日新聞社、二〇一二年）。二〇〇九年末現在、「韓国朝鮮」という分類で外国人登録している総数は約五八万名。岩手、宮城、福島三県の外国人登録者数は「中国」が約一万六〇〇〇名、「韓国朝鮮」が約七六〇〇名、フィリピンが約四三〇〇名という。

「責任性の感覚」

こうした差別の様態をも把握し、「一〇〇年後の〈東北〉で暮らすひとびとを、想像しながら」、「放射能がすり込まれた〈未来〉（山内）に向けて、だれがどのように〈責任〉をとるのか。原発の〈安全神話〉をつくり、その癒着の実態が、かつてなく明らかになった「政・官・産・学・メディア」が、その〈無責任の体系〉を壊し、真っ先に責任をとらなければならない。しかし、三・一一〈以後〉、たえず放射能をまき散らしている原発は、まさしく、緩慢に爆発し続けている核兵器にほかならない〈徐京植〉が、五四基もの原発稼働を許してしまった私たちの〈責任〉は、今後どのように考え、行動していけばいいのだろうか。

フェリックス・ガタリは、「責任性の感覚」について、次のように明快に語っている。

責任性の感覚というのはどういうことかといいますと、人間がみずからの命を守っていくことと同時に人間以外のすべての生あるものの未来、たとえば動物種、植物種の未来、音楽や芸術や映画といった非身体的な価値の未来、あるいは時間に対する人間の関係の仕方とか、他者への愛や思いやりの気持ち、そしてまた宇宙のなかの融合感覚、そういったもの全体の未来を守るという責任性のことです。

（『三つのエコロジー』杉村昌昭訳　平凡社ライブラリー　二〇〇八年）

そしてこの「責任性」については、倫理の問題として大江健三郎も、「一番根本的な倫理は次の世代が生きる条件を壊さない」ことだと、端的に語っていた（「第32回サロン・ド・リーブル」開催地パリでの発言。『日本経済新聞』二〇一二年三月一七日）。ガタリは、従来のエコロジー運動が、いわゆる「環境問題」に限定されてきたため、環境エコロジーと同じ比重で、社会のエコロジーと精神のエコロジーを考えていく必要があると、三つの概念を節合する「エコゾフィー」という横断的な「哲学的実践概念」（「訳者あとがき」）を提案した。ここでは、「精神のエコゾフィー」を見ておきたい。

> 精神的エコゾフィーの方は、身体や幻想、過ぎゆく時間、生と死の「神秘」などに対する主体の関係を再創造する方向にむかわなければならない。それはマスメディアや情報通信の画一化傾向、広告や各種の調査による世論操作などに対する解毒剤の役目をになわなければなるまい。精神的エコゾフィーの実行方法は、古ぼけた科学的学問性の理念にあいもかかわらず取りつかれている「心理学」の専門家の方法よりも、一般に芸術家のとる方法にはるかに近いものとなるだろう（『前掲書』）。

この全生態系を破滅に導く可能性をもった〈3・11〉以後という、〈終わり〉の〈始まり〉の時代、「主体の関係を再創造する」新しい「主体」とは、既成のイデオロギーや社会観に破れ目をつくり、言説システムに内在するイデオロギーを暴き出す「芸術家」たちのような主体である。しかしまた、これは何も芸術家のような選ばれた存在だけではない。丹波の農村の、貧しい大工の未亡人出口ナオは、ボロ買いでかろうじて飢えをしのいでいたものの、二人の娘は失意で発狂し、ナオも長女の発狂後、ついに〈発狂／神がかり〉となってしまった。この時のナオの発話を富岡多恵子は、『三千世界に梅の花』（新潮社、一九八〇年）で、次のように描いていた。

> 奈於は思いきりいきむ。もとより小柄なところに、粗食で働きつづけてきた奈於には、必要以上の筋肉はついていない。その小さな奈於が、全身をしぼるようにいきむ。五十七年間の声の圧縮が、いまにも爆発するというような、苦しい「声」の分娩であった。「三千世界一度に開く梅の花、艮《うしとら》の金神の世になりたぞよ。この神は三千世界を立替え立直し致すぞよ」という声が奈於の腹部から苦しみの果てに一気に外へ出た。

無学、無筆の人間が突然文字を書きはじめること。富岡の関心も「これは相当強い、自己抑圧のはての自己表現」（「付記」）ということにあった。またナオとは対極に見える、当時の女性としては最高学歴で裕福な平塚らいてうも、強い「自己抑圧」の果てに、日本の女権宣言とも見なせる「元始、女性は太陽であった」を、一気に噴出させていた。そこには、狂気と沈黙で表象されてきた女性のエクリチュールが、新しい〈主体〉を立ち上げるさまが見て取れる。

新しい〈主体〉の構築に向けて
――平塚らいてうとお筆先

「元始女性は太陽であった」（『青鞜』創刊号、一九一一年九月。以後「元始」）は、わずか一夜で一気呵成に書き上げられた。らいてうは、ここで、書くことの本質に関わる特異な体験を書いていた。今まさに、書きつつある時の体験それ自体である。

真の自由、真の解放、わたしの心身はなんらの圧迫も、拘束も、恐怖も、不安も感じない。そして無感覚な右手が筆を執って何事かをなお書きつける。

今私の眼から涙が溢れる。涙が溢れる。私はもう筆を擱かねばならぬ。

またこの長文で難解な「元始」は、後に同名の自伝『元始女性は太陽であった』の中で、「日ごろ自分の考えていたことが、なんの抑圧もうけず、むしろ自然にほとばしり出た」と自解している。この時らいてうは、あたかも大本教の教祖出口なおの「お筆先」のように、文章が迸り出た体験を持ったのだ。館かおるは、この「お筆先」はまさに抑圧された民衆の解放と救済を求めての「宣言」であり、「元始」は、『呪文を唱える巫女の念力』のように表明されたものであり、らいてう自身がそなえているもの」だと的確に指摘していた。（「平塚らいてうとお筆先」「女性文化資料館報」第七号、一八二六年）

そして津島佑子も、「五十七歳ではじめて神のことばを発したナオはその翌年からさらに、文字を習ったことがないのに、自然に手が動き、柱や紙に神のことばを書き記しはじめたという。この自動筆記による神のことばの記録を「筆先」と呼ぶ」と言及し、らいてうの創刊の辞には、ナオの「神懸かり」に通じる「決意」がみなぎっていると指摘していた。(『問いの再生4　女という経験』平凡社、二〇〇六年)。

ここで取り上げた二人の語り《エクリチュール》は、いわゆる「個人的なこと」の、体験の統合ではない。あたかも身体の裂け目から、ことばがほとばしり出てきたようなナオの語りの体験は、国家や社会、「学問」批判を果敢に行い、「男」と「女」についても、ナオ自身を「変性男子」、出口王仁三郎を「変性女子」と、人間の身体に対しても、新たな名づけを開始したのだ。らいてうも、「天才とは神秘そのものである。真正の人である。/天才は男性にあらず、女性にあらず」という両性具有的発想を書きとめていた。通常の言語活動においては形にならない「主観のどん底において、人間の深き瞑想の奥においてのみ見られる現実そのままの神秘」を言語化しようとしていたのだ。

「真正の人」をもう少し考えてみよう。男性か女性かのセクシュアリティは、身体と言説の実際の行為を通して、男性性と女性性の〈中間領域の場〉で揺れ動きながら、主体が自ら言語化していく中で再構成されていく。かつて平塚明子が、森田草平との心中未遂事件の後(『煤煙』)、信州の高原で静養していたとき、雷鳥を見た経験をもとに、ペンネームを「雷鳥」ではなく「らいてう」に確定したが、それもらいてうが、はじめて言語的な〈身体〉を自覚したからだといってもいい。

「雷鳥」を「らいてう」とひらがな書きにしたのは、雷という字のイメージが、あの鳥の姿にも、わたくし自身にもなにかしっくりしないように思われたからです。その後、他からよく平塚雷鳥と書かれましたが、自分からこの字を使ったことはなく、平塚の姓なしで、ただ「らいてう」とだけ署名　しております。「らいちょう」と書くのがほんとうかもしれ　ませんけれど、眼で見て感心しませんから「ちょう」を「てふ」にしました。(『元始』)

人間の身体に対して、あらゆる角度から、新たな名づけが開始される。そのとき、あらためて、知を担う身体が再構成されていくのだ。そして「明子」が「らいてう」として、もう一度身体の次元に差し戻されたとき、いまだ名づけられぬものとしての生身の身体が立ちあらわれてくる。「主観のどん底において、人間の深き瞑想の奥」に直覚した「天才」を核にして、自己を省察すること、それはもはや「男性と云い、女性と云う性的差別」は、ありようもない「不死不滅の真我」

というしかないのだ。

これまでつくられてきた自己を壊し、分断された自己を統合するために、らいてうは、無意識の主体というしかない存在論の領域にその一歩を踏み出したのである。直覚的な、それゆえ本質的な確信によって特徴づけられる無意識の主体とは、未規定な場所に存在し続けることでもある。らいてうにならっていえば、世間的規範がまったく入り込む隙のない「天才」への能力を確信することであった。制度化された知を徹底して脱神話化しできるナオやらいてうのような〈主体〉が、新たな知の布置の方向性を探索できるのだ。

身体・自然から、エクリチュール・フェミニンへ

ここで、もう少しこの女性の体験を考えておこう。ウーマン・リブ運動は、「個人的なこと」の政治性を説き、「女の経験/身体」を拠り所にして、女の性と生殖に関する自己決定権の回復をはかった。女らしさの神話からの自己解放をはかり、婚姻制度解体、家族制度の解体を要求し、優生保護思想が深くからみついている日本の母性イデオロギーを直截に批判したのだ。一九七〇年代、地球的規模にわたる生態系破壊や自然環境の危機的状況が、深刻な問題として意識化され始め、日本でも反原発運動や自然保護運動、開発反対運動が、多くの女性によって担われた。「産む性」としての主体と、それに根ざすエロス的、生活者的、土着的世界観を主張していたウーマン・リブ運動の一部も、エコロジカルな方向に進んでいったのは、必然的な流れであった。エコロジカル・フェミニズム（以下、エコフェミ）は、第三世界の差別や、女性として記号化されてきた自然や身体性の搾取に反対する、すぐれて実践的な思想である。

しかし、日本のエコフェミは、青木やよひと上野千鶴子の論争に端を発した議論が、近代主義、女性原理、母性主義の批判に終始していたため、エコ・フェミの重要課題である自然環境破壊による搾取と、第三世界を搾取して成立する開発問題については、踏みこんだ議論をしてこなかった。今、青木自身が平凡社の『百科年鑑』（一九八六年版）に書いた「フェミニズム」の項目で、青木の主張を見ておこう（引用は『フェミニズムとエコロジー』新評論）。青木のめざすエコロジカル・フェミニズムは、近代社会が追い求めてきた「よりよい生活」としての生産や消費のあり方を疑い、身体や人間関係の新しいあり方までを追求するもので、人工生殖技術による女性の身体の家畜化を警告し、第三世界の女性たちへの連帯

も呼び掛けながら、地球規模の環境汚染や科学技術に傾倒した近代主義への反省をうながすものであった。青木がこれを書いたのは、チェルノブイリ原発事故の直前であったため、「核状況の危機はいちおう措くとしても」という留保はつきながら、科学技術に支えられた一方向の〈進歩〉に疑義をはさんでいた。第三世界の女性の搾取や、女性の身体までも商品化し、ひたすら経済成長をめざす〈近代〉を、しっかりと批判していたのだ。

しかし、青木がそのエコフェミの立脚点としたのは、非西洋、非近代的共同体社会の宇宙観（世界観）である。「天なる父と母なる大地」という象徴レベルの性別がジェンダー（宇宙的雌雄性）であり、「産む性」と自然とを結びつけた「女性原理」を賞揚するエコフェミは、青木の文脈を離れ愛と寛容を掲げて人類の救済のために献身する〈永遠の女神〉にすりかえられ、近代批判という名目で、前近代的ジェンダー社会の肯定に結びつけられてしまった。青木は、「産む性」を手がかりにして、身体のエコロジーとともに自然界のエコロジーを回復しようと、フェミニズムとエコロジーを身体性の復権で交差させていたのだ。

ところで、一九八〇年代以降、性差を文化的・社会的な構築物とみなす「ジェンダー」概念を手にいれたことで、これまで〈自然〉と考えてきた自明の概念に、多様なレベルで亀裂をいれることできるようになった。ポストモダン・フェミニズムは、「身体のリアリティ」とは何かと問い、「女」は社会の中で構築される「社会的構築物」で、本質的に「女なるもの」はないと主張した。しかし、こうした構築主義フェミニズムの問題提起は、逆説的だが、フェミニズムを深化させる媒介となった。

九〇年代に入ってジュディス・バトラー（『ジェンダー・トラブル――フェミニズムとアイデンティティの撹乱』竹村和子訳、青土社、一九九九年）は、このジェンダー概念の不徹底さを批判した。これまで問われることのなかったゲイやレズビアン、異装などによる男役／女役の実践は、「セックス」、「ジェンダー」、「セクシュアリティ」の三者の一体化に亀裂を生じさせ、オリジナルと考えられてきたアイデンティティの無根拠性を暴き出す。バトラーは、アイデンティティや主体概念に代えて、エージェンシー（行為体）という概念を提案し、ジェンダー概念を〈身体〉の次元にまで拡張した。〈身体〉は社会的に構築されながらも、なお異なったものを生みだす可能体だと考えたのだ。

女性が〈人間／男性〉の言語で考えはじめたとき、その言語構造内で措定されていた人間／男性に自己同一できない〈わたし〉を表す言語が、ファルス中心主義の文化の中で存在しないために、ファルス＝象徴に依存した自己認識パターンを解体する〈女性〉を理論化したのが、エクリチュール・フェミニンである。「フェミニン」という名付けはあっても、たとえば立場は違うがクリステヴァは、マラルメや、ロートレアモン、セリーヌといった男性作家たちを例にとりあげている。かれらの作品は、省略や、中断、欠落が多く、一貫した意味のある論理的な言説ではない、それは、主体の社会的・文化的な面で亀裂を生じ、自明の概念をつき崩すダイナミックで破壊的な意味を生じさせる「革命的な」エクリチュールだと考えたのだ。しかし、クリステヴァは母の身体を、言説のまえにあって、欲動構造のなかで原因として作用するものと考えたため、バトラーによって、「父」に抵抗するレトリックそれ自体が、「女」は文化以前の「自然」を反復していると批判された。

このようにエクリチュール・フェミニンは未だ考察の余地を多く残している実験的方法だが、新たな〈女性性〉を組み込んだ、新しい知の主体を立ち上げる可能性を示唆している。

主体／客体、文化／自然、理性／感情、精神／肉体……等など、一連の二項対立の中で、下位におかれてきた「女・自然・肉体・本能…」は、これまで未知で不可視なもの、カオスや、無秩序、非合理的なものとされてきた。そしてこれらは魔女伝説や山姥物語を生み出す謎や不安をかきたてるみなもとであった。フェミニズム／ジェンダー批評は、ようやく三千年以上にわたる人類の思想・文化史の相対化・批判・解体が可能な地平にまでたどりついた。フェミニズム批評は批評理論を分析批判するメタ批評なのだ。〈意味〉づけられた性、言説でつくり出されてきた性を、限りなく〈起源〉にたちもどり問いなおすこと。〈誕生〉に遡る精神の起源を問うことは、人類のヒトたる起源を問うことであり、あらゆる文化の問い直しにほかならないのだ。

（平塚らいてうやエクリチュール・フェミニンなどについては、拙著『ヒロインたちの百年』〈学藝書林、二〇〇八年〉で考察したことがある。）

V

歴史を探る・地域からの発信

ジェンダーでみる「近代」と「東北」

——原発はなぜ福島につくられたか

岡野幸江

一　「想定外」という「ウソ」

東日本大震災で二万人近くの死者、行方不明者を出した最大の原因は巨大津波であり、未曾有の自然災害であったことは確かだが、これに対処し切れなかった人災であった側面もないとはいえない。この地域の人々にとってこうした巨大津波は、一八九六（明治二九）年と一九三三（昭和八）年の三陸大津波、一九六〇（昭和三五）年のチリ地震津波で既に経験していたことでもあったからだ。

吉村昭『海の壁——三陸沿岸大津波』（中公新書、一九七〇年七月）は、これらを体験した人々の聞き書きをもとにまとめられたものだが、そのなかに次のようなくだりがある。

丹蔵老の家は、海面から五〇メートルはある。津波の来襲と同時に、海水はその家にも激しい勢いで流れこんだ。羅賀は、楔を打ちこんだようなV字形の狭い湾である。津波はその湾に乱入すると、すさまじい速度で高みへと駆けのぼったのだろう。その結果、丹蔵老の家にまで海水が達したのだろうが、このような場合、津波の高さはどのように判定すべきなのか。

吉村は津波の波高測定の難しさを指摘しながらも、五〇メートルの高さに達したものがあったことを記しているし、研究者による調査でもおよそ四〇メートのものがあったことがわかっている。

これは宮城県以北のことであり、五〇メートルというのは岩手県田野畑村羅賀の例で、福島での被害は記されていないが、東京電力も二〇〇八年にこの明治三陸地震（M八・三）規模の地震を想定し、それまで最大一〇メートルとしていたのを修正し、一五メートル超の津波の遡上を予測した。しかし原子力安全・保安院には報告せず、何と大震災四日前の二〇一一年三月七日になってようやく報告したという事実が明らかになっている（『読売新聞』二〇一一年八月二五日）。したがって、東京電力が震災直後に起きたこの大津波をしきりに「想定外」と語っていたのは、まったくの「ウソ」であることは明らかであり、電力会社にして全電源喪失という事態から始まった福島第一原発の事故は、こうした想定を無視し安全対策を怠ってきた東電による明らかな人災である。

私たちは、自然の圧倒的な力の前では、時として無力でしかないことがある。もしまったくの自然災害であるなら、私たちはそれを受け入れていくしかないのかもしれないし、そこで必要となるのは犠牲者への鎮魂だろう。しかし、これまで安全神話を振りまいてきた政府と電力会社、それによって莫大な富を築いてきた原発ビジネスに連なる「原子力ムラ」のために、地域の人々をはじめとした私たち生活者が犠牲となっていることに怒りを感じざるを得ない。

原発事故で住民が避難した直後、誰もいなくなった街で信号だけがついている異様な光景がテレビに流されたが、福島は東北電力の管内であり、原発事故とは関係なく電力供給はされていた。この事故によって改めて福島の原発が送電しているのは、首都圏であることを思い知らされたというべきかもしれない。

東京電力は、この他にも新潟の柏崎刈羽原発と青森の東通原発（一基着工、現在建設見合せ中。他の一基は東北電力所有）をもっている。日本に五四基ある原発は、それぞれの電力会社の事業区域に作られていて、関西電力の大飯原発は福井県にあってもここは関西電力の管内である。自社の事業区域外に自社が保有する原発を置いている電力会社は、実は東京電力だけなのだ。

小熊英二は「東北と東京の分断くっきり」（コラム「あすを探る」、『朝日新聞』二〇一一年四月二八日）で、東北が食料・労働力・電力の東京への供給地となっていたこと、そして「コメが減反に転じ、過疎化が進んだ高度成長末期から、原発と交付金が誘致された」として、穀倉地帯に原発が集中するリスクが生じたことを指摘している。戦後、原発が原子力の平和利用というスローガンとともに、人口過疎地域に次々と導入されていったのにはそれぞれの地域事情があり、福島に原発が誘致された経緯については開沼博『「フクシマ」論――原子力ムラはなぜ生まれたのか』（青土社、二〇一一年六月）が詳細に明かしている。

しかし、小熊が指摘するように原発とその交付金によってしか維持できなくなった地域の問題は、そもそも近代の東北開発のありようにその原因があったといえるのではないだろうか。つまり、原発問題を考えるとき、そこまでさかのぼって見直すこと、それこそ原子力というまさに近代化の究極の産物をこれからどうするか考えていく上で必要になってくると思う。そこで、ここでは福島と原発立地について明治維新以降の日本の近代化過程の問題としてとらえなおすとともに、そもそも「近代化」とは何だったのかについて改めて考えてみたいと思う。

二　地域概念としての「東北」の誕生

「白河以北一山百文」とは、戊辰戦争のさなかで勝利を確信した維新政府軍の高官が語った言葉として伝えられている。福島県南部の白河関で有名なこの地から北は二束三文だという意味である。

戊辰の年である一八六八年に、前年の王政復古により薩摩と長州藩を中核にして作られた新政府が、鳥羽伏見の戦いで幕府軍を敗退させてから、未だ恭順の意を表さない諸藩を平定するために進軍した戊辰戦争では、徹底抗戦の姿勢を崩さなかった会津藩（現在の福島中通りに位置）を筆頭に、奥州の三二藩中三一藩（秋田の佐竹藩を除く）が奥羽越列藩同盟を結び抵抗したことは有名である。

河西英通『続・東北』（中公新書、二〇〇七年三月）によれば、「白河以北一山百文」という表現は『近時評論』一八七八（明治一一）年八月二三日の記事に見えるのが最初で、「一山」と号した岩手出身の原敬が首相に就任（一九一八年）した際、奥羽越列藩同盟の復権を訴えたときに戊辰戦争の記憶がよみがえり、そこを起源とする説が流布したのではないかという。しかも近世以前から「東北」を蔑視する見方があったことも戊辰戦争起源説に結びついていると指摘している。

いずれにしても「陸奥」は「道の奥」、つまり「国の奥」

で国の支配や文化が及ばない未開で野蛮な「化外の地」の意味である。塞外異民である蝦夷が頑強に抵抗を続ける異国という古代のイメージが、近代の出発期に奥州に再び呼び込まれたといえるだろう。

しかしそもそもこの「白河以北」の青森、秋田、岩手、山形、宮城、福島の六県と新潟を入れた地が、「東北」という一つの地域概念としてとらえられるようになったのは、戊辰戦争のさなかだとされる。もちろん「東北」という呼称は、近代以前にもなかったわけではなく、肝付兼武『東北風談』(天保期)、吉田松陰『東北遊日記』(一八五一~五二年)の中にも見られるが、それらは関東・北陸・東山・奥羽や蝦夷地を加えた地域の総称として用いられていて、広範囲な地域をさす、どちらかと言えば方角としての表現だった。

難波信雄「日本近代史における「東北」の成立」(東北学院大学史学科編『歴史のなかの東北』河出書房新社、一九九八年四月)によれば、この「東北」という表現が一つの地域概念として使われ始めるのは、新政府が発行した『太政官日誌』(一八六八年二月刊行)からで、戊辰戦争のさなか奥羽越列藩同盟が成立(一八六八年五月)して以降、頻繁に使われるようになったという。『太政官日誌』で初めて出てくるのは「奥羽諸藩連名ノ歎願書」という記事の中で、会津藩が越後諸藩に宛てた通知文のなかで自ら使っているのだが、通常、奥羽越列藩同盟側では「奥羽」の称が圧倒的に多い。一方、新政府側では、「東北賊徒」「東北征討」「東北平定」など反政府軍の拠点としての奥羽諸藩の地をさす表現として頻出するようになり、木戸孝允や岩倉具視など政府要人のなかでこの表現が流布し、一般化していった。難波は、「木戸を中心とする派の人びとがその流布源あるいは発生源」とも推定している。

明治政府は幕府軍が最後の拠点とした蝦夷地を降伏させ、一八六九(明治二)年、北海道開拓使を設置する。判官となった大橋慎は、岩倉具視宛の建言書(一八七〇年一月二二日)で次のように言っている。

> 陛下東幸江戸を以て東京と号し蝦夷地を分裂して十一州とし以て北海道を置く夫れ北海道は皇国東北の極也嗚呼神武国を西南に始め陛下之れを東北に終ふ実に神武創業に基くの盛業也(『岩倉具視関係文書』日本史籍協会、一九二七~三五年)

このように維新以後の東北経営は、天皇の東幸と東京遷都が神武天皇の東征と建国神話に重ねられることで、「東夷北狄」の地の平定としてイメージ化されていたことがわかる。ちなみに一八七二（明治五）年から一八八五（明治一八）年までに行われた「六大巡幸」のうち、第二回と第五回は、東北及び北海道であり、「東北」地方への天皇の威光の浸透に力が入れられていることがわかる。

この後、欧米視察により近代産業育成の必要を痛感した内務卿大久保利通の強力な指導下、殖産興業政策とそれにもとづく地方開発が積極的に進められていく。当時の東北地方に対する政府の開発構想がどのようなものだったのかは、大久保利通が太政大臣三条実美に提出した「一般殖産及華士族授産ノ儀ニ付伺」（一八七八（明治一一）年三月六日）や「原野開墾の儀ニ付伺書」（同三月七日）にもよく表れている。大久保は一般殖産や華士族授産のために地方開発を提起しているが、特に力を入れるべきは未開の地である東北地方であることを説いた。

東北地方ノ如キハ人煙稀疎従テ所在荒無ノ原野散在シ（略）福島県下安積下郡対面原近傍諸原野ノ儀ハ諸般便宜ノ地ニシテ総テ四方通達ノ位置ヲ占メ甚タ開墾好適ノ趣（殊ニ開成山ノ開墾地ニ近接シ同地ノ事業ヲ助成スヘキノ便利有之）只一ノ水利欠クモ右原野ノ最寄猪苗代ノ湖水ヲ疎通スレハ総テ灌漑ノ見込

つまり、東北地方は原野が散在しており、安積の対面原付近（現郡山市郊外）は開墾に最適の地だが、水利を欠いているから猪苗代湖から水を通せばよい、ということである。こうして福島県の郡山盆地に展開する安積の地に疎水を作ることが、いわば大規模な国家的プロジェクトとして取り組まれることとなる。これによりそれまで郡山の豪商が起こした開成社による大槻原（現在の開成館周辺地区）開拓という内からの開発は、外からの開発としてその性格を変えていった。

三　開発構想のなかの「東北」の位置づけ

そもそも明治の初めから安積郡（現郡山市の一部）や隣接する岩瀬郡は水不足を猪苗代湖から水を引くことで解消しようとする構想が出されていた。一八七二（明治五）年、県令安場保和は中条政恒を県の典事に任命し、旧二本松藩士の入植によって安積三原の一つ大槻原開拓の第一歩が始められた。

翌七三（明治六）年には、郡山の豪商の出資で開墾結社「開成社」がつくられ、会津藩や棚倉藩の士族も入植してきた。そして一八七六（明治九）年、中条は明治天皇巡幸の下見聞で東北地方を訪れていた大久保利通に会い、安積開拓を国家事業として進めることを進言したのである。

そこで大久保の先の東北開発構想となり、安積開拓は失業士族対策の一大公共事業として全国各地から入植者が集められ、オランダ人技師ファン・ドールンの指導の下に進められた。疎水開鑿事業は四年の短期間で完成し、これによって荒無地であった郡山一帯は豊かな穀倉地帯へと変わった。ちなみに郡山市の米生産額は、二〇〇五年に新潟市が市域を広げるまで市としては日本一だった。

しかしこの開拓では、二本松、会津、棚倉などの藩のように小集団での入植は不利で、会津藩はさらに劣悪な場所が割当られたという。こうした開拓事業の矛盾は、後年、中条政恒の孫にあたる宮本百合子がわずか一七歳で書いた『貧しき人々の群』（一九一六年）にいみじくも映し出されている。

明治初年に、私共の祖父が自分の半生を捧げて、開墾した此の新開地は、諸国からの移住民で、一村を作られたのである。南の者も、北の者も新しく開けた土地と云ふ名に誘惑されて、幸福を夢想しながら、故国を去つて集まつて来た。けれども、此処でも哀れな彼等は、思ふ様な成功が出来ない許りか、前よりも、ひどい苦労をしなければならなくなつても、其の時はもう年も取り、他所に移る勇気も失せて仕方なし町の小作の一生を終るのである。

開拓者として「村の歴史上の人物として称揚される」祖父たちのような人間と、移住民として「事業の最後の最も必要な条件を充たしてくれた」多くの貧しい者たちが分化し、郡山中心部の近代都市化で利害関係が持ち込まれ、農民の間に貧富の差が拡大していく矛盾は、純真な少女の心を揺り動かさずにはおかなかったと思われる。

ところで岩本由輝「東北開発を考える」（『歴史のなかの東北』）によれば、明治政府の「東北」地方にたいする農業政策は、水稲単作地帯化と端境期の養蚕や製糸の奨励という「米と繭」を中心として推し進められていったという。そもそも稲作農法は、暖国である西南地方には適しても、寒冷地「東北」には不適であったが、農商務省の設置（一八八一（明治一四）年）以来、在来農法保護の姿勢が打ち出され、「小農経営に基礎をおく主穀中心の農業奨励が本格化」し、日露戦争前後に完成する。一方、養蚕や製糸にしても信州や上州からすれば後進地で、原料や労働力を求めた大資本の工場進出に道を開いていくことになった。岩本は「米と繭の農業の完成は、東北地方に中央との地域格差という問題を持ち込んだのであり、資本主義のもとでの窮乏をもたらす最大の要因を創出した」と指摘している。

また、東北線上野――青森間の開通（一八九一年）に始まり、常磐線上野――仙台間（一八九八年）、北越鉄道新潟――直江津間（一九〇四年）、奥羽本線福島――青森間の開通（一九〇五年）まで、「東北」七県（福島・宮城・岩手・青森・秋田・山県・新潟）でそれぞれ鉄道が開通し、東京と結び付けられることになった。それによって日清戦争（一八九四〜九五）前後の産業革命以後、都市部での労働者人口の急増に伴い、東北は労働力の供給地にもなっていった。戦後も若者の集団就職や農家の出稼ぎ労働などによって日本の経済成長を支えてきたことはいうまでもない。

このよう近代の出発期から、東北は後進地ゆえに開化と殖産の最強の成果を上げ得る指導対象地として対象化され、自然資源をあてにした地域産業を育成することのない開発によって食料や労働力供給地、さらには近代産業を支えるエネルギーの供給基地とされてきたのである。

四　原発はなぜ福島につくられたのか

現在、福島には日本に五四基ある原発の一〇基（福島第一＝六基、第二＝四基）が集中し、原発銀座と呼ばれる福井（一四基）に次いで多い。では原発がこんなにも福島につくられることになったそもそもの要因とは何だろうか。

福島県では、先にも書いたように二本松藩士の入植により大槻原開墾が始められ、一八七九（明治一二）年からは、いわば士族の失業対策ともいえる公共事業として安積疏水開鑿が進められ、四年の短期間で完成をみた。これによって注目されたのが発電事業である。山形県に近い県北部には、水量が豊富でしかも急流である阿賀野川水系がある。ここは水力発電所の立地場所として注目されていたため、一八九九（明治三二）年に秋元湖と安積疏水の落差を利用した沼上発電所が造られ運転を開始し、地元郡山市内の紡績会社へ送電された。それ以前に福島電燈株式会社も設立されていたが、それらはいわば地産地消の電力だった。

その後一九一一（明治四四）年に、渋沢栄一・岩崎久弥を発起人として猪苗代水力電気株式会社が設立され、猪苗代第一発電所が一九一四（大正三）年に操業を開始した。この発電所は、猪苗代湖と安積疎水との落差を利用し、東京電燈（一八八三年設立）に売電を目的として造られたもので、出力三万七五〇〇キロワットという当時東日本最大の発電規模で、東京市だけでは消費しきれないという議論もあったという。その後一九二六（大正一五）年までに、猪苗代第二、第三、第四の発電所が次々と建設され、この地で電源開発が進められた。ちなみに東京電力はこの東京電燈が、戦時下に日本発送電、そして関東配電へと移管され、戦後、これらを再編して新たに設立された会社である。

一方、地方開発を提唱する大久保利通よって出された先の「一般殖産及華士族授産ノ儀ニ付伺」によると、東北地方の事業は一八件中九件と半数を占めている。しかし、そのうち六件は猪苗代湖疎水と港湾道路整備で、残り三件は秋田県阿仁鉱山、同県院内鉱山、山形県油戸炭山の鉱山開発という自然資源の掘り出しだったことはその開発の性格をうかがわせる。

福島県でも幕末に浜通りから茨城県北部の海岸線に面する丘陵地帯に石炭の埋蔵が発見され、明治維新以後、大規模な炭鉱開発が行われていた。この常磐炭田は、純度が低い石炭であるうえ、地下水も多く温泉も湧出したため掘削技術を要する高コストの炭坑だったが、首都圏に最も近い炭坑であることから発展し、戦時下には需要を拡大し挙国の要請を支えた。

しかし戦後のエネルギー革命によって新たなエネルギー源が模索されるようになると、一九五〇年代末には常磐地区の石炭産業は斜陽化した。最後まで残った常磐炭礦（一九七〇年以降常磐興産）は、映画『フラガール』（二〇〇六年公開）にも描かれたように、温泉を利用した常磐ハワイアンセンターを建設し、観光産業へとシフトすることによって今日に至っている。そうしたなか、一九六〇年に佐藤善一郎知事は原発受け入れ方針を表明し、一九七一年、福島第一原発一号機が運転開始となったのである。

開沼博は『「フクシマ」論』で、原発誘致にあたっては単に貧しさという経済的な要素からだけでなく地域の抱えた文化の問題もあると指摘する。たとえば製塩が行われていた大熊町では、戦時下陸軍の飛行場として広大な土地を強制買収され、戦後は中央の資本による製塩事業が進出したものの海水からの塩生成技術の開発で塩田は廃れてしまう。また双葉町の西方に位置する石川町は、戦時下核兵器開発を進める軍部によってウラン採掘現場として注目されたものの、埋蔵量の少なさと質の低さから断念された経緯がある。もちろん実際の誘致では当時の佐藤知事と双葉郡を選挙区とする木村守江参議院議員との結びつきが大きく働いたのは確かだが、そこには「それ自体存在してきたムラ」が、戦時下に国家プロジェクトに利用されて振り回されるという中央と地方の関係で生じた体質が戦後も引き継がれていたというのだ。

これまでみてきたように福島県では近代の初めから疎水を利用した水力発電や石炭産業が地域経済を支える柱となり、東京を中心とした首都圏へのエネルギー供給基地としての役割を担わされてきたわけだが、戦後の原発立地はその帰結としてあったといえるだろう。

「東北学」の提唱者赤坂憲雄もこのたびの震災で東北がまだ「植民地だった」と実感したというが(『「東北」再生』イースト・プレス、二〇一一年七月)、はじめにも書いたように、東京電力は事業区域内に原発を置かない唯一の会社である。そもそも原発はすべて過疎地に設置されること自体がその危険性を証明している。そのリスクを東電がすべてこの「白河以北」の地に負わせているのは、日本の近代が「東北」をいわば「植民地」にも等しい眼差しで位置づけた、延長線上にあるのではないだろうか。が、それはまた沖縄が明治維新以後、琉球処分によって日本の国家に組み入れられ、未だに米軍基地として犠牲を強いられていることとパラレルにある問題でもある。

五　ジェンダー化と「近代」

「近代」は、人類の歴史に多大な光をもたらした。自然科学の発達によって自然界に存在する物質の解明が進み、機械技術や交通機関の発達によって生産力の増大や人々の大量移動を可能とし、経済を発展させ物質的な豊かさをもたらした。人々がより自由で豊かな生活を享受できるようになった近代は、それ以前の時代に比べると格段に進歩発展した時代であることは確かである。

しかしその過程で人間は「自然」をコントロールすると同時にそれを破壊することによって、自然から逆襲されてきたことも否定できない。とりわけここ一〇〇年の歩みを振り返るとき、原子力の開発は人類史にとって「パンドラの箱」を開ける出来事であったといわれる。中沢新一の言葉をかりれば原子力エネルギーは「生態圏の外部に属する現象を、生態圏の内部に持ち込」（『日本の大転換』集英社新書、二〇一一年八月）んだものであるからだ。

そもそもアーネスト・ラザフォードが原子核を発見したのはちょうど震災一〇〇年前の一九一一（明治四四）年のこと。日本では、大国ロシアとの戦争で勝利し朝鮮半島や南樺太などを版図におさめ、国民のなかにも一等国意識が生まれていたときである。韓国併合を推進するにあたり国内の反政府勢力を一掃するために大逆事件をフレームアップし、その被告を処刑したのがこの年一月。ちなみに中央の大資本の進出によって福島に猪苗代水力電気株式会社が設立されたことは先に記したが、一方ではこうした国家の強いる規範に抗し女性たちが自らの表現の場として雑誌『青鞜』を刊行した年だったというのも興味深い。

わたしは、一九一〇年代というこの世界史的な時代に注目したい。芥川龍之介は、一九一〇年四月、第一高等学校の英文科受験を決めたことを友人宛の手紙に書いている。そのなかで、文科の志願者が少なくなり地方では定員に満たない現状を嘆き「何処迄Industrialになるンだかわからない」（石割透編『芥川龍之介書簡集』岩波文庫、二〇〇九年一〇月）と記している。芥川が感じたように、このころ産業界は科学技術を利用して、それまでにない飛躍的な技術革新を進めていた。

村上春樹が昨年（二〇一一年）六月スペインで行われたカタルーニャ賞受賞式で、原発事故を起こした東電とともに「効率」を求めてきた私たちの社会そのものをも批判した演説は記憶に新しいが、振り返ってみれば世界的に産業界で「能率」が叫ばれだしたのが、まさにこの一九一〇年代なのである。そしてこの一九一〇年代こそが、発達した資本主義国の中では市場原理が優先され労働現場での管理と競争が激化すると同時に世界的な市場争奪の時代の幕開けとなっていった。そのために科学技術が利用されていったことは言うまでもないだろう。

ところで近代は、未曾有のジェンダー化によって世界が分割化された時代だといっていいだろう。ジョーン・スコットは「ジェンダーとは、性差に意味を付与する知」（『ジェンダーと歴史学』平凡社、一九九二年五月）といっているが、まさに近代は、「男と女」という生物学的な性差に着目し、世界を「男性的なるもの」と「女性的なるもの」とに二項対立的に分割してきた。「文明／自然」「開発／未開」「中央／地方」「帝国／植民地」「白人／有色人種」、はては「理性／感性」「論理／感情」など、「男」に擬せられた前者は主として「公的領域」に属する一義的なものとして高い価値が置かれ、「女」に擬せられた後者は主として「私的領域」に属する二義的なもの、対抗的なものとして常に劣位に置かれてきたといえるだろう。それはそれこそが経済効率を優先させる近代の産業社会にとってもっとも都合のよいシステムであったからに他ならない。

六　原発のない未来のために

明治維新以来、「東北」が食料・労働力・エネルギーの供給地と位置づけられ、沖縄が軍事基地として固定化されてきたことは、まさにこのジェンダー化であったといえる。しかも、このジェンダー化された世界は、私たちの意識の内部に深く食い入っていることも確かだ。たとえば米軍普天間飛行場の辺野古移設に関する環境影響評価書の提出時期について当時の田中聡沖縄防衛局長がマスコミに尋ねられたとき、「犯す前に犯しますよといいますか」と言ったことが物議をかもしたことを思い出す。米兵による少女暴行事件が絶えない沖縄の現実を無視した許されざる発言であるが、それはまさに沖縄が蹂躙してもかまわない「女」として未だに表象されていることを裏づけるもので、かつて植民地を女性に表象するとともに、戦時下には女性を従軍慰安婦として踏みにじった発想と同様のものである。

これまで述べてきたような東北や沖縄への見方を未だに残る差別意識として指摘する人は多い。しかし、それは単なる差別意識として片付けてしまうと、近代が採用したシステムの問題をとりこぼしてしまだろう。歴史に「もし」はあり得ないとしても、戊辰戦争で奥羽越列藩同盟が勝利していたら、仙台が首都になっていた可能性も指摘されるように、ジェンダーは関係性によって立ち現われることもまた否定できないからだ。東北や沖縄が「植民地」であったとするなら、東北や沖縄の女性たちこそ「さらなる植民地」であることを忘れてはならない。

近代化の究極の開発、それが原爆と原発だったのであり、私たちはこのジェンダー化された、科学の絶対化と効率最優先の「男性的」なる世界と、近代に切り捨てられてきた「女性的」なる世界との分割線を取り払い、これまで切り捨てられてきた後者を復権しながらも、新たな価値観を創出していくことが求められているのではないだろうか。

近代の過剰な開発にさらされることがなかった東北には、

豊かな自然が残っている。その自然と向き合いながら生態系の循環に支えられた持続的で再生可能な生産と生活の新たなスタイルを模索し、そのなかに行き詰った近代を打開する一つの可能性を探ること、それこそ今後私たちが考えなければならないことだろう。

震災から一年がたった今年三月一一日、脱原発を訴える人々が郡山の開成山野球場を埋め尽くした。そして脱原発の声は今や日本だけでなく世界的にも大きな広がりを見せている。しかしそれを全く無視し、今、政府と電力会社によって原発再稼働に向けた動きが着々と進められている。私たちは、故郷を奪われた人たちの故郷再生への悲痛な訴えや原発事故で救えなかった多くの被災者の声にならない声を聴き取り、その声を広げ、原発のない未来のために力を尽くすべきではないだろうか。

信州諏訪とフィリッピン・女たちの地域力

――原発事故「彼らの物語」を「私たちの物語」に転換する

藤瀬恭子

一　原発導入「彼らの歴史・物語」を「私たちの歴史・物語」から眺める

東日本大震災、東電福島第一原発事故当日から、連日テレビ画面に映し出された光景は、政府も東電も原子力保安院も原子力安全委員会も、全員が男性一色であった。軍服と作業服の差はあれ、戦争中の記録映画に酷似することに、私は目を疑った。どの顔も人格を表していなかった。どの顔も操り人形のように蒼ざめていた。三月十四日水素爆発が起こった。放射性物質を含んだ爆風は、三号機建屋を吹き飛ばした。爆風は同時に、この国の産学官の巨大予算共有原子力ムラとその「安全神話」を粉々に吹き飛ばした。「第二の敗戦」であった。

私は反原発運動を八〇年代初頭まで追跡したつもりでいたが、残念なことにこの三〇年間、その行方を見失っていた。推進勢力の戦略にすっかり呑みこまれた格好である。事故後メディアに登場した男性たちは、ほとんど見知らぬ顔ぶれだった。原発事故後の映像は私にとり、「他者の歴史・物語」であり、「彼らの歴史・物語」でしかなかった。この「歴史・物語（history）」を、どうにかして、「私たちの歴史・物語」に引き寄せ手繰り寄せて確認し直す手立てはないものだろうか?

私たちは、信州諏訪地域でこの四年間、成瀬巳喜男映画を「女性学」「男性学」で解読する勉強会を開いてきた。同僚や地域の女性と共同して市民参加セミナーを開き、〈成瀬巳喜男と戦後日本の女たち〉との主題を共有してきた。「女性映画」と呼ばれていた成瀬映画に描かれた「彼女たち」こそ、実は「私たち」あるいは「私たちの母たち」であり、成瀬映画は「私たちの歴史・物語」に他ならないことを実感するようになっていた。原発事故にいたる戦後の「彼らの歴史・物語」を、「私たちの歴史・物語」の側から眺めることが、果たして可能であろうか？　本稿は、「彼ら」から「私たち」への「歴史・物語」の読み替えの試みである。

事故から三か月後六月十一日、諏訪地域の環境団体が中心となり、「原子力発電を見直そう！」との集会を下諏訪で開いた。参加者百三十人の中には、福島からの避難者も混ざっていた。私は「被爆国の日本が、原発導入に向った転換点」について報告をした。

脱原発諏訪連絡会がここで発足し、以後九月十九日（「福島のお母さんの話を聞く！」）、十二年三月十一日（「今、女たちが、原発を止める！」映画監督・鎌仲ひとみ等四女性講演）を、いずれも託児サービス付きで開いた。原発関係者がほぼ全員男性であることに対する批判として、諏訪では二回とも、発言者はほぼ全員を女性にした。参加者も女性が多かった。男性参加者は年金世代が殆どで、勤労世代の男性参加者は例外的少数であった。

本稿で私が語りたいのは、原発事故をめぐる諏訪、フィリッピン、成瀬映画の三つのトポスである。諏訪の脱原発運動が私をフィリッピンに導き、そこで出会った女たちの活動が成瀬映画の「私たちの物語」を喚起し、その結果諏訪での女たちの活動が増幅されてゆく螺旋状の過程である。同時に東京対信州・富山・福島、米国対フィリッピン・日本という地政学的階級差の含意が、ジェンダー差同様、多様な意味を産出してゆく構図である。

二　「彼らの物語」――原発物語・前史と正力松太郎

世界唯一の被爆国日本が、どうやって原発を導入できたのか？　この「彼らの物語・前史」を私は下諏訪で語った。

一九五四年三月一日第五福竜丸事件の後、東京杉並区婦人団体、読書サークル、ＰＴＡ、労組により「水爆禁止署名運動杉並協議会」が結成され、結果全国で三〇〇〇万人の署名を集め、戦後最大の反米運動に発展していた。この市民運動のエネルギーにもかかわらず、どうして原発が導入されたのか？

答は、正力松太郎という「メディアの帝王」の政界への野心が、米国の原子力戦略の目的と共振したところにあった。富山市生まれの私は、正力という人物の名を一〇代の頃から見聞きしていたが、読売新聞・日本テレビ・読売ジャイアンツなどの記号が富山の地で表象する選挙がらみの騒々しい現象には、反感以外の関心をいだいたことがなかった。けれど、原子力導入の発端を作った人物とあっては、話は別である。正力松太郎という人物と原子力導入の関係を次に語ることにしよう。

第二次大戦後、ソ連核実験成功に脅威を覚えた米国は、Atoms for Peace「原子力平和利用」を唱えるようになり、五三年アイゼンハウワー大統領がこのことを国連演説した。「平和利用」の美名を冠したこの計画は、ソ連核実験を国際的に非難する米国の総力をあげた反共プロパガンダだった。

「原子力平和利用」は、核兵器を廃止するものではなく、むしろ核兵器配備に必要な技術を西側諸国に普及する戦略だった。マンハッタン計画以来の軍産複合体が、原発製造に参加した。この目的のためIAEAが設立され、米国は原子力関連技術の同盟国への輸出を開始。トルコ、イラン、イラク、インド、パキスタン、フィリッピンを核保有国にした。

米国はしかし、第二次大戦対戦国日本に対して、原子力技術を提供する意図があったのではない。米国の戦略目的は、日本国内にソ連嫌いを増やし、第五福竜丸事件後の日本人の反米感情を拭い去ることだった。在日米大使館、極東軍事司令部、合衆国情報部それにCIAがこの任務を担当した。

ここに読売新聞社主正力松太郎が登場する。正力は自身の政治的野心の切り札として「原子力平和利用」の宣伝を積極的に引き受け、やがては米国の意図を遥かに超え、原子力導入に尽力するようになった。有馬哲夫氏の著書『CIAと戦後の日本』（平凡社新書、二〇一〇年）・『原発・正力・CIA』（新潮新書、二〇〇八年）によると、米国で公開されるようになった国立公文書館所蔵、戦後の機密文書には、正力はポダム、ポジャクポットというCIAのコード名で登場している。

「越中強盗、加賀乞食、越前の詐欺」と呼ばれるほどに抜け目ない人物が多いと語られる富山県の大門町で生まれた正力松太郎は、小新聞だった読売新聞を買い取って以後、新聞社主催のイベントを開き、無料チケット一枚を購読者に配って大量に集客する手法で、発行部数を大幅に伸ばす。新聞発行は政財界に自身の知名度を高めるための手段で、首相の座に野心を燃やす正力は、政界への足掛かりとして、原子力導入による「エネルギー革命」を自身の政治的切り札にした（佐野眞一『巨怪伝』文芸春秋社、一九八四年）。

正力はどうやって、米国の戦略に協力したのだろう？一九五三年は、ソ連の水爆実験成功、日本テレビ放送開始、十二月米大統領「Atoms for Peace」国連演説の年だった。翌年五四年、一月一日読売新聞は原子力宣伝の大型連載「ついに太陽をとらえた」を開始。二か月後、原子力をめぐる米国戦略のため、三月一日第五福竜丸事件発生。事件後、国内の反米感情が高まってゆく。五月九日「杉並協議会」結成。この状況下に、読売新聞社は新宿・伊勢丹で八月十二日より十日間、「だれにでもわかる原子力展」を開催したのだった。翌年五五年富山二区から正力は衆議院議員初当選。十一月読売新聞主催「原子力平和利用博覧会」を開催。購読者に対する無料チケットの威力か、この後三年間、全国二十二か所での開催を重ね、読売新聞・日本テレビ報道の相乗効果の下、三六万七六六九人が入場した。

米情報局は、この博覧会で日本人の反米、反原子力意識がどう変わったかのアンケートを取っていた。結果、「生きてるうちに原子力エネルギーから恩恵を被ることができる」と考える人々が七六％から八七％に増加。「日本が本格的に原子力の研究を進めることに賛成」する人々が七六％から八五％に増加。「アメリカが原子力で長足の進歩を遂げたと思う」人々が五一％から七一％に増加。逆に、「ソ連の原子力平和利用が進歩したと思う」人々は一九％から九％に減少した。（有馬哲夫著『原発・正力・ＣＩＡ』新潮社、二〇〇八年）

これが原子力導入に向かう転換点となった。「日本人の米国原子力に対する好感度の高まり」。これこそ、正力が米国に与えた贈与だった。「原子力平和利用博」は、米国の原子力に対するこの国の市民の受容性を高め、ソ連への好感を後退させることに役立った。

同時にそうして重要なことに、原水爆と「原子力平和利用」は別物との印象を、この国の市民に浸透させた。

正力はＣＩＡに利用されるのではなく、ＣＩＡを利用して、自身を首相の座に引き上げようとした。正力は衆議院議員初当選直後、初代の原子力委員長として入閣し、動力炉の導入を急いだ。研究用の実験炉を供与するだけを予定していた米国とは、思惑が大きくずれていた。けれど東海村に最初の原子炉の着工（六〇年）、運転（六六年）まで、力ずくで漕ぎつけた。後は二代目原子力委員長中曽根康弘が原発利権もろとも引き受ける番だった。

原発導入に当たって決定的役割を果たした正力松太郎という人物の「原発物語・前史」を私は語ってきた。原子力は、正力にとり国の将来の問題ではなかった。「富山」生れの「越中強盗」と腐《くさ》される正力松太郎。正力を「父」として生まれたこの国の「原子力物語」が、「福島」を発電「植民地」とした「東京」電力など電力八社によって発展し破綻したのは、歴史の必然と言えるかもしれない。

三　「私たちの歴史・物語」
——成瀬巳喜男戦後映画に原子力の歴史を投影する

私たちが成瀬巳喜男映画を、「私たちの歴史・物語」として受け止めてきたことを第一章に書いた。「女性映画」と呼ばれていた成瀬巳喜男監督映画は、どの作品も、家族の中の女の様々な役割、妻、母、娘、嫁、姑、小姑、出戻り、寡婦、シングルマザー、それに妾、婚外子、芸者、売春女性などの女たちを主人公とし、それぞれの苦難と希望を描き分けていた。例外なく登場する典型的人物は、一家を背負う女たちであり、金を無心する男たちであった。

成瀬巳喜男の映画は、家族を女の側から描くことで、家父長制の破綻、近代家族の崩壊の兆しや綻び目をことごとく拾い上げ記述していたのだった。

戦後作品で私たちが使った第一号は一九四九年に制作開始され一九五〇年公開された『白い野獣』である。終戦翌年の一九四六年に時代設定した同作品は、性病に感染した売春女性たちの更生施設が舞台だった。施設は、病気治療と職業訓練の場で、従軍慰安婦だった女性と占領軍相手の「パンパン」だった女性がともに収容され、脳梅毒での死の恐怖、ペニシリンの使用開始、復員した婚約者に「ばいた」と罵られることで、ミシンを踏んでの自活への夢が一層強まる女たちの日々が、共に描かれた。物語の最後は、妊娠三か月で施設に入った一〇代のマリが父親の不明な女児を出産し、施設の女たちが歓喜の声を上げる場面で終わっていた。ところがこの翌年、四七年こそ、ソ連核実験が開始され東西の冷戦が深刻化し、ゼネストの中止命令をGHQが出し、「民主化」の理想が中止され「逆コース」が始まった年だった。朝鮮戦争が勃発した一九五〇年は、公職追放の処分が解除され保守勢力が勢いを増していた。

一九五二年『おかあさん』は、戦災で焼け出されたクリーニング屋一家を描いていた。長男の病死、夫の早世、妹の引揚など、戦後の慌ただしい日々、子どもたちが成長する中、未亡人の母の哀歓が描かれた物語だった。一九五三年、米大統領が「原子力平和利用」国連演説をし、アジア諸国に対する原子力発電の普及が開始された。第五福竜丸事件の起こった一九五四年、林芙美子原作『晩菊』が公開された。満州を経由しての芸者だった時代の友人、四人の女たちの人生の後半分、それぞれに異なる生き方を描いた作品である。拝金主義の女性きんの姿に、沸き起こりつつある高度成長の時代の先駆を見て取ることが出来た。この年は原水禁三〇〇〇万人署名の年で、戦後最大の反米運動へと発展していた。

一九五五年読売新聞社が「原子力平和利用使節団」を日本に招待した。団長はゼネラルエレクトリック社（GE）会長だった。正力は衆議院議員初当選。この年に林芙美子原作『浮雲』が公開された。親族からの性暴力のため、国内に居場所を失い、戦争中にインドシナに仕事を求めて渡った女性が戦後引揚げ、彼の地で出会った男性との再会と別れを繰り返し、屋久島での最後を遂げる物語である。

一九五六年、経済白書が「もはや戦後ではない」と書いた年、岸田國士原作『驟雨』と幸田文原作『流れる』が公開された。『驟雨』は大正デモクラシーの影響濃厚な夫婦関係、地域の人々の関係性を描いていた。『流れる』は置屋の女たちの生き方、それにクロウトの母とその娘の相克を描いていた。

一九五七年IAEA国際原子力機構が設置された年、徳田秋声原作『あらくれ』が公開された。幼児期に養女に出されたり戻されたりしたお島が、養父の欲得ずくの強制結婚をはねのけ、信州に赴く。成長後のお島が様変わりし、男性と職業を自在に取り換えては乗りまわすようになるという、誠に痛快な女の一代記である。五八年和田傳原作『鰯雲』では農地解放後の家長の失墜、前景に新しい女たちの様々な試行錯誤、背景には古い世代の女たちの生き方が描かれた。

日米安保条約が自然成立した六〇年、『女が階段を上がる時』は、銀座の雇われマダム佳子が身を切り売りすることを求められる商売と、古い東京・佃島の母との間に引き裂かれながら、銀座を選びなおす物語。『娘・妻・母』は、五人の子供のある伝統的家族に長女が「出戻り」し、長男が独断で家を抵当に入れ、母の老後を誰が引き受けるかの議論を始める、近代家族の崩壊現場を描いた作品。その後、現実に私たちの周囲の家族の中で起こった事柄が幾通りにも示されて、高齢化社会を予告した教科書のような作品である。六二年『女の座』は、『娘・妻・母』の設定を少しずらした同種の作品。この中で気象庁勤務の見合い相手の男性が雨を眺めながら、「放射能は入ってないようです」と語る場面が眼に止まった。六三年『女の歴史』は、夫に戦死された主人公信子が、美容師で暮らしを立てながら育てあげた息子を交通事故で奪われ、最終的に姑、本人、息子の妻の、女ばかりが取り残される物語である。六四年『乱れる』は夫に早めに死なれ、家業の酒店を一人で再建した嫁・礼子が、高度成長下のスーパー経営ラッシュの時代、店を会社経営にする計画からはじき出されてゆく物語であった。六七年『乱れ雲』は、交通戦争と呼ばれた時代、夫婦でのワシントン赴任を間近に控えた高級公務員の夫に交通事故で死なれた由美子が、東京で就職して自立することの難しさを確かめ、青森の親族を頼って旅館の仲居をするうち、そこで交通事故加害者の青年と再会し、二人の間に愛が芽生えるが、青年はラホールに転勤する物語である。

ここでは、外国駐在先の都市の階級性が語られた。欧米諸都市がエリートコースとみなされる「憧憬の場所」であるのに対して、その真逆の「ラホール、ダッカ、ラゴス、サイゴン、カラチ」はどうしても行きたくない「恐怖の場所」として語られた。IAEAが原発を推奨したのは、トルコ、イラン、イラク、インド、パキスタン、フィリッピンであったが、ラホール、カラチは共にパキスタンの都市である。

成瀬巳喜男の映画では、敗戦後の日本の復興から経済成長に向かう社会の姿が、女たちの生き方、家族関係の変化に重ね合わせて描かれている。そこでは交通戦争こそが、経済成長の暗黒面の象徴として描き出され、特に『乱れ雲』を含む最後期の四作品では、交通事故死がドラマを動かす中心的役割を果たしていた。成瀬巳喜男は原発がこの国に建設される前にすべての作品を撮り終えた。翌年六八年、日本のGDPは世界二位になり二〇一〇年中国にその座を明け渡す時まで続いた。翌々年七〇年に関電美浜原発、七一年、福島第一原発が完成し、九七年までの二六年間、全部で五一基の原発が建造された。

四　フィリッピン・バターン原発見学ツアー

三・一一から一年後の三月十七日〜二〇日、フィリッピン、バターン原発見学三泊四日のツアーに参加した。長野県AALA主催、女性十二人男性八人総勢二〇人の一行だった。零下の寒さの諏訪地域から昼間三〇度のマニラへの旅。フィリッピン（比国）は原発を民衆の力で廃止し、米軍の駐留を撤去させている。この民衆の力を学ぶことがツアーの目的だった。

「モロンの怪物」バターン原発の歴史

まず、比国において民衆の力を組織し、原発阻止と米軍撤退を実現した団体、非核フィリッピン連合事務局長コラソン・バルデス・ファブロスさんの一九九三年「ノーニュークス・アジア会議」での報告等の資料に基づき、比国原発導入の経過を簡単に記そう。

比国に対し、一九五五年米国はAtoms for Peace「原子力平和利用」計画を紹介。これは米国が研究炉の情報、器械、燃料を提供する計画だった。国際原子力機関ＩＡＥＡは六四年、マルコス大統領に原発建設を促し予備調査を開始した。七六年に正式契約が結ばれ、建設が開始された。

米国がアジアに原発を売り込んだ背景には、国内原発受注数が七〇年～七四年の一〇四基をピークに激減し、スリーマイル島原発事故の翌年八〇年には受注ゼロになった事情があった。七三年オイルショックでの電力需要の伸びの下落、米国内での原発安全性への疑問、住民の反対運動の高まりが原因だった。八〇年代レーガン政権の時代に、原発の国内需要は崩壊。特に、安全性に問題が多いウェスティングハウス社は苦境に落ちた。このため国外、アジア地域に原発輸出の活路を求めた。

現在比国にただ一基存在するバターン国立原発公社（ＢＮＰＰ）は、マニラから約七〇キロ北東、「バターン死の行進」で戦史に悪名を残すバターン半島の風光明媚な海岸モロンの地に建ち、「モロンの怪物」と呼ばれている。

どうして怪物なのだろう？

第一に、設置価格が契約時からどんどん高くなり、当初の二倍から四倍に跳ね上がったことである。最初は二基五億ドルだったものが、七六年正式契約の際には一基十一億ドルに上昇した。スリーマイル島原発事故の一九七九年、当時のマルコス大統領が、同型の器械を使用していたバターン原発の工事を一時ストップさせ、事故調査を命じた。何千カ所もの課題が発見されたうち、十五か所のみの改良を済ませると、建設費は十一億ドルから十九億五千万ドルと二倍に高騰していた。七六年の二基五億に比べると四倍に跳ね上がった勘定だ。

この法外な価格を吹っかけたのが米国のウェスティングハ

ウス社（WH社）である。同社はマルコスの取り巻きに対する賄賂工作によってライバルGE社を出しぬいた。価格の高騰はリベート分である。マルコス政権の腐敗を悪用したWH社は、やがて一方的な価格を要求するようになる。当時の米国大使館と米国輸出入銀行が原子炉価格引き上げに協力した。巨額の融資は米国輸銀が主に引受けた。東京銀行、富士銀行など日本の五行も融資した。七五年末の比国累積赤字三八億ドルは、同国GDPの二四%に上っていた。

原発建設に当たっての、国内の批判はすべて無視され、立地条件の問題も顧慮されなかった。バターン原発用地のモロンの地は火山地帯。五つの火山、四つの活火山に囲まれ、火口から原発までわずか九キロの火山が噴火すれば、溶岩が敷地内に流れ込む懸念があった。また二つの活断層、地震の際の津波被害の警告、廃棄物処理の問題もことごとく無視して建設が強行された。

フィリッピン原発計画は、米国、IAEA、米国輸銀がWH社を支援し、戒厳令下で国内議論不在の中、独裁者マルコス周辺に、巨額リベートをまいて設置を認めさせたものだった。

非核フィリッピン連合コラソン・ファブロスさんの伝える

「モロンの怪物」はなぜ怪物と呼ばれるのか？　それは米国企業WH社が、比国の政権腐敗を利用して、法外な価格で原発を売りつけ、比国経済を植民地さながらに貪り食ったからである。「怪物」とは、WH社の姿をした米国のグローバルな覇権政治と新自由主義経済による世界支配の別名だったのである。

一九八四年に二十三億ドル使ってほぼ完成したバターン原発は、試運転が行われていない。やがて一九八六年、マルコス政権崩壊とチェルノブイリ原発事故の両方が「モロンの怪物」を襲った。ピナツボ火山爆発も重なった。マルコス打倒の民衆革命を担ったと同じ市民の力がバターンでも発揮され、地域住民が執拗な反対運動を続け、メディアがこれを報道した。このため、アキノ大統領は、原発閉鎖を決断する他なかった（「ノーニュークスアジアフォーラム通信」七五号、今井なおこ氏他、参照）。

バターン原発、「怪物」の腹の中で臓物《はらわた》を見る

現在の国立バターン原子力発電公社は、訪問者が原発内部を見学する「博物館」として運営維持されている。電力公社の正規職員三人に補修や清掃職員十人が常時駐在し、年間四〇〇〇万円の維持費が掛かるという。

東電福島原発事故以後、テレビで連日原発内部の装置が模型を使って解説されていた。模型の内部はすっきりとシンプルに描かれていた。東電福島第一原発は七一年ＧＥ社製「沸騰水型原子炉」。けれどバターン原発は、原子炉容器内では沸騰させない七六年ＷＨ社製、出力六十二万キロワット「加圧水型原子炉」である。

原発職員の後について、六階建てビルほどの高さの原子炉建屋に入る。外壁は一ｍ厚さのコンクリート壁。狭い鉄製の組み立て式階段を四階分上がっては降りて、格納容器に入る。これは原子炉外側の、直径四〇ｍ、高さ六〇ｍ、厚さ一ｍの鋼鉄製の容器である。足元に横たわる様々なパイプや突起物につまずかぬよう注意しながら歩みを進め、薄暗い中にある、燃料棒（炉心）の容器にあたる圧力容器を外から眺める。地下の深いところのプールに漬けられた制御棒、燃料棒（現在は取り外されている）などの配置を眺めまわす。周囲の壁には無数のパイプが細いのから太いのまで張り巡らされていて、何が何だか分からない。テレビで見る模型とは大違いである。地震の震動だけでも、これらパイプの継ぎ目が外れてしまうことは容易に想像できる。

鉄製の網目の階段の足元には、薄暗い奈落の沈んでいるのが透けて見える。目が眩みそうになるのでできるだけ下を見ないようにして幾つもの階を上がり降りすると、ようやく蒸し暑い格納容器の外に出て、広々した空間に着いた。小さな窓から海風が流れ込む。そこには蒸気発生器、タービン、発電機、さらにポンプ、復水器などの装置が並んでいる。おそらく発電機と思われる直径二ｍ長さ一〇ｍばかりの円柱式装置が床に横たわっていた。脇腹には「怪物」製造責任者WESTINGHOUSE（ウェスティングハウス社）のロゴマークが大きく印されているのが眼に止まった。これこそ世界最高価格の原発であった。植民地的政治経済の遺産として、将来にわたって永久にここに横たえておきたい、怪物の臓物《はらわた》なのであった。

フィリッピン三・一一以後

二〇一一年三月十一日の東電福島原発事故当時、現大統領ベニグノ・アキノは原発を再導入する調査を進めていた。事故後フィリッピン政府は、「福島原発事故の影響は無視できる程度。風向きがフリッピンとは逆方向に吹いているから大丈夫」と繰り返しメディア報道した。

ところが、民衆が黙ってはいなかった。非核バターン運動ネットワークは、三月十四日「日本で起きた壊滅的な地震は、地震国であるフィリッピンも原発にとり安全な場所でないことに気付く絶好の機会」との声明を発表。首都マニラとバターン原発敷地前での抗議行動を繰り返し、「福島原発の教訓を学び、原子力を放棄せよ」と大統領に迫った。このことをメディアが報道し、原発導入に対する疑問が国内にわき起こった。

二〇日後の三月三十一日にようやく、政府は、福島原発から放射された放射能がフィリッピンに到達していたことを認め、「人体に影響を与えるレベルではない」と発表した。けれど原発再開反対に賛意を示す世論は変わらなかった。(「ノーニュークスアジアフォーラム通信」一一〇号、参照)

フィリッピンの女たち・「彼女たちの物語」が「私たちの物語」に転換する

マルコス政権を追い詰め、原発を廃止に追い込み、米軍を撤退に導く粘り強い活動を続けた民衆組織、非核フィリッピン連合事務局長は、女性だった。国連で比国原発の不当を訴え、日本の母親大会にも出席している国際的活動家コラソン・バルデス・ファブロスさんは弁護士でもある。私たちは質問した。「コラソンさんらの力の源は何ですか?」

彼女はにっこりして答えた。

「事態が厳しければ厳しいほど、私たち、力がわくんですよ」。「政治家が良くないのは国民のせいですよ。ジャーナリズムを上手に利用するといいですよ」。

どれもシンプルで分かりやすい答えだった。

太平洋の扇の要に位置する比国は、スペインの植民地から米国の植民地になり、日本の侵略を受け、つい最近までシンガポールの国土面積に匹敵する巨大なクラーク空軍基地に米軍が駐留していた。前日昼間、元米軍海軍基地スービック地域の活動家ドロレス・ヤナンさんは、賑やかな交流会を開いて私たち一行を招待してくれた。会場は大阪の村田さん所有の建物「YOKUBARIファウンデーション」。そこでは幾つもの活動グループが紹介された。貧しさのため学校に行けない子どもたちへの経済支援、米軍基地駐留時代、米兵を父として生まれながら法的認知、経済的支援が与えられなかったアメラジアンの人々への支援活動。スービック地区の大企業韓国系造船業ハンジンの労働組合などが紹介された。

この中にブックロードという女性団体があった。米軍撤退後も基地周辺から消えない売春と人身売買を阻止し、女たちを救済する活動団体であった。売春禁止法が施行され、買春の男性も処罰される現在では、歓楽街のゴーゴーバーの奥の個室が隠れ蓑である。ブックロード議長アルマさん等支援者たちは、そこで働く女性たちを訪問して、売春を止め、教育と職業訓練を受けるように説得している。支援者たちは、フルーツジュースのアルミパックを開いて水洗いし、ミシンで縫い合わせ、色鮮やかな色合いのショッピングバッグを作っている。軽くて防水が利きファスナーが付いて使いやすい。これを販売して資金をつくり、女たちの自立支援に役立ててゆく計画である。

どんな職業の訓練をするのだろう?　第一にランドリー、洗濯とアイロン掛けの職業訓練だった。成瀬巳喜男映画『おかあさん』（五二年）の田中絹代演じる母が夫の死後、アイロン掛けに苦労した姿が思い浮かんだ。職人の誇り高い夫は、妻にアイロン掛けを教えなかった。第二にミシンでの縫製の訓練であった。『白い野獣』（五〇年）での更生施設では、ミシンを懸命に踏んでの縫物指導を受け、将来の自活を夢見る女たちが描かれていた。

この話を聞いた瞬間、フィリッピンの女たちの「彼女たちの物語」が、私の中で、「私たちの物語」に転換した。私たちは、映画に描かれた過去の時代の女たちを支援することは、できない。けれど、目の前にいる彼女たちを通じて、このフィリッピンの女たちを支援することは可能だ。私は今後、持続的支援とフェアトレードを行うことを決意し、メールのやり取りを開始した。

五　信州・諏訪の女たちの地域力が「彼らの物語」に対抗する

私たちはこの四年、茅野市男女共同参画を進める会の活動の中で、地域の女たちとの交流を深めた。この春から、「ちの男女共生ネット」を立ち上げ、男女（ジェンダー）平等の視点を獲得し、社会とつながることで、女たちの持てる力を高め内面をつよくして連帯を進める草の根の活動を開始した。

米国中心の世界経済と、国内の東京中心文化を相対化、批判するため、歴史に学び、地域に学ぶことを活動の柱にする。まずは信州佐久・臼田生れ中込育ちの丸岡秀子の著作に親しむ。丸岡秀子は時に子連れで全国の農村をくまなく歩き調査した成果を、田村俊子に背中を押されて書き上げ、一九三七年『日本農村婦人問題』として出版した。近代日本を底辺で支えたのが農村であることを語る男性は多い。けれどその最底辺にいた女たちに、死産・流産が多く、堕胎・間引きの誘惑の中で暮らした実情を明らかにしたのは丸岡秀子が最初だった。今なお信州の女たちが熱い視線を注ぐ丸岡秀子。その著作や映画に、私たちは「私たちの物語」を読み取ってゆく。さらに子ども時代に何を食べたかを思い出し、地域の老賢女に料理指導を受けての食事会。地域議会ウオッチングと発信。暮らしと経済の勉強。女性に対する暴力防止活動。グローバル支援のフェアトレードなど、夢は多い。

ドイツが脱原発を選択するにあたって最大の影響を与えた「緑の党」は、かつて「恐い」「うるさい」人々と受け止められ、一般市民からは嫌われ者だった。ところが三・一一後の今では「なくてはならない政党」である。一九八〇年、緑の党は、「原発停止、平和推進、男女平等」をスローガンに登場した。

三・一一「第二の敗戦」後の今こそ、これに倣わない理由はないだろう。大きな犠牲を払ってようやく当たり前のことが言える時が来た。この国に原発設置を計画した正力松太郎等が暗躍した時代は同時に、女たちの力が戦後史の前景に躍り出た時代でもあった。第五福竜丸事件の一九五四年は、杉並の主婦たちの始めた原水爆禁止反対署名が三〇〇〇万筆にのぼり、翌年一九五五年は、第一回母親大会が開かれ丸岡秀子が会長を引き受けた時代でもあった。この歴史に男女共生ネットを同期《シンクロ》させ、今度こそは失敗を避けて、「第二の敗戦」後の時代を歩みだそうと、私たちは考えている。

幾つもの「小さな勉強会」がふつふつたぎる諏訪の地で、「男女平等・平和推進・脱原発・自然エネルギー推進」をスローガンに掲げることを、私たち諏訪の女たちは選択した。原発事故とその後の「彼らの物語」に対抗する「私たちの物語」がこれから始まる。

映画『六ヶ所村ラプソディー』と女ヂカラ

江黒清美

〈大人の責任〉——チューリップ畑と反対運動

ドキュメンタリー映画『六ヶ所村ラプソディー』（鎌仲ひとみ監督　二〇〇六）の舞台は、下北半島の付け根にある太平洋岸の村である。二〇〇四年、戦後開拓されたこの土地に核燃料再処理施設ができた。原子力発電所の使用済み核燃料からウランとプルトニウムを取り出す再処理工場である。当然のことながら住民の反対運動が起きたが、工場が出来上がるまでに土地の売買で翻弄された村人の選択肢はほとんどなかったといっていい。

七〇年代に六ヶ所村のむつ小川原に巨大開発ブームが巻き起こり、政府、自治体、日本のトップ企業の出資で日本最大の工業地帯と産業施設を作る計画があった。農民の広大な土地は破格の値段で買収され、人々の雇用期待も上がった。しかし、何年たっても買収された土地に産業がくる気配はなく、結局やってきたのは核燃料サイクル施設（以下、核燃）だった。村人たちの期待は裏切られ、土地をすでに売り渡した農民は核燃の建設現場で働くしかなかった。建築工事が終われば、施設の中か関連会社で働くことになる。一〇年の工事期間を費やし、総工費二兆一九〇〇億円をかけた核燃が稼働する前にはウラン試験が義務付けられている。この試験をするだけで村には放射能漏れの危険が出てくる。

その広大な工場の南東部に色とりどりのチューリップ畑が広がっている。カメラは反対運動の中心的人物である菊川慶子さんが経営する「花とハーブの里」を拠点として、反対派と推進派を追っていく。

菊川さんはチェルノブイリ原発事故に衝撃を受け、一九九〇年に故郷である六ヶ所村に千葉県松戸市から家族と共に帰ってきた。当時、末の息子さんはまだ小学生で、両親の農場を継ぐために移住してきたのだ。大陸から引き揚げてきた両親が自分たちは戦争の被害者だったと聞くたび、彼女の中に疑問がわく。両親は戦争に対して何もしなかったのではないか、あるいは結果的に協力している行動をしていたとしたら、それは被害者とはいえないのではないか。いま自分が核燃に反対しなければ、放射能汚染は戦争よりもっと地球規模の汚染の危険を生じさせることになる。菊川さんは大人としての責任と、子供の頃の故郷としての六ヶ所村をチェルノブイリのようにしたくない、子供たちが帰れない場所にしたくないという思いから、帰郷して反対運動をする決心をした。今や、一万二千人の村人の中で、核燃反対運動をしているのは数人になってしまった。その運動の困難を菊川さんはこう語る。

核燃の反対運動をしている人たちは一般的ではないと思われている。あまり理解されず、誰かから日当をもらってやっているのではないかとか、得体のしれない人たちだとか。アカとか、非国民とか、過激派と思われて警察にもマークされていたらしい。そうではなくて、ごく一般の人が反対しているのだということを知ってもらうために、周りの人々の目に見える形で生活していかなくてはと思った。それで畑に出て働いていれば、イヤでも目につくわけですから。

畑では農作物の他に花とハーブに力を入れた。菊川さんは風力発電を理想の自然エネルギーとしてオランダの風車を連想し、チューリップが咲き広がる畑を反対運動の象徴としたのだ。地元の暮らしに根ざした反対運動に共感して、全国から若者たちがチューリップ畑を手伝いにやって来るようになった。菊川さんは六ヶ所村の豊かな自然は観光産業にもなるし、地場産業をもっと開発することで持続可能な未来が開けていくと信じている。

〈権力〉と女たち

映画では放射性物質が畑ばかりでなく海をも汚すことを映

し出している。六ヶ所村の泊漁港はかつて核燃反対運動が最も盛んなところであった。漁民たちが海域調査を許さない限り、再処理工場を建設することは出来なかったからだ。海域調査を許せば工場から放射性物質を含んだ廃液が流されてくる。〈泊は負けてねえ！〉というのぼりと共に漁師とその妻たちも戦った。しかし、漁民たちの激しい抵抗にもかかわらず、海上保安庁船に守られた調査船は海域調査を強行突破した。さらにイカ釣り漁船の機械化で漁師の多くは仕事を失った。

　八〇歳を超えた今も核燃反対を貫く坂井留吉さんの妻・タツエさんは一九八六年の機動隊との激しい衝突を思い出しながら、「お母さんたちは反対運動に一生懸命だった。県外からもっと応援に来てもらえたら良かったと思う」と語る。鷹架沼《たかほこ》で網釣りをしていた老人は、「ここは漁業権を放棄したから養殖もなにもしない。魚は減る一方。権利を金に換えたわけだ」とつぶやく。結局、泊漁協は海域調査に協力する費用として再処理工場の会社から一億円余りを受け取り、核燃サイクル計画を認めるというかたちになってしまった。漁民たちの戦いは権力とお金によって潰されていった。

　鎌仲監督自身も撮影中に違和感を覚えたことがあるという。核燃の説明会や陳情の場では、必ず記者などのメディアが県庁職員と行動を共にすることである。記者たちは職員と一緒に現れて、一緒に退場する。討議中は市民グループの反対側に県庁職員がおり、その背後に記者たちがいる。メディアが権力側に立つ分かり易い構図である。原子力保安院の存在もしかりである。鎌仲監督は映画完成の二年後に出版した著書の中でこう語っている。

> 　核燃サイクル計画がこれまで国民的な議論にまったくならず、こんな重大なことを市民がなにも知らない。その原因の一つにはマスメディアの機能不全があったと私は思う。一体だれのためのメディアなのか。もちろんただただ市民の言い分を聞けと言っているわけではない。しかし、権力と資本の側に自分たちがどれだけよりかかっているか考えてみた方がいい。

　こうした権力にも負けず反対を唱える女性が他にもいる。無農薬米作りに全身全霊をかけ続けてきた苫米地《とまべち》ヤス子さんは、周囲の反対を押し切って一九九四年から一切農薬を使わずにきた。消費者に直接販売する方法をとっているため、核燃工場による放射能汚染について正直に話し、アンケートをとった。すると何人かの消費者が購入を断ってきた。放射能汚染を訴えれば訴えるほど、自分の首を絞めることになる。他の農家からはこれ以上被害を宣伝するなと非難される。苫米地さんは大学の偉い先生がいくら核燃は安全だと言っても、自分で決めるしかないと思っている。さらに、〈中立〉の立場について次のように語っている。

核燃に関しては賛成と反対しかない。中立は賛成と同じで反対とは言わないし、行動もしない。見ているだけでは容認していることと同じ。中立でいるとラクだし、賛成しているとも思ってないから、良心も痛まない、それが中立の怖さ。

反対派の女性たちはみな子どもの未来を案じている。無農薬野菜を作る荒木茂信さんは、安全なトマトを保育園などに直接運んでいる。奥さんの聖子さんは菊川さんと一緒に反核燃活動をしていた仲間である。三人の子どもをもつ聖子さんは無農薬の長芋を収穫しながら、「みんな仕事とかお金とか考えるけど、それより命の方がずっと大事」という。

映画の舞台は突然イギリスに移る。撮影中の二〇〇五年にイギリスのセラフィールド核燃料再処理工場で事故があったからだ。近くに住む主婦のジャニンさんは、息子が白血病を発症したのを機に環境を守る会の活動を始め、すでに二〇年以上続けている。近隣での小児白血病の発症率は通常の一〇倍だという。結局、彼女たちの粘り強い運動が功を奏して工場は閉鎖となった。六ヶ所村の再処理工場はその後、相次ぐトラブルのため今現在も本格稼働は実現していない。

女たちのシュプレヒコール

菊川さんがウランテストの説明会のチラシを家々に配るシーンでは、推進派になってしまった村人たちの態度はぎこちない。だが、中には帰り際に生イカと干しイカをたくさん持たせてくれて、「またおいで」というお年寄りの女性もいる。両派を越えた繋がりが女同士にはある。

鎌仲監督の新作映画『ミツバチの羽音と地球の回転』の中でも、山口県・祝島の原発反対運動を支えてきたのは島の年輩女性たちだった。中国電力の作業員たちと最前線で直接ぶつかり、のぼりを持って大声で反対する。祝島でも六ヶ所村でも〈おばちゃんパワー〉が炸裂する。

いま私の手元にピンク色のパンフレットがある。そこには「もう原発は動かさない！　女たちの力でネットワーク4・7集会」とある。現在、全国で稼働中の原発は二基あるが、福島原発事故後、電力不足ながらなんとか一年が過ぎた。これを契機に二基の原発稼働中止と他の原発再稼働阻止を訴えるのがこの集会の趣旨である。パネル・ディスカッションのキーノート・スピーカーは落合恵子氏、コーディネーターは鎌仲ひとみ監督、パネラーの五人の中には菊川慶子さんの名前もあり、すべて女性による企画である。

さらに先日行きあったツイッター・デモの「3・25　反原発デモ@渋谷・原宿」はかなり大規模で、特に女性の姿が目立っていた。赤ちゃんを抱いた若い女性やお年寄りの女性もいて楽器を鳴らしながら行進していくのだが、沿道で躊躇なくこぶしを上げて大声で応援しているも、私が見た限りでは女性が多かった。

生命の再生産をする女性は経済効率優先よりも生命維持を優先し、本能的に危機意識をもっているのだろうか。脱原発の大きなうねりを作れるのは女の声と力だと強く確信した。

〈参考文献〉

映画『六ヶ所村ラプソディー』（二〇〇六年）

映画『ミツバチの羽音と地球の回転』（二〇一〇年）

鎌仲ひとみ『六ヶ所村ラプソディー　ドキュメンタリー進行形』（影書房、二〇〇八年一一月）

川元祥一『脱原発・再生文化論　類似の法則21』（御茶の水書房、二〇一一年一二月）

聖域《サンクチュアリ》としての〈ゾーン〉
――タルコフスキーの「ストーカー」に寄せて

渡邉千恵子

〈3・11〉以来、かつて観たタルコフスキーの『ストーカー』（原題は『Ctankep』）という映画のシーンが脳裏をよぎる。

映画が公開されたのは、一九七九年八月。同じ年の三月、スリーマイル島原子力発電所でメルトダウンに至る重大事故が発生し世界を震撼させたが、それが映画の構想に大きく影響していると考えられる。

皮肉にもそれから七年後、「レベル7」といわれるチェルノブイリ原発事故を機に、『ストーカー』のなかの〈ゾーン〉は、単なる架空の場所ではない、リアルな現実そのものになってしまった。

『ストーカー』のあらすじ

では、簡単に筋を紹介しておこう。

今から二〇年ほど前、ノーベル物理学賞を受賞した博士が、手の施しようがないと記者に語ったという、謎の事件（事故）が起きた。住民が多数犠牲となり、事態の収拾に当たった軍隊も全滅するほどの前代未聞の事件（事故）である。表向き原因は隕石の落下によるとされたが、真相は明かされぬまま、ただちに〈ゾーン〉と呼ばれる立ち入り禁止区域が設定され、当局の監視下におかれた。いつしか〈ゾーン〉にはどんな望みでも叶う〈部屋〉があるといった噂が世間に広まり、法を犯してでも侵入しようとする者が出てくる。やがて、〈ゾーン〉とそのなかの謎の〈部屋〉へ案内してくれるという者たちが現れ、彼らは〈ゾーン〉への侵入経路や秘密の〈部屋〉の場所を熟知した者たちで、「ストーカー」と呼ばれていた。そんな「ストーカー」の一人が、ある日、物理学者と作家を案内することになる。

送電線の部品らしきものを大量に積んだ機関車がゲート内に入るのにあわせ、三人を乗せた車がゲートを突破する。監視所の警護官による銃撃をかわすと、今度は車を降り、トロッコ風の「軌道車」に乗り換える。依頼人の不安そうな表情の背後に広がる人気のない町——。

〈ゾーン〉の中心部に到着すると、男はあらかじめ用意してきた「リボン」（包帯）とナットを取り出し、ナットに「リボン」（包帯）を結ぶよう教授に指示するや、生い茂った草の大地に身を投げ出して倒れこむ。草原の感触を五感で確かめると、唐突に、ひらひらと「リボン」（包帯）のなびくナットを握りしめ勢いよく抛りなげた。

噂の〈部屋〉があるとおぼしき石造の建物は、もう目前に見えている。だが、人の侵入を拒み、人の気配を感じると即座に変化していく〈ゾーン〉内では、一度通った道を再び辿ることも、目的物まで最短コースで行くことも、身の破滅につながるのだと男は語る。だから、わざと迂回し、ナットを投げて何事も起こらなければ前に進むといった具合なのだ。

〈ゾーン〉の不可思議な力を信じ、畏怖する男の忠告に従って、ナットの落下地点へとやむなく進む二人。男が「乾燥室」と呼ぶ岩穴は、人の侵入によって真逆の現象へと転じ、水蒸気が立ちのぼり、足元では激しい流れが渦巻いている。そこをくぐり一休みすると、今度は「肉挽き機」と名づけられた不気味な長いトンネルに入る。しまいには腰まである汚水に浸かる羽目に。襲いかかる試練は、新しく生まれ変わるための胎内くぐり、〈部屋〉に入るための清めの儀式を連想させるのだが、しかし、誰もが〈部屋〉に入れるわけではない。生きて入ることを許されるのは、そこを唯一の「希望」とする以外救われようのない絶望を抱えた、しかも「無欲」の者だけ。案内人がなかに一緒に入ることを禁じられており、それゆえ男は、切実な願いを抱いた者をここに送り届ける仕事を自らの幸いとしていた。

ようやく三人は謎の〈部屋〉にたどり着くが、「希望」の入り口を前にして作家は、〈部屋〉は果たして本当に「絶望」を「希望」に変える場所なのか、所詮、世俗的な無意識の「欲望」を実現させる場所にすぎないのではないかと、「ストーカー」のいうことを根底から疑いだす。一方、教授は、〈ゾーン〉に来た目的は、秘密の〈部屋〉での研究が悪に利用され、人類を破滅に至らしめることがないよう、〈部屋〉そのものの爆破するためにやってきたと打ち明けるのであった。

そんな二人を前にして、「孤独」で、「自由」のない世界に「絶望」している自分にとって、〈部屋〉は唯一現実を変革する可能性、「希望」そのものであると、男は涙ながらに訴えるのである。

こうして、誰も〈部屋〉に入らず座り込んでいると、燃料棒を連想させる金属らしきものが、水浸しの床面に敷き詰められているところに、天井から水が降り注ぐのであった。

欲望の渦巻く不可侵の聖域《サンクチュアリ》

〈あの日〉以来、映画のシーンが、妙にリアリティをもって迫ってくる。以前見たときは、ガスがかかった曇天の空に紛れ、化学工場にしか見えなかった対岸にある大きな建物は、壺型のスリーマイル島の原発を模したものであったことを、迂闊にも今回はじめて気づいた。『ストーカー』に描かれた廃墟の町はチェルノブイリ原発事故を予見させ、ひいてはスリーマイル島での事故が決して対岸の火事ではないことを警告するものであったのに。

そして、チェルノブイリ原発事故は起き、〈あの日〉を境にして日本列島も他人事ではいられなくなった。引き裂かれた大地とそれをのみ込む大津波。その後毎日のように目にした地図上に広がる同心円状の線と色分けされた区分図。許されたもの以外一切の立ち入りを禁じた〈ゾーン〉の出現を、この国のリアルな現実として厳粛に私たちは受け止めざるをえない。

と同時に、物理的に不可侵の空間を生み出したものの正体が、政・財・官・司・学・報がスクラムを組んで、秘密の権力の蜜をすって原子力ムラを肥大化させてきたこの国のシステムの歪みに起因するということも。

〈ゾーン〉の心臓部にあってしかもその内実を確かめようもない神秘の〈部屋〉とは、今の日本において「専門家」と称される一部の人々が握る秘匿された真実、「冷温停止」などと詭弁を弄して封印した原子炉内部の寓喩ではないか、そんなふうに思われる。

市場原理と経済の合理化を優先してきた日本の産業界とそれを支える幾多のムラ社会が生んだシステムの歪みが、不可視の〈ゾーン〉を現出させ、私たちの日常は、じつは安全神話という無根拠の神話をみんなで信じ込んできた虚妄の上に危うく存在するものにすぎないという苦い現実を突きつけられている。膨大なエネルギーを必要とする経済のニーズに合わせ、産業効率を優先する目的で作られたエネルギーが、それ以上の圧倒的な破壊力で根こそぎ生存の痕跡を奪うリスクと隣合わせにあることは、もう誰の目にも明らかであろう。

そもそも原子力エネルギーを生み出す核技術は、従来の所与の自然を利用して得られるエネルギーとは異なり、まさに自然の生成過程そのものへの介入を企てた技術である。『ストーカー』に描かれる〈ゾーン〉内の秘密の〈部屋〉とは、科学の威信を賭けて踏み込んだ神の領域、いわば、特権的な立場にある者だけが立ち入ることを許された不可侵の領域であり、聖域《サンクチュアリ》としての表象なのである。そして、神の領域から解き放たれた危うい技術は、産業効率を高めるうえで安心・安全なエネルギーとしてお墨付きを与えられる一方で、大国による覇権争いをコントロールする最終兵器という切り札に使われてきた。まさに、人間の欲望の産物なだの。

『ストーカー』には、軽油を燃料とする機関車や原油を運搬する黒い貨車が登場するが、エネルギー資源とそれにまつわる利権といった人間の底知れぬ欲望が国家間の対立や紛争の火種となり、人類を破滅に導く元凶であったことを想起させる。ましてや、第二次大戦で使用された核兵器に用いられた核技術が原子力エネルギーに衣装替えをしたとはいえ、核廃棄物の処理をめぐって何の道筋も立てられていないのに、後進国の経済発展を当て込んだ原発ビジネスがあらたな利権争いを生んでいることは、臆面もない事実である。そうした核技術に支配された世界の延長上に、素朴に進歩と発展を思い描くなど、どうしてできようか。

聖域《サンクチュアリ》としての〈ゾーン〉

『ストーカー』という映画のみどころは、〈ゾーン〉や〈部屋〉に表象される、人間の欲望を源泉とする不可侵の領域を顕在化した点にだけあるのではない。〈ゾーン〉後の世界を人はどう振る舞えばよいのかを、「ストーカー」に仮託して描いた点にある。

タイトルが示すように、確かに〈ゾーン〉に取りつかれ、境界の侵犯を繰り返す男を「ストーカー」と呼ぶことには一理あるとしても、男は、一歩間違えば犯罪者の烙印を押されかねない欲望の権化というより、むしろ、徹底的に受苦的で「無欲」な存在として描かれる。自然界から奪うだけでは事足らず、自然界にないものを作ったあげく、人の立ち入れない場所になってしまった〈ゾーン〉を、男は「神聖な場所」だといい、二人には草一本抜くことを許さない。散乱する金属片、ときにはピストルが川底の泥の間から顔をのぞかせている。なぎ倒されたような電柱に負いかぶさる倒木には、蜘蛛の巣や蔦がからまり、二度と戻ることのないハイカーを待ち続けたバスも、出動したものの引き返せないまま放置された戦車も、今はみな草木をまといながら静かに自然の一部になるときを待っている。歳月が廃墟を静謐な場所に変えようとしているともいえるのだが、どれだけ自然に再生する力があろうとも、そこが厳重に外部と遮断された〈不在の表象〉であることに違いはない。いわば〈ゾーン〉とは、おぞましい人間の欲望のうずまく聖域《サンクチュアリ》であると同時に、失われる前の世界には戻れないことを知らしめる場所、つまり、ここは折り返し地点、人類の共通の教訓として二度と踏みにじらせてはならないことを誓い、禍々しい「力」を封印する聖域《サンクチュアリ》でもあったのだ。

男はつぶやく。「硬直」と「力」は「死」をもたらし、「凝縮」には「未来」も「希望」もないと。このことばは男根《ファルス》の否定を連想させ、〈ゾーン〉の見えない力に畏怖の念を抱き、「リボン」のようにひらひらとなびかせた包帯を大事そうに握りしめる男の様子は実にナイーブで〈女性的〉ですらある。男は、人の気配を感じると刻々と変化する「気まぐれ」な〈ゾーン〉の大地に身を捧げるように弛緩した体を横たう。五感を研ぎ澄ませ、時に少女のごとく身を震わせ、銃や爆薬などの「力」で抗することなく、自然の荒ぶる力を味方にしていく。無事〈部屋〉までたどり着けたのも、男の〈ゾーン〉に対する敬虔な態度があればこそである。

だが、案内した二人は入ろうとしないばかりか、その存在自体を否定しにかかった。

帰宅後、もう誰も「希望」の〈部屋〉を必要としないのではないかとさめざめと泣く夫を、妻は傍らで静かに見守っているのだが、それはまるで幼子を見つめる母のようである。「希望」という名の〈部屋〉に入れるのが、「絶望」を味わい尽くした「無欲」な者だというのなら、「ストーカー」をおいてほかに誰がいよう、そんな風に思わせるシーンなのだが、「ストーカー」は、そもそも〈部屋〉に入ることを禁じられている。

では、いったいだれが「希望」の〈部屋〉に入れるというのか。

「希望」につながる〈部屋〉の在りか

〈ゾーン〉から戻ってきた男は、足の不自由な娘を肩車し親子三人で川岸を歩いて自宅に戻る。つつましい暮らしを脅かすように、三人の背景には汚染された川とスリーマイル島の原発を思わせる堅固な建物が澱んだ空気のなかに建ちならび、聳え立つ煙突が濛々と不気味な水蒸気を吐き出している。だが、構図としては、肩車された娘のショットが前景化され、やがて対岸の聳える原発の建物に対峙するがごとく、歩みを止める。映画のラスト、ついにミラクルは起きた。

近代産業社会は技術革新によって人およびモノを移動させる手段を飛躍させ、物質文明を進展させてきた。しかし、便利な道具に囲まれた生活は、かえって人間本来の潜在的な能力を奪うものであったのかもしれない。しかも、便利な道具を生み出すための資源獲得競争が国家間の対立を生み、武力による衝突へと発展したケースも少なくない。男は「無力」であることは「偉大」だと語り、「無力」な者が「希望」の〈部屋〉に入る資格を持っているとも述べていた。そこで、映画のラストにタルコフスキーが用意した小さな奇跡とは。

足の不自由な娘がテーブルの上にあるグラスを見つめると、それだけでグラスは静かに移動しはじめ、床に落ちてしまう。少女がサイコキネシスとおぼしき力を見せるのである。ひょっとしたら、何か不自由であるということは、かえって人間の潜在的な力を開化させ、必要以上に自然から奪わずに生きられる可能性を秘めているということなのではないか。奇跡を起こした娘の周りを綿毛の種子が「希望」の種のように宙を舞っている。

〈ゾーン〉の出現を予見してしまったタルコフスキーは、男たちが作り上げてきた文明の限界を見、〈男性的〉なものを去勢する一方で、不自由な体をもつ少女に奇跡を起こす不思議な力、「希望」の光を見いだそうとしたのではないか。

では、〈3・11〉を経験した日本にとって、どこに「希望」の種はあるのか。

〈3・11〉はまさに、世界のなかで日本全体が〈ゾーン〉になった日である。しかも、取り返しのつかない〈ゾーン〉が今後また作られる危険性は、一年以上経った今も収束せず継続中であり、再び起こりうる巨大地震の可能性によってより高まってさえいるのだ。さいわい私たちの世界はタルコフスキーが身を置いていた言論統制下の国ではない。発言し、行動できる自由も残されている。この世界に現出する〈ゾーン〉がいかにして生まれたかを考え、災禍に恐懼し身を震わせた〈あの日〉の感覚を失わずに未来の人たちへの責任をどのように果たしていけばよいのか、生き延びた私たち一人ひとりが試されようとしている。「絶望」を「希望」に変えるチャンスはまだ、残されている。

男性の多くは何らかのムラ社会に属し、そこに足をとられ変革の一歩を踏み出せずにいるかもしれない。しかし、組織に属さない女性たちのなかから「希望」の兆しが生まれつつある。その一つが昨年九月、「十月十日《とつきとおか》」と銘打って福島の女性たちが起こしたアクション、「もう原発はいらない」という抗議活動である。

経済産業省という聳え立つ禁忌の〈ゾーン〉の一角に食い入るように設けられた、吹けば飛ぶようなテントではあるが、「十月十日」の〈産み〉の苦しみは、変革への「希望」の兆しである。多くの新しい縁がここから生まれつつある。フクシマから発せられた、もうこれ以上奪うものを作るなというメッセージの前では、とあるデパートのポスターに写ったのどかな山なみと黄金に色づいた稲穂の里に大きく書かれた「幸せに帰ろう」というキャッチコピーなど、商業資本主義のヒューマニズム的消費物のごとく霞んで見えてしまう。〈あの日〉以来露呈してしまったこの国の歪みをしっかり見つめ、未来の〈命〉から選択の可能を奪いつくす〈ゾーン〉を作らせないよう、「希望」の〈部屋〉の入り口を女性たちはさまざまな垣根を越えて作りだそうとしている。いや、そうせずにはいられないのだ。子どもたちの未来に、〈希望〉をつなぐためにも——。

ニュージーランドの「非核法」と広島・長崎・福島

千種キムラ・スティーブン

はじめに

東日本大地震が起きた時私はニュージーランドにいた。二月二二日のクライストチャーチ市の大地震で自宅が破壊されたので、友人宅に避難していた時だった。夕食後ニュースを見ようとスイッチを入れると、日本で大地震があったことが報じられ、津波が飛行場や市街地を飲み込んでいく様子が映し出された。それは想像を絶する破壊力だった。だが私たちを恐怖に陥れたのは、福島の原子力発電所が津波の被害を受けたというニュースだった。南ア出身の友人は、スコットランド滞在中にチェルノブイリから流れてきた強度の放射能にあたり、医者から一生血液の提供者にはなれないと宣告されていたので、原発事故の恐ろしさを熟知していたし、私は福島原発には危惧を抱いていた。というのは、ニュージーランドの政治学者が、東電は安全対策を怠っており、事故を隠蔽する傾向があるといっているのを聞いていたからだ。だから私たちは福島と聞いた途端、日本中が放射能に汚染されるという最悪のシナリオを考えてしまったのだ。

最悪の状況を予測した人々はもちろん他にもいた。ニュースによれば、各国の政府が自国民に即刻八〇キロ圏を退去せよという指示を出したという。ニュージーランド政府も東京を離れて南に行けという指示を出し、日本への渡航は自粛するよう警告した。それでニュージーランド航空も日本へ行く便を総てキャンセルしてしまった。各国が過剰に反応したのは、チェルノブイリの事故で放射能汚染が広範囲に及んだことを知っていたからだった。

私の友人たちの反応は様々で、日本人が冷静なのに驚いたという意見もかなりあった。中には、唯一の被爆国で放射能の脅威を知っているはずなのに、なぜ日本は多数の原子力発電所をつくったのかと聞く友人もいた。ニュージーランド（以後NZと称する）では広島、長崎の被爆者たちが放射能の害に苦しんだことはよく知られていて、一九八七年に核兵器だけでなく、原子力発電所も作らないという「非核法」が成立した原点も、広島、長崎の悲劇を知ったことにあったからだ。

残念ながら友人たちの質問には答えられなかった。日本で原爆の記憶が風化した理由がよくわからないからだが、NZで原爆の記憶が風化しなかった理由を再考察することで、この問題を考えていきたい。

ヒロシマ・デー

NZで広島、長崎の記憶が風化しない原因の一つは、八月六日が「ヒロシマ・デー」と名づけられていて、毎年各地で原爆の犠牲者を追悼する行事が行われていることにある。私が住むクライストチャーチ市では、当日は夕方から大聖堂前の広場で集会があり、市長も参加してスピーチを行い、その後「ノーモアヒロシマ」「ノーモアナガサキ」「核兵器反対」などと唱えながら、エーボン川まで行進し、原爆の犠牲者の霊をなぐさめるために灯籠を流しがおこなわれている。

私も一九七四年にNZに移住して以来「ヒロシマ・デー」の行事に参加してきた。そのきっかけは、広島で放射能を浴びた女性と京都女子大の寮で同室になったことだった。彼女は八月六日には母親と田舎の親戚の家にいて無事だったが、広島市内で薬局を営んでいた父親は原爆投下後消息を断った。それで母親は翌日から幼い彼女を背負って被爆地を歩き回り、三日後に遺体を見つけたという。その結果彼女は大量の放射能を浴びて原爆症になる危険性を抱え込むことになり、私と同室だった時も、鼻風邪をひいても、原爆症が出たのではないかと戦々恐々としていた。幸い彼女は無事卒業し、一年後には結婚したが、今度は放射能で汚染された自分には奇形児しか生まれないのではないかと心配していた。幸いそれも危惧に終わり、彼女は五体満足な元気な女の子をえた。しかし私は原爆症を恐れて戦々恐々としていた彼女の姿が忘れられなかった。それでNZに「ヒロシマ・デー」があることに感激したのだった。

その後平和運動にも加わったが、驚いたのは平和運動家のほとんどが広島、長崎の惨状を知り、被爆者たちにも会ったことが核兵器反対運動に参加するきっかけだといっていたことだ。一番意気投合したケイト・デュイスも、被爆者たちが描いた絵に衝撃を受けたことが平和運動に身を投じるきっかけだったといっていた。

ケイトはアイデアをすぐ実行に移し、国際的連携をつくるのが上手い典型的なニュージーランド人の一人で、一九九六年に、国際司法裁判所が「核兵器による威嚇、使用は一般的に国際法に違反する」という画期的な「勧告的意見」を出すきっかけを作った立役者もケイトだった。『朝日新聞』の記者は、世界中の平和運動家と連携して国連総会に働きかけ、国際司法裁判所に圧力をかけたケイトをみて、現代のジャンヌ・ダルクと賞讃したほどだった。現在ケイトは国連事務総長の核問題についてのアドヴァイザーだが、広島、長崎の被爆者たちの体験は決して忘れないといっていた。

遺憾だったのは、国連でも国際司法裁判所でも日本政府代表が核兵器使用に対する「勧告書」を支持しなかったことだった。

非核運動の歴史と成果

NZで広島・長崎の原爆投下が大きな意味をもった理由はもう一つある。アメリカが南太平洋で核実験を続け、一九五九年には英国がオーストラリアで核実験を行い、核の脅威が身近な問題となったことだった。以来核兵器反対運動が急速に広がり、一九六〇年に核兵器も搭載可能なアメリカの原子力潜水艦がオークランド港に入港すると、激しい抗議デモをおこなった。NZは日米安保条約が締結された一九五一年に、アメリカ、オーストラリアと「ANZUS」（アンザス）と称される安全保障条約を結んでいたので、アメリカの艦船はNZの港に自由に寄港できたのだった。だが反対運動の支持者は増え続け、一九七五年には誘導ミサイルを搭載した巡航艦ロングビーチの寄港を阻止することに成功した。その結果一般の人々も大国の圧力は跳ね返せるという自信をもつようになった。

NZ人のもう一つの懸念は、フランスが一九六三年以来ムルロア環礁で核実験を続け、近くの島民たちの間で甲状腺癌などが増えたことだった。それで一九七一年にオーストラリアと共同で、南太平洋諸島の国々に呼びかけ、フランスの核実験停止の決議案を採択した。だがフランスは実験を継続したので、二国の政府はハーグ国際裁判所に提訴。一年間の実験停止の判決を得ることに成功した。それでもフランスは実験を止めなかったので、一九七四年NZ政府は、国連に南太平洋を非核武装地帯にすることを提案し、翌年の国連総会で採択された。

注目すべきは、原子力発電所の建設を認めないという運動も、一九七〇年の初めからあったことだ。この運動の正式名はThe Campaign for Non Nuclear Future（CNFN）で、その主張は原子力発電などの核によるエネルギー再生を禁じ、風力、太陽光、地熱発電を促進しようというもので、一九七六年の一〇月末迄に、三三万人以上が署名した。それは総人口の一〇%を上回っていた。実はこの時点では、政府も企業も原子力発電所を作ろうという計画は持っていず、私が教えていたカンタベリー大学の理工学部に、アメリカの平和団体から贈られた実験用の小さな発電装置が一台あるだけだった。そのリアクターは原子力を扱える技師を養成するために使用されていたが、CNFNの要請を受けて一九八一年に解体された。だが平和運動家の間では、包括的な非核法を制定しない限り、将来原子力発電所を作ろうという動きが出て来るかもしれないと懸念する人が多かった。

一九八〇年代に入ると女性たちの間には、子供たちを核兵器から守るために政府に非核法を制定するよう要請しようという運動が広がり、私も息子をつれてデモに参加した。もちろんフェミニストも積極的にこの運動を支持して、女性学会では、学会の最終日に非核法を採択するよう求めた声明文を政府に送った。さらに運動には男性たちも加わり、既成の政党に非核法を成立させるよう要請した。それに対し、政権を握っていた保守派の国民党は支持しないと表明。野党労働党は法案を成立させると約束した。その結果一九八四年の総選挙では、非核政策の制定を公約にかかげた労働党が圧勝し、一〇年ぶりに政権を獲得した。私たち夫婦もむろん労働党候補者に投票した。

労働党新政権はただちにアメリカに対し、核兵器搭載の艦船も飛行機も寄港を認めないと通告。反発したアメリカは、NZと政治的関係を断つだけでなく、西側諸国の間でNZを軍事的に孤立させ、貿易制限をすると脅した。そして同盟国の日本やヨーロッパ諸国にも、NZ産のものは買わないよう働きかけた。しかし国民の後押しを受けていた労働党はひるまなかった。

一方国民党は非核政策に反対の立場をとっていたが、一九八五年七月、フランス政府がムルロアでの核実験に抗議するためにオークランドの港に寄港していたグリーンピースの船「虹の戦士号」を、二人の工作員を送り込んで爆破し、乗組員の一人が死亡したことにより、国民党支持者の間にも一気に非核政策支持が広がった。

さらに一九八六年にはチェルノブイリ原子力発電所で爆発があり、放射能汚染の恐ろしさが改めて明白になった。それで労働党政権は、翌一九八七年に「非核法」制定に踏み切ったのだった。

実はこの法律の制定にあたって注目されたのが、神戸市の政策だった。神戸市は日本政府の「核兵器は持たない、作らない、持ち込ませない」という三原則を支持すると同時に、寄港する外国軍の艦船に核兵器を搭載していないことを証明する「非核証明書」の提出を義務づけるという政策をとっていた。それで神戸の市会議員を招いて、各地で説明会が行われ、私も通訳を引き受けたが、問題となったのは、神戸では核兵器を搭載しているかという質問に答えなかった艦船には入港を許可していたことだ。これは不十分なので、回答しない艦船は入港を拒否することが決まった。

その結果一九八七年に成立した「非核法」は、核兵器の製造、取得、保有、管理を禁止し、核兵器を搭載可能な艦船、航空機の入国も禁止し、原子発電所による核エネルギーの再生も認めないという包括的なものとなった。アメリカはそれに反発し、NZを孤立させようと一層制裁を強めていった。それを受けて一九九〇年に政権を握った国民党の指導者は、「非核法」を破棄しようとしたが、国民の九〇％近くが支持していたので、破棄することができず、以後国民党も「非核法」支持に変わった。

それでNZは現在でも世界で唯一の包括的な「非核国家」であり続けているわけだが、その出発点は、広島・長崎の原爆被災者の苦しみを知ったことにあった。

最後に

日本ではNZはなぜ原子力発電所を認めないのかと聞かれるが、原発があれば核爆弾がつくれるからだ。これはイランや北朝鮮が核の平和利用だから原子力発電所を建設すると主張しているのに対し、アメリカや西欧諸国が建設を止めさせようとしていることを見ればわかるであろう。日本で防衛大臣を務めた中曽根氏が原発建設の推進者だったのも、原発から核兵器がつくれるからだった。最初に言及した政治学者は、日本は一〇ヶ月あれば原発装置を使い核兵器を作れるといっていた。そういうことが日本で議論されてこなかったのは、アメリカの核の傘に守られてきたからでないだろうか。

次に多い質問はフェミニズムと原発の関係だが、実はNZは一八九三年に世界で最初に女性が選挙権を獲得した国だったが、第二次大戦後は女性の国政への参加は下火になっていた。それを変えたのが一九七〇年代に広まった第二のフェミニズム運動で、女性たちは再び自分たちが動かねば政治は変わらないと確信するようになった。非核運動を積極的に推進したのもそういう確信からだった。同時に国政を変えねばという意識も強まり、国会議員も増え、一九九七年に保守党から初の女性の首相が誕生。労働党政権下では一九九九年から二〇〇八年までヘレン・クラーク氏が首相を務めた。また二〇〇五年には初めて女性の議長が誕生。以後三権の長（議会議長、首相、首席判事）、エリザベス女王の名代の総督も女性となり、総ての最高権力を女性が握るという状況が二〇〇六年まで三年間続いた。このような女性たちは国政も変えたが、非核法成立のために尽力したのも、男性たちのつくった社会を変革しようという大きな運動の一部だったのである。

誌面の関係で福島の原発事故については言及できなかったが、私は福島の子供たちのことを考えるたびに、広島で放射能を浴び、原爆症の恐怖に怯えながら生きていた友人の姿を思い出す。今できることは福島の子供たちが友人のように健康を気にしながら生きていくことにならねばいいがと切望するだけだが、福島と原発再稼働の問題について、別な機会に是非とりあげたいと思っている。

Ⅵ　メディアへの視点

チェルノブイリからフクシマへ

――メディアと文学の果たすべき役割に関する一考察

ヒラリア・ゴスマン

二〇一二年三月一一日、「この教訓を忘れないように」と書かれた慰霊碑が、津波の犠牲者の遺族によって建てられたとNHKが伝えた。「津波警報が出たら必ず、より高いところへ逃げろ」というのは確かに次世代に伝えるべき教訓であり、多くの人々の命を救うという重要な役割を果たすのであろう。しかし3・11では地震・津波という天災のみならず、深刻な原発事故という人災が同時に起ってしまった。その教訓は「世界中の原発は絶対に廃絶すべきだ」ということに違いない。しかし、それを如何に次世代に伝えることができるのか。果たして、メディアと文学はどのような役割を果たすことが出来るのか。日本とドイツをケースとして取り上げ、考えてみたいと思う。

ドイツと日本の報道の差

三月一一日当日、私は奇しくも飛行機で日本に向かっていた。ドイツの大学で日本学を教えている者として研究期間（ザバティカル）を東京で過ごす予定だった。私は東京生まれで、長年住んだ東京の実家に戻ることになっていた。だが到着直前の機長のアナウンスは衝撃的なものだった。「大震災が発生し着陸は出来ません。成田では全ての人員が避難しています」。それ以上の状態は何も分からず、悪夢とはこれか、と思った。飛行機は函館まで飛んで、そこで一旦着陸・入国し、翌日漸く東京に到着した。その時点で既に福島では原発の問題が起きていた。ドイツメディアの報道によると極めて危険な状態とのことで、まずは東京より西に避難するようドイツの親族から促され、広島在住の友人宅に一時滞在することにした。東京のドイツ大使館からは在日ドイツ人に対し、可能な限り関西以南に避難するように指示が出ていたのだ。私が勤務するトリア大学の日本学科はいくつかの日本の大学と協定を結んでおり、多くの学生が仙台を含む日本中の大学に留学していた。私はそうした学生全員にメールなどで連絡を取り、避難出来るよう手配した。

多くの在日ドイツ人がなぜ、直ちに日本からの脱出を考えたのかは、日本とドイツのメディアの報道の差異と深い関係がある。二五年前に起きたチェルノブイリ原発事故の甚大な影響は、現在もドイツでメディアの制作者を含む多くの人々の記憶から消えてはいなかったのだ。

チェルノブイリはドイツからは一五〇〇キロも離れていた。それにも関わらず、人々は雨に濡れないように、子供は砂遊びをさせないようにと気を遣い、サラダ菜などの多くの野菜は販売禁止となった。原発事故の恐ろしさは、それまであまり気にしていなかった人々にも身に染みて伝わった。インターネットがない時代だったので、情報はマスメディアに頼るしかなかった。だが、ヨーロッパ各国の報道は非常に異なっていた。原発大国のフランスでは生野菜が市場で相変わらず売られる一方で、原発がないオーストリアでは農家の人々に対し、チェルノブイリの放射能の雲から牛などを守るよう、「牛とその飼料の干し草を至急屋内に！」と警告する報道が続いた。現代というグローバル化の時代にあって、こうしたチェルノブイリの経験を日本のメディアがフクシマの事故で、もっと生かすことに成功していれば、無用な多くの被爆を防ぐことが出来たのかも知れない。

『見えない雲』

メディアというのは何かが起きると最初は盛り上がるが、次の事件が起こるとそれに集中する。チェルノブイリ事故も意外なほど急速にドイツのテレビや紙面から消えていった。チェルノブイリの記憶を残すために重要な役割を果たしたのは、若者向けの小説を書くグードルン・パウゼヴァングという女性作家である。チェルノブイリ事故の一年後に出版された『Die Wolke（雲）』という小説では、ドイツで原発事故が起こるという設定になっている。フィクションではあるが、非常に現実感に満ちた作品である。中学生の女主人公は小学生の時にチェルノブイリの事故を経験していて、両親と共に反原発デモに行ったこともあり、放射能の恐ろしさをよく知っている。親の留守中に原発事故が起こり、幼い弟と共に逃げる羽目に陥るが、家族で生き残るのは彼女だけ。この小説を原作とする映画とマンガも制作され、小説とマンガは『みえない雲』というタイトルで日本語訳の刊行もある[1]。コミック版文庫本の帯には「3・11を経験した日本人が今こそ読むべき予言の書」とあるが、まさにその通りだと思う。この小説はドイツでベストセラーになり、中学や高等学校の授業でも取り上げられた。フクシマ後の二〇一一年の三月には、ドイツで再度ベストセラーの一〇位に入った。

原作の重要なポイントは、女主人公が被爆した人たち——彼女達は自らを日本語からの外来語として「ヒバクシャ」と名乗る——が、団結して運動を始め、主人公はその運動を通じて生きる力を得る。しかし、この作品の映画版とマンガ版では、その「被爆者運動」は残念ながら描かれていない。やはり〈大衆向け〉になると、このような政治的な要素が切られる傾向がみられる。しかし、文学作品の力点は、そこにこそあるように思われる。

震災／人災報道

日本でも同様に、メディアはフクシマ後に日本で発生した反原発運動について殆ど報道しなかった。四月から六月まで、私は東京に滞在し、高円寺、渋谷、新宿で行われた反原発デモに多くの人々と共に参加したが、日本国内では殆ど報道されなかった。一方ドイツでは、公共テレビの夜のニュースで、私が参加した東京の反原発デモが映像付きで放送されていたのだった。

このように原発反対運動を日本のマスメディアが殆ど無視する中、ドイツ人女性二人によって、フクシマ以降の日本での反原発運動に関するドキュメンタリー映画「RADIOACTIVISTS - Protest in Japan since Fukushima」[2]が製作された。リサイクルショップを経営する人たちがどのようにしてデモを計画したのかという「舞台裏」をよく見せてくれている。また、デモ行進の状況もつぶさに撮影され、様々な活動家とのインタビューも交えて、当時の状況が大変よく再現されている。この映画は現在、ドイツ国内各地で上映されているが、日本でも広く紹介されるべきだと思う。

今回の震災／人災報道で痛感したのは、メディア分析での重要なポイントは何が伝えられ、何が無視されるのかということだった。ＦＣＴ（Forum for Citizens' Television）メディア・

リテラシー研究所のメンバーと共に災害／原発事故のニュースを分析する機会に恵まれたのは有難かった。ＦＣＴは既に一九七七年以来、様々なテレビ番組をメディア・リテラシーやジェンダーの視点から分析し、数多くの報告書を発表している。東京のドイツ日本研究所に在勤していた九〇年代に、私もスタッフメンバーとしてＦＣＴに加わり、阪神大震災報道の分析[3]を行った経緯があったので、今回もその分析グループに加わった。分析対象となったのは二〇一一年三月一四日の在京キー五局（ＮＨＫ、日本テレビ、ＴＢＳ、フジテレビ、朝日テレビ）の夜のニュースである。

各局が何をどのように伝えるのか、どのようなコメンテーターや専門家が登場するのかなど、まず、番組構成を詳しく分析シートに記入する作業が必要となる。このデータシートに基づいて各局のニュースの比較を行う。テレビニュースはどの局もほぼ同じような内容だったという印象を受けやすいが、こうした比較により局ごとの差異が見えて来る。放射能からどのように身を守るかをアドバイスをするキャスターもいれば、放射線量の一時間あたり二〇マイクロシーベルトは「人体に影響を及ぼす値ではない」と無責任に言い切った例もあった。放射能が子供の場合、特に危険であることには全く触れていない。ＦＣＴはこのニュース分析[4]を土台に、市民が報道についてクリティカルに継続的に議論する場として「東日本大震災とメディア・リテラシー」のオープンフォーラムを開催した。

二〇一一年六月にドイツに戻ってから、私はベルリンで行われた「ドイツと日本の災害報道」というシンポジウムに参加した。その席で、以前ＮＨＫに勤め、現在は大学でメディア学を教えている日本人教授が「ＮＨＫは基本的に事実であると確認できたもののみを報道する」と強調していた。ここにドイツのメディアとの基本的な姿勢の違いを見た。ドイツでは、現在起きていなくても、どのようなことが起きる可能性があるのか警告するということも、メディアの重要な役割と考えられているのである。

トリア大学での授業実践

二〇一一年の冬学期ゼミでは、日本のメディアの原発事故報道について、ドイツの場合と比較しながら分析した。学生の中には前述の『みえない雲』を読んだ者も多く、原発事故の後も「安全」を強調する日本の多くの番組や記事には大変驚いていた。一方で、ドイツのメディア報道の一部が「やりすぎ」だったことへの批判も出た。もう日本という国には永遠に誰も住めないのかもしれないという印象を与えるセンセーショナルな記事さえあった。一部の報道には、放射能がヨーロッパまで到達するとあったため、ドイツでもパニックを起こし、ヨード剤を飲むという行動に出た人もいた。しかし、ドイツのメディアに登場した原発専門家が事故直後に指摘したメルトダウンの可能性は、二〇一一年五月になって漸く日本でも報道されるようになったので、この予想は過剰なものではなかったのだ。ドイツのメディアでは原発にクリティカルな専門家にも発言の場を与えていたことは評価すべきであろう。

日本のメディアに関しては出来るだけ幅広く、様々な例を取り上げるよう腐心した。数の多さでは圧倒的な「安全」を強調する報道だけではなく、例えば『アエラ』に掲載された「子供を放射能から守れ」という記事の他、日本のメディアが徐々に反対運動も取り上げ始めた例として、経産省前の反原発テント広場についての東京新聞の記事も加えた。単行本では川村湊『福島原発人災記』の一部を、学生と読み、論じた。これらを通じて、日本でも多岐に渡る見解が発表されていることを学生が実感出来たと思う。

そのゼミで、メディアをジェンダーの視点で分析することも行われた。様々な番組や記事の分析で明らかになったのは、震災や原発事故の報道で、男女の役割分担がはっきり分かれていた。登場する政治家、専門家は全員男性、現地に行くキャスターも主に男性。それに対し「被災者」としてインタビューを受けるのは、主に女性、特に母親であった。これはまさに、ウルリーケ・ヴェールが指摘するように「子供を守り、命を守るのは女性であり、またそれは女性の役割であるという言説の再強化である[5]」。このような傾向は、メディアでも最終的な決定権を握っているのが男性であるということにも由来する。こうしたマスメディアの保守的な見方とは違う女性の視点を生かすために、やはり女性作家が重要な役割を果たすのだと強調せねばならない。

ことば／文学の力

二〇一二年三月上旬から、ドイツのテレビでは毎日のように、被災地やフクシマ原発についての番組が放送され、数多くの新聞記事が発表された。ドイツのクリティカルな日刊紙TAZでは、作家の柳美里がフクシマについての作品を執筆中と紹介された[6]。3・11から一年が過ぎ、ドイツでは勿論、日本国内でもフクシマについての報道が減っていく中、これからは作家がイニシアティブをとっていく必要がある。二〇一二年三月七日、ブリュッセルで欧州議会の緑の党がフクシマ国際シンポジウムを開いた際、スピーカーの一人であるNGO代表者は、大江健三郎が「原発いらない集会」で強調した言葉を引用した。「広島の原爆慰霊碑に書いた私たちの約束、『過ちは、繰り返しませぬから』を、私たちは守ることが出来なかった。私たちは、約束を破ってしまった」。このような反省を土台に、全世界へこのフクシマの教訓を伝えるのは私たち皆の務めである。そしてまた、数多くの読者を持つ作家の発言力と、体験を昇華させた〈文学〉の力に大いに期待するものである。

（1）『みえない雲』グードルン・パウゼヴァング原作、高田ゆみ子訳　小学館文庫　二〇〇六年
『コミック　みえない雲』アニーケ・ハーゲ画、グードルン・パウゼヴァング原作、高田ゆみ子訳　小学館文庫　二〇一一年

（2）この映画に関しては　www.radioactivists.org　を参照。

（3）FCT市民のテレビの会「テレビと阪神大地震――メディア・リテラシーのアプローチによる――」『テレビ分析調査報告書』No. 12、一九九五年一〇月

（4）災害報道分析の中間報告に関しては http://www.mlpj.org/ct/ct-pdf/fum_2011of.pdf を参照。

（5）ウルリーケ・ヴェール「『脱原発』の多様性と政治性を可視化する。ジェンダー・セクスアリティ・エスニシティの観点から」『大震災とわたし』ひろしま女性学研究所編、二〇一二年

（6）柳美里のフクシマに関する活動やその他の文学、マンガと映画で「フクシマの表象」についてクリスティナ・岩田ヴァイケナントが東京にあるドイツ日本研究所で研究プロジェクトを進めている。http://www.dijtokyo.org/publications/DIJ-NL_45_japanese.pdf を参照。

3・11は、ニュースを変えたか
――NHK総合テレビ「ニュース7」を中心に〈二〇一一・二月一三日～四月一二日〉

内野光子

はじめに

二〇一一年二月、地域の市民有志による9条の会で、「近頃のテレビニュースっておかしくない?」という素朴な疑問から、NHK総合テレビ「ニュース7」を検証することになった。私は、二月一三日から「ニュース7」の一四日分の視聴記録を残した。オープニングからエンディングまで、順番、項目、コメント・映像、所要時間などを記した。なぜ「ニュース7」なのかは、私にとっても身近で、視聴率も高いとされているからである(「ビデオリサーチ関東地区日報データ」を基にした産経ニュース「週間視聴率30(二〇一一年二月二八日～三月六日)」によれば、二月二八日から六日間の視聴率は二〇・八～一五・〇%であった)。

一 三・一一までのNHK総合テレビ「ニュース7」

通常の「ニュース7」は、三〇分間で一〇項目前後が報道され、気象情報とエンディングの映像で終る。手元の作成記録は膨大なので、三・一一大震災前の推移と問題点を私見も含めて以下にまとめた。

①調査開始当初は、大きな事件がなかったので、二月一五日「児童虐待と親権」六・五分、一三日「理科離れ」八分、二〇日「外国人看護師の国家試験」四・五分、三月一〇日「全国検事の意識調査」三・五分などの事件性・緊急性のない「調査報道」も散見された。

②国内政治報道では、小沢一郎の処分問題と予算案をめぐる民主党内外の動向を中心に時間をかけて報じていた（二月一四日①番目七分、一七日①番目八分、一八日①番目五分）。以後も四〜五分で連日かなり早い順番で報じられたが、小沢の党内処分が決定した二二日以降からは、もっぱら民主党内外の予算案をめぐる駆け引きが中心となった。小沢処分をめぐる与野党の党内事情、閣僚の不祥事による辞任騒動に終始し、来年度予算案の内容自体や問題点の指摘などの報道は極端に少なくなった。

③外交・国際関係では、一月のチュニジア政変を受けて、エジプト、リビア、バーレーンなどに波及した反政府運動関係項目で、二月一三日（日）中東情勢について専門家の解説も含めて一一分、一八日「バーレーン情勢と石油価格」四分、二〇日（日）「中東・北アフリカ・中国にまで波及した反政府運動の現況」五·五分、二一日には、トップで「多くの市民の犠牲死とリビアの歴史」一〇分、報じられた。

④災害・事件関係では、二月二二日ニュージーランド地震、二七日京大入試不正事件、三月二日八百長相撲事件が発生・発覚すると、国内外の政治関係ニュースは、順位が下がり、放送時間は一挙に低減していった。ニュージーランド地震報道では、日本人犠牲者の個人的なエピソードが情緒的に強調された感があった。京大入試不正事件は、二月二七日から三日間連続トップで、七〜八分かけての詳細な報道がなされる一方、大学側の監督態勢や安易な捜査依頼など大学の行政能力や自治などへの言及がなされないまま、予備校生の単独犯行と分かって沈静化していった。

⑤「ニュース7」におけるスポーツ報道の占める割合は高く、スポーツで視聴率・接触率を上げようとする露骨さが相変わらず顕著であった。女子カーリングの本橋選手、野球の斎藤祐樹選手、マラソンの川内優輝選手など特定の人気アスリートの動向が優遇されている。また、国技を標榜する「相撲」についてのＮＨＫの思い入れは格別で、「不祥事」発覚後の場所中継の扱いにも時間をかけていた。

以上のことからも、項目ごとの所要時間とともにその順序と同じテーマでもその切り口が重要なことがわかってきた。さらに、災害・事件報道によって他の重要な報道が押しやられてしまう実態にも着目しなければならない。その一方で、災害・事件の持つ社会的・歴史的な意味・影響を十分に見極めながら、一過性に終わることのない視点の重要性も指摘しておきたい。

二　三・一一直後のNHK総合テレビ「ニュース7」の震災報道

三月一一日を境に、報道内容は一変した。震災後「ニュース7」は拡大され、その他の番組もすべて特別報道番組の一環として組まれるようになり、NHKでは三月一九日の昼まで八日間近く続いた。以降は、通常の流れに戻ったが、「ニュース7」は拡大版が続き、四月下旬に至っても一九時から三〇分という枠を超えることがたびたびあった。

原発事故発生直後の各局テレビの対応についてはは画面内のテロップによる速報は別として、スタジオからの特別番組にいつ切り替わったのかについては、直後の一〇分と直後の二時間とに分け、民放を含めて「東日本大震災発生時テレビは何を伝えたか1～2」(『放送研究と調査』二〇一一年五～六月)に詳しい。ちなみに、NHK総合：一一日一四時四八分～一九日一二時四五分、関東圏の民放テレビでは、日本テレビ系：一四時五〇分～三月一七日一九時、朝日系：一四時五一分～三月一四日一二時三〇分、TBS系：一四時五一分～三月一四日一二時三〇分、フジテレビ系：一四時五一分～三月一四日〇時三五分、テレビ東京：一四時五四分～三月一二日一三時五五分、であった。

ほかに、原発事故直後報道の検証としては、「実態とかけ離れていたテレビ報道」(『GALAC』二〇一一年一一月)「震災・原発事故とテレビ前編」(『放送レポート』二〇一一年九月)、「テレビはフクシマをどう伝えたか～二〇一一年四月・各局ニュースを記録して」(『月刊マスコミ市民』二〇一一年一〇月)、『ドキュメント・テレビは原発事故をどう伝えたのか』(伊藤守著　二〇一二年三月)、「徹底検証！テレビは原発事故をどう伝えたか?-」(ourplanet-tv 二〇一二年四月六日投稿) などがある。

筆者は、地震発生の三月一一日は午前中から東京に出ていて、山手線車内で地震に遭い、千葉県の自宅には戻れず、池袋の親類宅で一泊した。途中、初めてテレビを見たのが代々木駅構内で、四時半を過ぎていた。新宿駅を経て、歩いてたどり着いた親類宅でも、テレビの放送内容を記録する余裕はなかった。翌日、帰宅後の夕方、ようやくテレビに向うことになる。記録的な津波による沿岸部の壊滅的な被害と三月一二日午後三時三六分の福島第一原発一号炉の水素爆発による放射性物質飛散の被害は、被災地のみならず全国的な規模で展開することになり、私たちは情報の重要性と報道の役割

〈第１表〉二〇一一年三月一三日（日）「ニュース７拡大版」（七時～八時三〇分）

順番	所要時間	項目	内容（野村アナ、小郷アナ、山本天気予報士）
頭出	19：00～	東北関東大震災	「地震ニュースを中心に拡大してお伝えします」「津波情報すべて解除」
1	～10分	①迫る津波、その瞬間	・救出された人の声、濁流の中で家族の顔が……／顔の負傷、ろっ骨骨折の男性／市役所勤務の女性、娘不明に
	～15分	②救助活動続く	・釜石（津波被害）／気仙沼（掲示板）／仙台港（津波視聴者撮影）／石巻（再会の喜び）／仙台（大型スーパー）／石巻（山口からの運転手）／釜石（衛星電話） ・宮城県警本部長：県内の死者一万を超える予想
	～20分	③南三陸町はいま	・三度目の夜、一万人と連絡とれず、取材班街に入る ・震災前後の街並み比較、役場が無くなっている ・志津川病院：三分の一は助けたがあとは…… ・志津川中学校：三〇〇人避難生活 被害の全容分からず、食料・毛布不足
		④陸前高田市	・人口二三〇〇〇人中避難は八〇〇〇人、不明一五〇〇〇人 ・市長：想像を絶する津波被害…… ・視聴者撮影：前後の街並み、助かった人の声 ・五〇〇〇戸水没、三七人救助、一三〇人遺体、不明一万以上
	～29分	⑤各地の被害状況、避難状況	・宮城県　東松島市（二〇〇人遺体）／仙台市若林区荒浜（二〇〇～三〇〇遺体） ・岩手県（死者六〇〇人以上、不明三三七人） ・福島県（死者二八六人、不明一二〇〇人、老人一〇〇人死亡？） ・その他の東北、関東各県の被害状況と避難状況
	～31分	⑥南三陸町は	避難場所同士の連絡取れず、掲示板の利用による安否確認など
2	～38分	巨大地震とは	気象庁の訂正、スマトラ地震との比較、地震の規模、歴史ににについて
3	～40分	スポーツ	楽天チームのキャプテン、選手会長の声／選抜高校野球は一八日に決定
4	～44分	気象情報	被災地の予報を詳細に
5		福島第一原発三号機爆発の可能性	・原子炉には問題生じないが、冷却できずに水素が建屋上部にたまったのが原因か

			・三時半枝野：一号機燃焼しても格納庫は安全／二号機数値が高くなっている／第二原発三基冷却、めど立たず／避難指示対象は七～八万人、病人一六〇人取残す ・双葉町長： ・自衛隊、住民七〇人除染、影響は不明
6	～50分	各国の反応	・ロシア観測強化、アメリカ専門家二人派遣など高い関心
7	～20：00	政府の対応　菅総理会見	・被災者への見舞、国民の冷静に感謝、一二〇〇〇人救助、自衛隊一〇万人規模、警察全国より二五〇〇人、陸・海・空路からの救出・救援 ・福島原発の事態憂慮 ・電力供給厳しく、東京電力他社から支援要請、節電要請、復旧見込みも厳しい中、大規模停電を避けるために明日からの計画停電を了承 ・戦後六五年間で最も厳しい危機に直面～
8	20：00～15分	枝野会見	・計画停電：地震災害↓原発事故↓電力不足↓経済への影響↓計画停電 ・被災地への食糧搬送の対応 ・福島第一原発三号機の現況その後数値は上昇せず、冷却水は供給、放射線の変化なし ・質疑　①首相が質疑に対応すべきでは　②一～三号機不具合の原因は、弁の不具合具体的に③一号機の爆発の原子炉本体への影響は　④水位が上がらないのは、燃料棒露出の可能性⑤追加的法律措置とは　⑥宮城県行方不明者の現況⑦医療機関の薬品・水・食料などの現状　⑧東京電力からの情報不足……
9		海江田会見ほか	東京電力の計画停電、供給不足による大規模停電回避のため明日から実施・産業界の消費抑制、国民の節電を要望 スタジオ：東京電力の計画停電＝輪番停電について経済部記者に聞く、今回の災害で二か所の原発、五か所の火力発電所が損傷
10	～30分	計画停電	東電の対象四四〇〇万人／周波数の関係で他社から融通は困難／五グループ、三時間輪番で停電する／その影響は、暖房、冷蔵庫調理器具、照明、テレビ、インターネットに及ぶ／平成一九年夏　省エネ節電、企業の抑制を経験 ・明日朝六時二〇分から一〇時までの三時間

について身をもって体験することになった。振り返って、国民は正確な情報を共有していたのか、メディアは何を伝え、何を伝えなかったのか。「ニュース7」の調査結果から検証してみたい。〈第1表〉は、筆者が地震後初めて記録した三月一三日分をまとめたものである。

三　当時の放送内容の問題点

三月一三日並びに以降の約一か月の記録から、当時の放送内容の問題点をいくつか指摘しておきたい。記録は膨大なので、〈第2表〉は、二番目までのニュース項目とその放送時間のみを記した。二項目以下でも、時間が長かった項目、NHKの特色を表している項目などは順序にかかわらず＊印を付して記した。

①「計画停電」の発表報道をめぐって

三月一三日夜八時前、翌朝からの「計画停電」実施の予告は、突然な上、具体的実施計画が不明なため、不安と混乱を招いた。私の住む佐倉市は三つのグループに属したが、町名が特定できず、県・市に問い合わせても不明で、東京電力の電話は常に不通であった。「計画停電」を了承したという政府の無責任は明らかで、NHKはじめメディアは、菅・枝野の発表を伝えるだけだった。首都圏では一般家庭ばかりでなく、事業者などの混乱は当然予想されたのに、停電の実施計画、その根拠を追及しなかった。日常生活に支障を来した人々の困惑ぶりを報道して「事足れり」とする弱点をさらした。後から思えば、「計画停電」の実施は、東京電力と政府による原発の必要性をアピールする「パフォーマンス」だったとも推測されよう。「節電」対応で賄える需要量であったことが証明されようとしている。さらに、二〇一二年五月には、全国五四基の原発がすべて停止状態になる。原発の必要性と原発推進派の根拠があらためて問われる事態となった。

②福島原発事故取材の限界と姿勢

災害・被害報道においては、被害の実態とともに、救命・救助、ライフラインの復旧、救援物資搬送などの進捗の遅れを冷静に取材し、報道する姿勢がみられなかった。被災地市町村の首長の悲痛な声、被災者・避難者の物不足の声に応えきれない現実は報じられたが、何がネックになっているかなどを取材する視点が見えず、閣僚の無責任で、無内容なコメントなどが流され続けた。一方、当時どの程度の取材がなされていたのかも後になって分かってきた部分がある。津波の被害状況なども視聴者提供の映像が盛んに活用された。また、避難所などの中継場所も限定的であった。放射能汚染地区の取材について、マスコミ各社は社員を一〇～四〇キロメートル圏内には入れさせなかったのが実態であった。取材に入っていたのはフリージャーナリストや下請け会社の取材陣だったという。「健康にはただちに影響がない」いう政府広報を流す一方で、自らの取材の立ち位置を明かさない姿勢の欺瞞性は問われるべきではないか（寺尾克彦福島放送社員の発言：シンポジウム「原発事故とメディア」〈メディア総合研究所・開かれたNHKを目指す全国連絡会主催〉二〇一一年四月三〇日、箕輪幸人フジテレビ報道局長「現場に残れば住民に安全だと誤解を与える可能性があったので、とりあえず逃げろと指示するしかなかった」『毎日新聞』二〇一一年一一月一八日、柴田鉄治：「メディア時評・現場に行かないメディアなんて、存在価値あるのか」http://www.magazine9.jp/shibata/110601/ 二〇一一年六月一日、インタービュー桜井勝延「逃げたメディアに代わり自ら発信する」『GARAСK』二〇一一年一一月、等参照）。

③福島原発事故沈静化の強調と健康被害軽視への加担

東電・原子力安全保安院・政府は「直ちに健康に影響はない」「健康に影響が出るレベルではない」とコメントし、NHKは「……としています」「……ということです」といった伝聞表現を付し、責任を逃れつつ、繰り返すだけだった。その一方で、放射能対策を詳細に述べるという矛盾も露呈した。少なくとも先行研究の正確な知見を把握した上で、即時的な危険の可能性の有無だけでなく、放射線量の累積・低線量被ばくによる健康被害についての調査結果や海外の事故の教訓に学ぶ視点が欠けていた。「国民に冷静な対応を呼びかけています」という沈静化のメッセージを繰り返すばかりであった。政府・原子力安全保安院・東電は、原発事故の現況の一部を断片的に発表するが、その断片的な事実が事故の推移の中でどういう意味を持つのか、時系列でいえばどういう結果や可能性をもたらすのかの説明がない。各々の記者会見や資料配布は続いていたが、その会見会場の混乱ぶりや交替めまぐるしいスポークスマンの要領を得ない発言などが続くと、なおさら不安や疑念をあおる結果になったと言えよう。[注1]

なお、二〇一一年四月一日から一ヵ月間のNHKほか民放各局のニュース番組における原発事故報道を重要項目別に検証した報告書（放送を語る会編刊　二〇一一年八月）のデータは、詳細なだけに貴重なものだった。

④記録と資料の重要性への警鐘

各会見の文章起こしや動画記録は、重要な資料として欠かせない。総理官邸のホームページには、発表の読み上げ原稿と質疑を含めた動画配信があるので、あとからの検証が可能である。しかし、原子力安全保安院は記者への配布資料は、その都度ホームページに登載されるが、会見での発表や質疑の記録は一切発信していないことが分かり、担当者は、必要ならば、ネットの動画サイトをみるか、情報公開制度による開示を求めよという対応だった。後述のように、混乱に乗じての情報の隠ぺいと公文書管理の欠陥が後に発覚する。また、

それぞれの会見報道の速報性・同時性も大事だが、あわせて、問題点を整理して伝える機会を設定することもメディアの重要な任務であろう。

⑤明るいトピックス偏重について

「ニュース７拡大版」では、番組内で必ず明るい話題として、救助された人、家族に巡り合えた人などに焦点をあてた。避難所やご近所での助け合いやボランティアの支援を「美談」として時間をかけて報じていた。しかし、今回の大災害における対策は、そうした奇跡的な出来事や個人的な努力や協力では解決しがたい、政府や自治体、企業が主体的に取り組むべき事業のはずである。心あたたまる出来事がいつしか伝わり、癒されることも大切だが、かたや現に、遺体がなか

〈第２表〉「ニュース７」上位項目と所要時間〈二〇一一年三月九日～四月一二日〉

日付・主な出来事	日付・「NHKニュース７」の主な項目
3月11日：一四時四六分東日本地震、観測史上最大M九・〇 一五時三〇分福島第一原発に津波到達、一・二・三号機電源喪失、冷却システム不能、放射能漏れ可能性 夜二キロ圏内に避難指示、さらに九時半三キロ圏内退避、三～一〇キロ屋内退避指示 被災地・首都圏停電、交通ストップなど大混乱	9日（～19時30分）： ①三陸沖地震M七、都庁舎も揺れる（七分） ②ニュージーランド地震新たに三人死亡確認（三分） 10日（～19時30分）： ①沖縄「ユスリ名人」メアに本部長更迭（九分） ②連続リンチ殺人事件最高裁判決元少年全員死刑、実名報道（五分）

12日：原発一号機弁開放、圧力放出。一五時三六分水素爆発、海水注水開始指示
13日：夜、菅総理記者会見、首都圏計画停電発表、翌日から交通・工場・商店など混乱
二〇時、東京電力清水社長会見、謝罪、想定を超える津波を強調
14日：一一時〇一分三号機水素爆発、夕方から東電計画停電一部実施
15日：二号機高濃度放射能検出、二〇～三〇キロ屋内退避
16日：一ドル七六円一六年ぶり高値
三号機付近高濃度放射能、四号機火災発生、陸上自衛隊三号機へ放水
17日：警視庁機動隊、三号機に放水開始
みずほ銀行ATM全面停止
18日：大災害による統一選挙延期法成立
死者六九一一人、阪神大災害上回る
一・二・三号機の事態をレベル五に引上げ
円高阻止協調介入、G7合意
19日：福島県内、牛乳・ホウレンソウに規制値を超える放射性ヨウ素検出
20日：石巻市倒壊家屋より男女二名救出
21日：政府、福島県内ホウレンソウ等出荷停止
22日：福島県知事、東電社長の面談・謝罪拒否
23日：最高裁、〇九年衆院選挙「一票の格差」違憲状態との判決
東京金町浄水場でヨウ素一三一規制値二倍検出、乳児摂取制限指示
政府、ホウレンソウ他一二品目摂取制限指示
24日：統一地方選挙、一二都道県知事告示
秋葉原無差別殺傷事件、東京地裁で、加藤智大被告に死刑判決
25日：多国籍軍、リビア軍へ猛攻
東電計画停電グループ細分化発表
26日：二号機高濃度放射線量水流出
28日：原発敷地内土壌よりプルトニウム微量検出
29日：来年度予算九二兆四一一六億円成立
30日：東電勝俣会長、一～四号機廃炉を発表
31日：原発南側海水、放射性ヨウ素基準値の四三八五倍検出

11日：地震発生直後の一四時四八分～三月一九日一二時四五分まで特別報道番組（七日間と二二時間弱連続した）
13日（～20時30分）：
①大震災各地の被害状況（四四分）
②福島第一原発関連一・二・三号機トラブル、避難対象七～八万人、海外の反応（六分）
③菅総理会見、被災者見舞、原発憂慮、計画停電明日より実施了承（一〇分）
④枝野会見・質疑（一五分）
⑤計画停電（一五分）
15日（～20時55分）：
①福島第一原発事態深刻、四号機水素爆発（三四分、水野倫之解説委員中川恵一東大准教授、岡本孝司東大教授）
②被害状況、死亡三〇七九、不明一万五〇〇〇、避難所二四五七、避難民四四万二八七五、各地の死者不明者数、救出二件（約一六分）
③各地の避難所生活（二五分）
＊株価暴落、計画停電情報不備批判など
18日（～20時55分）：
①原発事故、四機とも深刻な事態、その時原発内では（二四分、水野解説委員、関村直人東大教授）
②被害、被害地の状況（五〇分）
③菅総理一週間後の会見、国民に敬意と感謝、日本の危機を乗り越えて（一一分）
＊家族再会、被災者支援、卒業式、復旧・業務再開の喜びなどのトピックス多くなる
25日（～20時10分）：
①原発二・三・四号機の現況、三人被爆、外部通電、放水海水から真水へ、汚染水の流出原因不明（一五分、水野解説委員、岡本孝司東大教授、西山審議官）②被災地現況（一九分）
29日（～20時）：
①原発二・三号機復水器の水はどこから。冷却放水と水たまりのジレンマ、燃料棒溶融によるプルトニウム放出（一〇分）
②原発周辺自治体の現況（一一分）

4月1日：日本相撲協会、八百長関係力士処分発表、七日夏場所中止決定
2日：二号機取水口付近放射能汚染水流出確認
4日：原発放射能汚染水海に放出開始
7日：宮城県沖余震M七・一震度六強最大
11日：一七時一六分、強い余震
12日：福島第一原発事故二五年前のチェルノブイリと同じレベル7に引上げ
政府、復興構想会議立ち上げ発表
プロ野球開幕
証拠改ざん元主任検事に懲役一年六か月判決

③被災地各地の動向、自治体への職員支援、復興の兆し（三二分）
＊放送中の一九：五四分福島県沖M六・四の余震
6日（～20時）：①原発二号機汚染水流出止、漁業への影響、原発一号機爆発防止策、高濃度汚染水の処理（二四分、水野解説委員）
②長期にわたる避難生活（一一分）
＊相撲八百長問題、夏場所見送り、技量審査場所で無料公開
12日（～20時55分）：①原発事故レベル七引上げ深刻な評価（一五・五分、水野解説委員、西山審議官）
②活発な余震、広範囲に及ぶ（八・五分）
③計画避難区域の新設（四・五分）
＊菅総理一か月会見（七・五分）、一五歳未満脳死判定による初の臓器移植（六・五分）、証拠改ざん元検事に懲役一年六か月判決等
＊ＮＨＫ経営委員長に製鉄会社ＯＢ数土文夫に決定

なか収容できない現実、避難の途上であるいは避難先で亡くなられる人々がいて、飢えと寒さで震えている人々がいる中で、ことさら明るいトピックスを取り上げることがメディアの仕事なのだろうかと思う。この傾向は、現在に至るまで一貫していて、タレントやアスリートたちを動員したイベント、皇族の被災地訪問や復旧・復興の断片的な兆しなどに着目し、基本的なライフラインの立ち遅れや義援金の配分や補償問題、対策の矛盾や問題点を継続的、系統的に言及しない。復旧や復興を個人的な意欲や努力に還元することは体制や組織としての対策の欠陥を見えにくくするのは自明のことである。そうした報道を繰り返すことが、ほんとうに被災者や被災地の人々を励ますことになるのだろうか。

四　公共放送ＮＨＫのニュース番組としての「ニュース７」などの課題

筆者は、三・一一以降、「ニュース７」と震災関係の「クローズアップ現代」「ＥＴＶ特集」、震災関連特別番組も折に触れ、視聴してきた。その限りで、問題点を整理しながら、今後の

課題をいくつか書き留めておきたい。

①経営基盤の受信料依拠の意義

視聴者からの受信料によって経営が成り立つということは、スポンサーからの制約がないことを意味し、全国的なネットワークを擁しているというNHKにとって、緊急災害時に果たす役割は絶大なるものがあった。今回の災害・事故に際して長期間、長時間にわたって、「ニュース7」の拡大版が放送できたのも、他の番組枠を震災仕様にできたのも、公共放送だからであった。しかし、その放送内容がこの特性を十分自覚した上で、国民の知る権利と安全と安心に寄与してきたか否かが検証されなければならない。

②調査報道への期待

とくに原発事故、放射能汚染情報について、「ニュース7」では、政府広報にとどまることが多かった。東電、原子力安全保安院、政府などの発表を、それらを主語とした「伝聞」による報道は「発表報道」の所以である。発表をどのように裏付け、検証し、さらにその先を調査した上での方向性を示唆しようとする自覚が見えない。たとえば、二〇一一年三月一七日の「ニュース7」でも、枝野会見で、対策本部の人事強化についてのコメントを長々中継していたが（約七分）、中身は数十秒で事足りる内容で、速報性もない。人事や組織の整備や改編を大事業のように、右から左へ報じる姿勢はまさに「発表報道」の典型であった。また、二〇一二年四月現在でも、夕方六時台の「首都圏ネットワーク」の文科省発表データによる「各地の放射線量」というコーナーで、関東各県の定点の測定値が発表されている。茨城県を除いて「数値は通常の範囲以内」と報じ続けている。千葉県は市原市のみの測定値で、ホットスポットといわれる千葉県各地の測定値に触れることはない。定点の継続測定値のみを繰り返し報道することは、あたかもその県全域が通常の数値を上回らないというメッセージを独り歩きさせている。数値の高い地域に注意を喚起し、原因の究明、市民への影響、その対策を促すというメディアの任務の放棄にも近い。

なお、「ニュース7」における調査報道としてはつぎの二件に着目した。二〇一二年一月二二日の震災関係重要会議の会議録の不備を情報公開制度による開示情報から調査した報道と二月六日の電力会社から原発のある自治体への寄付金の実態を、全国的に調査し、寄付の金額や相手先などを公表しないまま、電力料金に反映する総括原価方式の問題点を指摘した報道であった。もっとも、他のメディアでも、震災関係公文書の散逸への警鐘、断片的ではあったが、研究者への助成金、運動場など社員福祉施設の取得や維持管理費、過剰な広告費などが料金の原価に算入されていることなどが報道されているので、遅きに失した感はあるが、重要な調査報道の一つであった。

③専門家の起用とその選定について

「ニュース7」以外の震災関連番組における専門家の起用とその選び方についても多くの問題を残したと思う。たとえば、原発事故発生当初ニュースに登場した専門家の名で発信されたメッセージをたどってみると、企業や政府の発表見解の後追いをしていたにすぎないことが明白になる。見方によれば、中立公正な報道をかなぐり捨てた偏向報道により、視聴者をミスリードしていたことになる。[注2]

④「ニュース7」と他の番組との整合性について

NHKは、「ニュース7」とは独立した番組で、さまざまな意見を持つ専門家たちを参加させる討論番組、各世代・各様の視聴者を交えた討論番組、政府見解とは異なる見解を軸にした番組なども多数制作している。しかし、そうした番組の成果がニュース番組に反映することはむしろ少なく、「ニュース7」では明らかに「政府広報」に徹していたといえる。NHKは、受け手である視聴者を、あるいは送り手・作り手を使い分けてはいないだろうか。ニュース番組での政府広報的偏向とバランスを取る形で別の番組を制作しているようにも見える。たとえば、ETV特集の「ネットワークでつくる放射能汚染地図①〜④」(二〇一一年五月一五日、六月五日、八月二八日、一一月二七日)、「シリーズ原発事故への道程・前編・置き去りにされた慎重論」・「同・後編・そして安全神話は生まれた」(二〇一一年九月一八日、同九月二五日)、「追跡!真相ファイル・低線量被爆揺らぐ国際基準」(二〇一一年一二月二八日)などがあげられようか。しかし、ニュース番組としては、視聴者に判断の材料と論点を提示するのが、必要最小限度の要素だろう。もちろんニュースの枠内ですべての役割を果たすことは時間的に無理もあり、詳細な情報や多様な意見を他番組に委ねることもあろう。としても、時間的な制約を理由に、政府発表の報告とその後追いだけで完結する選択肢は、公共放送の中立公正な立場とは相容れないはずであり、ひいては偏った世論形成を誘導することにもなる。

おわりに

最後に、三・一一から一年が経つ最近の「ニュース7」を見て感じる危惧と私たち視聴者としての姿勢にも言及しておきたい。一つは、相も変わらず、視聴率・接触率を上げるため、オープニングにおける事件や災害、スポーツ関連項目を頭出しとして使用していることである。政治や経済、国際情勢といういわば固い項目は、15分〜20分経過した辺りから取り上げる流れが定着しそうなのである。ニュースのエンターテイメント化は、やはり公共放送として憂慮すべき問題であり、視聴者のリテラシーの問題でもある。

一つは、大震災以降、政府への国民の不信感は拭いようのない中、NHKが国営放送でないにもかかわらず、ニュース番組は、政府広報の役割を果そうとする傾向は続いている。それというのも、NHK予算と事業計画は国会の承認事項になっている制度上の問題も大きく影響しているはずで、かつて「女性国際戦犯法廷」を主題とするNHKETVのドキュメンタリー番組改ざんをめぐる裁判でも問われ、政府の介入の実態が明らかになっている。中立公正への努力は、視聴者のさらなる監視が必要となる。さらに、ニュースが、他の番組と役割を分担し、視聴者の差別化の傾向が濃厚になってきたことにも注意を要する。ニュースは政府広報でも、他に良心的な番組を制作すれば責務は果たしたとする、あたかも免罪符であるかのような安易さがないだろうか。なお、その良心の行末さえあやぶまれる事態も報じられている（「時流底流」『毎日新聞』二〇一二年五月二六日）。先のETV特集のチーフディレクターらが、無許可取材やNHKへの名誉毀損を理由に口頭注意を受けたということである。

以上、いずれについても受け手である視聴者は、受信料の支払い者としての意見反映の筋道や監視体制の強化を怠ってはならないと考える。

注1　原発事故発生直後の原子力安全保安院の主な記者会見の日時・報告者・その内容をテレビ、新聞、ネット上の情報などからまとめた。なお、『検証福島原発事故・記者会見——東電・政府は何を隠したのか』（日隅一雄・木野龍逸共著　岩波書店　二〇一二年二月）は、総理官邸の記者会見、東京電力の記者会見、新聞論調について、テーマごとに日録が作成されている。

三月	報告者	会見要旨
一一日 一五時三〇分	中村幸一郎審議官	福島第一原発一・二・三号機冷却機能維持、四・五・六号機停止中
一二日 六時過ぎ	寺坂信昭院長	中央制御室から通常値の一〇〇〇倍、一号機からは微量の放射能が漏れている。住民の健康に直ちに影響はないことから落ち着くように
一二日 一四時過ぎ	中村幸一郎審議官	一号機炉心溶融が進んでいる可能性があり、放射能セシウム、ヨウ素を確認
一二日 一八時頃	中村幸一郎審議官	一五時三六分一号機で爆発音、炉心部が損傷、溶融が進む可能性あり（一六回で交替）
一三日 一時三〇分	八木広報室長他	水位計測器ダウンスケールの現状、負傷者四名（混乱、不明部分多し）
一三日 五時三〇分	根井寿規審議官	報告者交替の経緯、自動停止中の炉は海水注水で事象の悪化はない　炉心溶融の可能性を否定せず
一三日 一〇時	根井寿規審議官	福島県原発一〇基の現況、第一原発一・二・三号機の事故について（交替）
一三日 一六時四〇分	西山英彦審議官	二〇キロ圏内退避開始、炉心溶融を否定。六月二九日まで（スキャンダルにて交替）

注2　NHKホームページ「東京電力福島第一原発事故関連ニュース」から事故直後の専門家の主な発言をたどってみる。

①三月一三日：福島の避難者の被ばく確認後、放射線医学総合研究所辻井博彦理事「現時点では健康被害が出るほどの値ではない」

②三月一五日：東北各県のほか東京の観測を受けて、東京大学医学部中川恵一准教授「……量は極めて微量なので健康への影響は全くない。今の状況であれば、今後も健康に影響が出るレベルに達するとは考えにくいので、安心してほしい」

③三月一六日：福島市毎時二一・四μSv、北茨城市一五・八μSvを受けて、放射線影響研究所長瀧重信前理事長「いずれの場所でも、ふだんどおり生活をしていても、健康に影響が出る放射線量には達していないので、安心してほしい」

④三月一九日：一部食品に基準値を超える放射線量が検出されたことを受けて、学習院大学理学部村松康行教授「基準値をかなり上回っているものがあるので、食べることは控えたほうがよいだろうが、基準となっている数値は余裕を持って作られているので、食べ続けないかぎりは、人の健康に影響が出ることは考えにくい」

軽々しい言葉は使いたくない

小林裕子

此の度の大震災に関しては、マス・メディアに軽々しい言葉が飛び交っているように思う。例えば「頑張ろう日本」「絆」にはじまり、野田首相の「記憶を風化させてはならない」(一二年三月一一日記者会見で)等々は、顕著な例だろう。野田首相の言葉は全国自治体にがれきの受け入れを要請するための装飾音符みたいなもので、本当に風化させたくなかったら、原発再稼働の検討などとはけっして言い出せないはずなのだ。「絆」「頑張ろう日本」にしても、本当に絆を実感できた時に発せられるなら、重みも内実もあるが、掛け声だけなら実に軽々しい。「頑張っている」という「明るい美談が目立ち、東北の人は強いと勝手な言い草」と野坂昭如が鋭く突いているがその通りだろう。

こんな軽々しい言葉は発したくない、と私は思い続けてきた。ではどんな言葉なら言えるのかと聞かれたら、少なからず困惑する。大震災、巨大津波、原発事故、どれ一つ取っても、あまりにも苛酷事件で、借り物でない自分の言葉で語ることが難しい。科学的、政治的、思想的いずれの局面においても、大方の共感、納得が得られるような言葉を私は持っていない。しかし、専門家に任せてきた最後のツケが今回の原発事故だったことを思うと、シロウトであっても直感的、心情的に原発はやめよう、と考えるなら、声を挙げていくべきだろう。そう考えて反原発のデモに参加する市民の立場で、声を挙げていくことにしたのだった。

今回の事故によって、原発の危険性はいやと言うほど身に沁みた。再稼働を阻止するためなら一人でも多くが声を挙げ、その声を結集しなければならないと思う。

女たちのパワーの粘り強さ

今回の原発事故とその影響に対して、多くの女性たちの抗議行動は目覚ましかった。「脱原発をめざす女たちの会」主催による「もう原発は動かさない！　女たちの力でネットワーク四・七集会」をはじめ、子どもの命と健康を守るという切実な要求に突き動かされ、女たちはすばやく、政府に正確な情報の開示と、原発停止を求めて行動に踏み切った。放射能への過剰反応とかヒステリーとか揶揄、罵倒されながら、女たちは怯まなかった。そこには、長年の間、劣位に位置付けられてきた女たち、わけても家庭の主婦と言われる女たちの粘り強い意志の表明がみられた。

柏崎市の六十一歳の匿名の「主婦」と名告る女性は、「何十年も恩恵を受けてしまうと、今さら表だって反対とは言いにくい雰囲気がある」が、でも「子や孫のことを考えると、怖い思いをしてまで、良い思いはしたくない」（『毎日新聞』一二／三／二六）と述懐している。本音を語ったものと思われる。「反対とは言いにくい雰囲気」と明言した所に問題点が顕示されているだろう。原発を誘致することで莫大な交付金やら何金やらが得られ、税収も上がり、それがどんな危険性を孕んでいるかを知らずに働き場所も得られ、ハコ物も建って町は豊かになったと、原発様様の地域になったことに慣れてしまった人たちにとって、原発の危険性、まして脱原発に触れることはタブーだったのだ。タブーの存在すら隠蔽されてきたのだ。小出裕章『原発のウソ』や武田邦彦の『いったい何が安全か答えを知りたい人へ！』などには、政府と東電による隠蔽策が暴露され、痛烈に批判されている。

女たちはタブーに触れる率直さを持っている。組織の中で管理・支配する立場に立つことを阻止されてきたために、わずかな人々を除いて、ほとんどの女は隠蔽や欺瞞に関与する事はなかった。それ故に本音を漏らすことにもなったのだが、その本音は支配・管理者に握りつぶされ、影響力を発揮できずにきたのだった。

しかし、これからの女たちは違う。政党にも労働組合にも、何らかの組織に属さない女たちが、主体的に自らの意志で、反原発のデモや集会に参加している。彼女たちは、「日本の経済力発展のためには原発が必要」という財界や経産省の言い分に納得せず、電力不足という東電の脅しにも屈しない。「命と健康が大事」という基本的スローガンを打ち立てて、強者の強圧的理屈に振り回されぬ強さが、男より女にはあるように思う。

女たちのこうした強靱さ、大義名分や美辞麗句に隠された真の意図を見抜く鋭敏さは、ここ数十年のフェミニズム論の浸透によって、いつしか身に付けたものではないかと思う。女たちは、男性社会の中で、自分たちに押し付けられた道徳が、男性による女性支配の道具になっていた〝からくり〟に気づいてきたのだ。従順、献身、貞節、無償の母性愛、自己主張を控えて男を立てることなどが良き美しき女とされ、支配されてきたことに気づいたのだ。この〝からくり〟に気づいた女たちは、不十分ながら一九七二年に男女雇用機会均等法を勝ち取ることができた。

角田光代、桐生夏生、高村薫などの現代女性作家たちが、こぞって悪女と呼ばれる女、犯罪に手を染める女、モラルを逸脱する女たちを描いているのは、読者である女たちが、従来の女にのみ強制された道徳の偽善性に飽き飽きしていることの表れと言えるだろう。

その反面、見栄や体裁や建前の立派さに惑わされることなく、自分にとって真に大切なものを追求する強靭さ、それを支える状況への粘り強い適応力、それらをあらためてしっかり掴み直していくことを、現代の女性たちは求めているのだと思う。反原発に立ち上がった女性たちの姿に抱いた私の感慨である。

ところで、困難に直面している被災地の現状打開のためにどのような方策が有効だろうか。政府は、住民主体の除染と風評被害の終息、さらに全国自治体へのがれき受け入れの要請に全力を挙げ、近い将来、原発の再稼働にもっていくことをもくろんでいるように見える。被災地の人々にできるだけ早く農業あるいは漁業を再開させること、消費者はその生産物を「風評被害」に「惑わされず」、たくさん買って被災者を支援すること、これが政府の狙いのようだ。再開ができなかった場合、農漁業に従事する人々への営業補償が莫大なものになることを怖れているからとしか思われない。

「風評被害」とは何か。この言葉も軽々しく使われている。被災地からの生産物の放射線量の値が、本当に安全なものであるとの保証がない以上、家族の健康を守るためにこれらを避けようとするのは、当然のことだろう。玄葉外相の「海外で原発事故による『風評被害』が続いている」(『毎日新聞』一二／三／一二)と言う発言に至っては、ほとんど言葉の使用法を間違っているというべきだろう。中国、台湾、マレーシア、ブラジルなどが被災地周辺で作られた一部食品の輸入停止を継続しているのは、放射線への不安が払拭されないためである。その他の国々も「政府作成の放射線検査証明や産地証明の提出を義務付け」(『毎日新聞』一二／三／一二)ているのは、至極当然の要求である。さすがに毎日新聞は「風評被害」と「　」付けで表記しているのは、この言葉が本来の意味から逸脱しているとの認識に立っているからだろう。

除染よりも新天地の開拓を

ところで真の除染は至難の業なのだ。放射性物質を最終的に取り除くことはほとんど不可能で、放射性物質を移動させるだけといっても過言ではないだろう。汚染された屋根を洗い流せば、汚水は排水溝を通って途中へドロにたまり、最終的には河川や海を汚す。薄められた状態で、拡散させるだけである。生活圏内だけを対象にして徹底的に除染し得たとしても、雨や風などによって染みこんだ森林の問題はどうなるのか。森林の多いこの地域の樹木をすべて伐採しての除染など不可能だろう。当面は問題はなくても何年、何十年後にどんなことが惹起するか分からないのが放射能の怖さなのだから。

福島県出身の放射線のエキスパート中村陽は、がれき処理を各地に広げるべきではないといい、実家が第一原発から七㎞で現在も帰宅困難地域にあり、事故から一年以上経った今でも家の周辺は年四五〇ミリシーベルトを超えた線量が測定されているという。彼は「除染しても戻るのは難しい数値」だと述べている。

「戻るつもりはない。子どもが孫を連れて来れないところに暮らしても……」と帰村を諦めた被災者、「仕事も、友だち関係も、財産も」なくし「二重ローン」の不安に怯えながらも県外移転に踏み切れない人。海で生きる人生しか考えることができず漁の再開に望みをかけている人など、それぞれの事情を抱えながら共通する思いは「故郷への想い」「故郷を見捨てたくない想い」の深さだろう。

最近の新聞報道によると、五年以上帰れない福島七市町村での「帰還困難区域」の対象住民は二万二〇〇〇人という。大熊町住民の九五％、双葉町と富岡町はそれぞれ約七割、三割とのこと。一年前に設定された警戒区域の対象住民は約七万八〇〇〇人で、計画的避難区域は約一万人にのぼるが、その後、警戒区域からはずされた村の解除対象住民は約一万四〇〇〇人とのことだが、この人たちにとっても将来にわたって安全が保障されたと言えるだろうか。

不安は深く、昨年十月の総務省による人口推計によると福島は三万九〇〇〇人、岩手は一万六〇〇〇人、宮城は二万一〇〇〇人の過去最大の人口減が報告されている。そればかりではない、絶句する哀しさだが、内閣府の統計によると昨年の福島県の自殺者は五二五人だったという。この自ら命を絶った人たちのなかには震災関連者、原発労働者もふくまれているだろう。政府、東電はこの人たちの霊に、遺族にどう報いるのだろうか。

そこで、故郷への想い絶ちがたい多くの人たちに「何と言うことを！」とお叱りを受けるかも知れないが私見を述べてみたい。帰村可能な地域が少しずつ表明されはじめているが、可能の確実さを心底信用できない。除染は塵一本まで残さず徹底的になされているのか。将来にわたって不安は皆無と断言できるのか。原発事故の根本的問題が解決、解消などしていないではないか。それならいっそ、新天地に再出発の道を模索する方が希望につながりはしないだろうか。寒冷地に慣れた福島の人たちが農業を営むには、北海道の中でも比較的雪が少なく、酷寒というほどでもない千歳のような地に、一村、一町単位で希望者を募ってまるごと移住する案はどうだろうか。北海道には昔から「内地」から移住した人たちがいて、「深川」「広島」などと、元の居住地の「内地」の地名を冠した土地が多い。もし、これが実現したら、町村単位のコミュニティーを生かせる利点もあろう。

現在では、北海道受入れ支援ネットワーク（野間克実代表）に参加するファーム・シェア事業というのがあり、保養あるいは短期避難の目的の在北者がいて、野菜作りのできる場を提供する試みもなされている。半年単位の支援から、日高町のように被災地農家の就農支援事業を行っているところもある。これを半永久化、または永久化するためには土地の買い上げその他莫大な経費がかかるだろうが、それは切っても切れない何代もにわたって根付いた故郷を棄てなければならない、言い尽くせぬ痛みを伴うのだから、このような事態に追い込んだ国と東電の責任において手厚い保証をすべきである。これはほんの一案である。

それにしても、原発事故は収束どころか、放射線を放射し続けている現状を思うと、故郷を奪われた被災者たちの苦悩の一%でも減らせないものかという想いを募らせている。

Ⅶ　教育の現場から

3・11以後のジェンダー・女性学教育

藤田和美

震災後のこの一年、過去の震災の教訓が十分に生かされず、女性が災害弱者になってしまうことが、今回もまた数多く報告されている。避難所でのジェンダー視点の欠如をはじめとして、意思決定の場に女性が参加できないこと、震災で仕事を失い、再就職が男性より厳しい状況にあること、避難所や仮設住宅でＤＶや性暴力被害が発生していることなどの深刻な事態は今も続いている。

政府は、東日本大震災発生前に第三次男女共同参画基本計画において「防災における男女共同参画の推進」を策定し、震災後は「男女共同参画の視点」を踏まえた災害対応の通達を次々に出しているが、それらの文言が、今回の震災で十分効力を発揮しているとは言い難い。

私は、大学や短大で女性学・ジェンダー論教育を担当しており、二〇一一年の３・11は、私の授業に例年とは異なる展開をもたらしていった。講義内容に影響があったというだけではなく、被災した学生の受講を通して私自身も学び、考え、フェミニズムの意義や重要性について再確認する機会にもなった。二〇一一年度の私の女性学・ジェンダー論教育がどのような局面に向き合っていたのかを振り返るなかで、教育の現場からフェミニズムの可能性について考えてみたい。

学生と教員のフェミニズム

〈若者のフェミニズム離れ〉が指摘されるようになって久しいが、ネット上はともかく、私は大学の教壇に立ってこの一二年間、女性学・ジェンダー論関連の授業の中でそれを感じたことはない。女性学・ジェンダー論関連の受講者数は多く、バックラッシュを経ても受講者数に変化はみられなかった。

国立社会保障・人口問題研究所の『二〇〇八年社会保障・人口問題基本調査　第四回全国家庭動向調査』によると、二九歳以下の女性で、専業主婦願望が四七・九％と増加傾向にあると言われている。一方で、二〇一一年度に私の担当した、ある女子短大のクラスでは、専業主婦願望は二〇％で、この一〇年にわたり、女性学・ジェンダー論授業の受講後にさらに減少することはあっても、増加傾向はまったくみられない。他の共学四年制大学のクラスでは、専業主婦を希望する女子学生、もしくはパートナーに希望する男子学生はほとんど存在しない。

全国を対象とした世論調査と、大学の女性学・ジェンダー論の授業単位の受講者調査の数値に大きな開きがあるのは当然のことではあるが、女子学生の生涯にわたる就労意欲は、近年の日本全体の女性の労働力の増加傾向にも呼応しており、「女性が働く／働かない」、という問題設定そのものが、私の女性学・ジェンダー論の授業では急速に意味を失いつつあるのが現状である。

労働問題では、子育てしながら働き続けるための労働環境の整備、賃金格差・昇進差別などに関心が集中している。

経済的自立やワーク・ライフ・バランスの重要性は、性別に関係なく学生に支持されており、男女平等に関する意識も年々高まっている。しかしながら、授業を通して、現在の日本社会では、それに応える社会システムが十分に構築されていない、ということを初めて認識し、「愕然とする」学生たちは多い。学生ひとりひとりの意識と、男女平等が世界九八位（二〇一一年ＧＧＩ――ジェンダー・ギャップ指数）という日本社会の厳しい現実とのギャップは限りなく大きい。

しかし、授業では、そのような現状に対する、驚きや怒りはあっても、女性学・ジェンダー論そのものに対しては「刺激的」「楽しい」という印象がもたれていることが、授業アンケートなどからわかっている。

現代日本の性差別がテーマであるのに、なぜ女性学・ジェンダー論が「楽しい」のだろうか。これは、女性学・ジェンダー論授業で取り上げるテーマが、学生自身の人生に直接かかわる問題である上に、授業を通して、性差別を内在化させている社会や自分自身に対する気づきや、同年代の多数の仲間と問題意識を共有したり、意見交換をするなかで、さまざまな新しい発見があるからだろう。

ジェンダーにとらわれていた自分自身への気づきは時として、葛藤を伴うこともあるが、それ以上に自分自身の心理的抑圧から解放される喜びや、困難に負けずに、前向きに生きる意欲が引き出されるなどの、エンパワーメント効果もある。

女性学・ジェンダー論を教える側としても、学生たちに向き合うことで、エンパワーメントされ、大きなやりがいを感じてきたが、その一方で、社会全体として、依然として性差別・性暴力が減少する傾向がみられないことに対して、閉塞感にとらわれることも多く、自分自身の活動の見直しの必要性を感じていた。

そもそも女性学・ジェンダー論は、性差別の社会を変えるために、どのような取り組みが有効か、その可能性を探る授業であり、その課題は学生だけではなく私自身にも課せられていることである。私は今まで、研究を核にして活動を広げてきたが、今の活動にどれだけの社会的効果があるのか疑問を感じたり、授業時に「楽しい」授業であっても、その学びが果たして卒業後の学生たちの力にどのようにつながっているのか、確信が持てずに進んできたところがあった。そのような中で、二〇一一年は私にとって大きな節目になった。

女性美をめぐって

私の女性学・ジェンダー論関係の授業では、性暴力と性の商品化、ジェンダー規範の形成と変容、女性美、笑い、子育て、労働、教育、自己表現、女性運動などのテーマを主に扱っているが、3・11後は、災害支援における女性視点の重要性や、被災地の情報について授業でたびたび言及するようになった。

〈女性美〉をテーマにした授業では、ファッション、化粧、ダイエット、整形などをとりあげ、女性にとって〈美〉がどのような意味をもつのか、〈美〉の作られ方、女性の健康、抑圧、癒し、解放、などさまざまな角度から〈女性美〉をとらえ返す授業をおこなった。

この中で、被災地の避難所で女性に化粧品が喜ばれたことについて紹介し、これをどのように捉えるかを学生と考えた。

まず、学生たちの大部分は、被災地で生理用品や乳幼児用ミルクなどが、必要となることはすぐに思いつくが、化粧品が喜ばれる、ということについては、意外に感じたようだった。同じ女性であっても、当事者の立場にならなければ気づかなかったり、理解できないことは多い。その中で、実際の女性のニーズにきめ細かに応えることが、女性視点に立つ被災地支援として重要性であることを確認していった。

しかし、問題はそこで終わりではない。そもそも女性ニーズはどのような要因を背景にして構成されているのかということについての検討が必要だった。

現在の学生にとって一番の関心事は、ファッションやメイクであり、学校に行くには化粧をするのが当たり前となっているので、数年前から素顔をさらすことを恐怖に感じる生徒たちが、風邪用のマスクを着用する現象も発生している。美容整形に対する関心も高い。だからこそ、〈美〉をめぐって、女性ニーズへの単純な追認や、その逆の否定では済まされない。

気分転換や、楽しみを超えて、脅迫的に〈女性美〉に向き合わざるを得ない状況に直面している女子学生たちと、被災地の女性にとっての化粧のもつ意味は大きく異なる。しなければならない事としたくてもできない事、自分を隠す事と自分を取り戻す事。同じ行為も状況、条件によって抑圧にも、解放にもなる。美をジェンダー問題としてとらえ直し、そこからいったん自由になって、主体的選択を再考する過程において、さまざまな角度から自分たちが置かれた状況について見つめ直す機会となった。

フェミニズムと笑い

〈笑い〉をテーマにした授業では、例年以上の深い問題意識と探究につながった。フェミニズムは、性差別への異議申し立てを〈怒り〉の自己主張として一般にイメージ化されることが多く、従来〈笑い〉との関係性についてほとんど関心が払われてはこなかった。しかし、コミック、落語、漫才などの領域はもとより、文学、美術、写真、音楽、演劇、映画などの芸術におけるフェミニストたちの表現活動に、〈笑い〉の回路があるものは数多く存在する。

この授業では、近代の日本文化の中で、主に女性表現者たちが〈笑い〉を通じて性差別に立ち向かい、それを超えようと活動をしてきたことをみていった。性差別をなくすための、戦略としての〈笑い〉だ。

授業でとりあげたテーマは、結婚、家族、男女雇用機会均等法、セクシャルハラスメント、ドメスティック・バイオレンス、性暴力、女性美などで〈笑い〉という表現方法における女性の自己主張のあり方を探りつつ、物語のパロディを作ったり、男女平等をテーマにした川柳を作るなど実作もおこなった。

授業では、各作品における〈笑い〉の構造を分析し、そのテーマを〈笑い〉で表現した場合と、そうではない場合の違いを通して〈笑い〉の効果を検討したり、同じ演目で演じた場合の性別による表現者間の違いと、観客の受け止め方の違いなどを比較したが、今回、学生たちが特に注目したのは、それぞれの表現者たちが、なぜ〈笑い〉という表現に至ったのか、という点だった。

たとえば、授業では、一九五〇年代から前衛芸術のパフォーマーとして活動を展開してきたフェミニスト・アーティストのオノ・ヨーコを紹介した。オノの実験的な表現スタイルは、当初から「ユーモア」があることは指摘されているが（三木草子「孤独と連帯と――オノ・ヨーコ、女性解放をうたう――」三木草子、レベッカ・ジェニスン編『表現する女たち――私を生きるために私は創造する――』第三書館、二〇〇九年）、夫、ジョン・レノンの死は、それまでの「ユーモア」を超える、〈笑い〉に対する強い思い入れを抱く契機をもたらしていく。

「辛かった。」から始まる「笑い顔」（『朝日新聞』二〇〇九年一一月一八日（水）夕刊、六面）には、「どん底の苦しみ」だった、夫の死から「立ち上がる」ため、毎朝、鏡に向かって笑う努力をしたことが綴られている。「口だけの笑いは人のため。体全体の笑いは自分のため。悲しみから楽しみの人生に変えるための笑いなのだ」という、オノの〈笑い〉は、困難な状況を生き抜く、彼女自身の「生存方法」に重ねられる。

また、その他の表現者たちの、そのジャンルに女性が参入することの難しさ、いじめ、セクハラ、離婚、外見コンプレックスなど、それぞれの表現の背景にある人生経験や苦悩を通して〈笑い〉が創造されていく過程が、特に3・11を経験した学生たちの心を強くとらえていったようだ。

前述の「女性美」をテーマにした授業は、震災直後の前期授業で、被災した学生が実際には複数いたのだが、その授業では被災経験について、特に語られることはなかった。しかし、後期のこの授業では、被災した学生たちが、第一回目の授業から最終授業までの半期にわたって、たびたび、それぞれに自分の経験を授業後のリアクションペーパーに自発的に書きとめるようになった。

学生自身が、津波に流され、数日後に救助されたこと。近親者や多くの知人が亡くなったり、怪我をしたこと。被災後、親戚が自殺したこと。笑えないこと。生きる意味を見失っていること。悲しみ、苦しみ、絶望感。心がずっと鬱々と曇っていること。

都内のバイト先で福島出身だとわかると「セシウムの匂いがする」「被ばくするからこっちに寄るなよ」「俺の燃料棒がメルトダウンする」と笑われた恐怖。授業中に配布した、男女平等参画センターで開催される女性の視点でおこなう被災援助の講演会のチラシを見て、福島で暮らす母に思いをはせる学生もいた。

学生たちが経験した3・11は、その日を起点に、さらに残酷な形で拡大、増幅しながら、それぞれの生を脅かし、歪め、壊し続けていた。

しかし、だからこそ授業で取り上げたフェミニストたちが、性差別への怒りを〈笑い〉という形で表現することで、壮絶な過去の経験と苦悩を乗り越え生き抜いたことに、学生たちが触発されることは大きかったようだ。

〈笑い〉に癒され、自分を取り戻し、〈笑い〉を使って多くの人に思いを伝え、生きる力をともに高めていく。フェミニズムと笑いという授業を通して、学生自身が自らの苛酷な経験をどのように克服することができるかが真剣に模索され、最終的にそれぞれに手がかりをつかんでいったこの時間を、私は決して忘れることはないだろう。

ひとりひとりの意識は高まっても、社会構造の中で性差別解消が遅々として進まない日本。しかし、3・11はフェミニズムの必要性をより強く自覚させ、女性学・ジェンダー論の授業実践を通じて、その意義と効果について再確認できた。

私たちは過去のフェミニズムの多様な戦略に学びつつ、現在の問題解決に向けて、あらゆる策を講じていかなければならない。復興どころか、ますます混迷を深めているこの状況下で、今後の日本社会のありようを根底から変える契機にするためにも、女性学・ジェンダー論教育という〈場〉を大切にしていきたい。

平和の火を求めて

——震災後の復興の陰で

森本真幸

戦後の原発教材と生徒の反応

私は満州事変が始まった年に生まれ、中学で原爆と敗戦を、大学生になって冷戦下の核兵器競争やビキニ事件などの中で、反核運動の高まりを経験した。私の住んでいた杉並区の女性たちの呼びかけで、原水爆禁止運動が始まったなどと聞くと嬉しくて、私も署名を呼びかけたり、「原爆の図」の展覧会の準備をしたりした。

大学を卒業して明治学院高校の教師となってしばらく経った頃、筑摩書房の「国語二　総合」の教科書で、「原子の火ともる」という教材を見つけた。東海村で原子力の点火実験が行われて成功した瞬間の喜びの様子が、ルポルタージュ風に記されていた。読売新聞の夕刊にのせられたもので、菊村到という記者が書いたものだが、科学の研究では米国よりはるかに遅れているとされていた日本で、点火が成功したという事実を「太陽の火」「原子の火」などと比喩的に表わし、さらに対概念としてとらえさせようとする工夫までこらしていた。

だが授業では、生徒を惹きつけることはできなかった。今考えると、生徒の中には、当時の私とは違って、核について見聞きしたり考えたりしようと思っている者はほとんどいなかったのである。したがって筆者が感動した点火の瞬間に、同様な思いを持った生徒も少なかったのだと思う。その状況は、他校でも同様だったのだろうか、この文章は教科書の改訂の時に外され、以後どの教科書にも採択されることは無かった。

その後筑摩の教科書では、「原子の火ともる」を拾った編者益田勝美が「科学の現代的性格」を教材として収録した。坂田昌一の執筆した文章で、自然科学者が現実と向き合って文章化するとここまで論理的に整理できるのだという思いが迫ってくる。原子炉の点火といった時性は無く、論理を読み解く難解さはあったが、生徒はそれなりについてきたし、教科書でも十数年続いていた記憶がある。

なおよく知られた事実だが、核開発に特に熱心だったのが、読売新聞の正力松太郎だったこともあり、「原子の火ともる」の記事も、そのような社会的・政治的状況を意識し過ぎたのか、原子力発電の意義の解説の部分が説明不足で、平和利用の難しさや、放射能汚染の危険性や、核利用を今後どう位置づけるかなどは、ほとんど記されていなかったのである。後日二つの文章を詳細に検討したいと考えている。

ところで大震災の結果、日本の政・財・官・学・教育・メディアが、国民を原子力発電に向けようとしていた事実は明らかになったが、その後の政治は混乱が続いた。三・一一後、原発停止を目指す管直人首相を、多くの既成組織が総がかりで封じこめた。そして野田佳彦首相を中心とした原発推進勢力が東電や保安院の廃止を遅らせ、さらにいくつかの発電所を再稼働させる努力を続けている。世論調査では、原発停止は望ましいが、当面の再稼働はやむを得ないとする者が多数意見のようである。

戦後市民の権利や民主主義や平和国家の理念を日本国民は、一つ一つ大切に守り育てて来たのだが、その一方で、戦前の軍国主義的な体制や思考方法にもどそうとする動きが生まれてきている。震災後一年の激変の中で、ひそかに胎動している黒い影と見るべきものを、以下四点指摘したい。

震災後に胎動する黒い影

一　自衛隊

大震災の災害にそなえて、米軍と自衛隊が早々と救援活動に参加した。ここで隊員の方々が献身的に作業されたことに対しては、私も感謝を捧げるのにやぶさかではないのだが、これに対して政府や官僚やメディアの評価は度が過ぎている。一年間をふり返って、もっともよくやってくれたのは自衛隊だといった声もあった。この点は軍隊とはどのようなものかという判断が大切になってくる。

私は、どこの国の軍隊でも、最大の任務として、敵軍と戦うことと、自国の災害に対して救援活動を行うことがあり、どちらも同等で最大の任務だと思っている。もちろん災害の救援で、慣れていないことをするという苦労は大変とは思うが、本務だとすればいつも訓練していない仕事を依頼されても、やむを得ないことである。

しかも自衛隊の災害救援活動は、賃金が支払われており、住居や食料も国家によって保障されている。またボランティアと比べても、現地まで身銭を切って出かけて来て、自分の食べ物や泊まる所を探さないでもすぐに活動できるので、自衛隊の評価を上げるためには効率的ではないか、などと思った。また、休日に近くの自衛隊の人がボランティアに参加したという話も聞かないのは、自衛隊員はそのような活動は禁止されているのだろうか、それとも身分を隠して参加しないといけないのだろうか、それとも自衛隊員は入隊してからは日曜とか正月はないのだろうか、などと勝手な想像をしたが、結局疑問だけ残ってしまった。

テレビで海岸の瓦礫を映して、「片づける人手がないので…」と解説されるたびに、引き上げてしまった自衛隊がもう一度出動して、瓦礫の片づけをすることは出来ないのかと思ったが、これも誰に聞けばよいのかわからずに一年間終ってしまった。

さらに自衛隊員が出動していた間、空や海からの他国の侵略は無かったのかも気になっていた。違法行為が無かったのなら、日本は紛争を外交交渉で解決をつけるという平和憲法の理念が生きているわけで、現在使っているような二兆七千億円の防衛費はいらない出費だということになる。このようなさまざまな疑問を提起する機会が与えられたのが、自衛隊出動だったと思う。

同時に、今回の出動によって、世論調査では自衛隊の好感度が上がったと伝えられている。それは自衛隊員の努力によるところも多かったと思うが、同時に、自衛隊のあり方に対する多様な考察が行われないままに、テレビの画面で「感謝・感謝」とくり返されていたためでもあると考える。

さらに、自衛隊が第一の功労者として表彰され、寝食を忘れて救護に当たった医療機関や自衛隊が引き上げた後にも活動している地元の消防団には感謝のことばがなぜ出されなかったのか、不思議な国だなと私は思っている。

二　原発輸出

外国への原発輸出は、国会などでの議論も無しに、政府と財界と官僚によって、既成事実となってしまった。ただ、政府が公式に述べているように、再稼働での延長はあるにしても、国是として廃止を決定すると本気で考えているとすれば、他国に対しても原発を輸出するのではなくて、どの国にも役立つ自然エネルギーの開発計画に、国をあげて知恵と予算をそそぐべきである。とすると、いつの日か再開をと考えているのかと思われる。だが、よく言われるように、原発が核兵器開発に転用出来るものだとすれば、武器の輸出に準ずるものので、これは日本としては認められないものである。このような検討を抜きにして輸出を決定したところに、平和についてては真剣に考えようとしていない野田内閣の本音が表れている。

三　皇室

メディアの震災に関わる皇室報道は、皇室は尊く正しく、政治は乱れて悪であるという、明治維新以後作られた善悪二元論に動かされている。国民の気持を、震災から復旧と再生に向かわせるのでなく、「頑張れ日本」「絆」「陛下の御心への感謝」といった言葉の氾濫に終らせてはならない。

そもそも、人類史や世界史の中で考えた場合、約千五百年前に日本列島で成立した皇室が、日本においてだけは永遠に続くと考えることは無理である。考えられるのは「国民統合の象徴」が、国民の期待に応えて時代の中でさまざまに変化し、美しくなつかしく終ることであろう。

ところが今回、天皇家の存続を考えて、女性の宮家を創設するというような、小手先の対応だけが問題となっている。女性天皇を含めて皇室の問題を問い直し、場合によっては皇室を終了することも含めて、「国民統合」とは何がどうなることか、「象徴」とはどういう働きを示すかを、根本的に見直すべき時期が来ていると思う。

四　「維新の会」

大阪市議会での多数勢力と、メディアでのアピールと、東京・名古屋などとの共闘で、「維新の会」は大阪府民をはじめ、多くの国民の支持を集め続けており、国会にも同調、支持があらわれている。震災に対して国民の目が集中している中で、大阪市職員の組合活動に対するアンケート調査や、君が代斉唱における唇監視など、思想、信条、言論、交友関係などの調査が公然と進められている。大阪市民の行政への不満や、組合活動への不信や、君が代を歌わぬ教師への批判など、府民の生活感情に寄り添うように見えるために支持を集めているところは、政治に見捨てられたと思っている人々に、具体的な攻撃対象を示して活動を盛り上げるという、西欧の右翼的な攻撃パターンを思わせるところがある。

外国人攻撃や、低学力批判にあらわれている差別化の動きや、仮想敵と思われる者に対する暴力的な攻撃などは、フェミニズムの根本に関わる見逃し難い潮流である。

震災後の一年ですすめられていたこと

敗戦後半世紀以上が過ぎて、平和国家の継続と反差別の努力が一歩ずつでも進められていることに、多くの国民は期待と信頼を寄せていた。しかしその一方で、日本が原発の基地として作り変えられていることには、ほとんど気付いていなかった。三・一一という自然災害によって、日本の電力供給の重要なポイントを原子力が占めていることを知り、そして日本という国家が、原子力発電に都合がよいように作り変えられてしまっていることに気づいた。さらに放射能汚染の恐ろしさをも実感した。

国民の多くが、自分が思いつく範囲で一生懸命救援の努力をした。その時の人々の気持の底にあったのは、決して「頑張れ日本！」ではなく、民族や性や社会的地位などのさまざまな差別を超えた「人間としての平等」だったと思われる。今回の震災によって多くの不幸が重なったが、その中で、自由な行動を保障されている個人が、ボランティアとして社会の制約を離れて、自由で平等な個人として向き合うことを学んだ。とすれば、これからの日本人にとって大きな財産となるのではないだろうか。

もちろん震災後の復興も共生も、社会的な行為である以上、既成の社会から多くの差別や不平等をともなって行われるはずである。その中には、戦前の軍国主義日本の復活を思わせるものがあることは先に述べたとおりである。しかし一方で、私たちは、特に被災者と援助者の話し合いの中から、個人の人間の尊厳をつかむことの意味を深く学びとったはずである。

黒澤明の映画『夢』と3・11

——フクシマを告発する「夢」

金子幸代

はじめに

昨年三月一一日の東日本大震災では津波などの自然災害だけでなく、人災そのものである福島第一原発事故が今に至るまで深刻な事態をもたらしている。

大学のフェミニズム・ジェンダー関連のゼミでは、原発問題を学生たちに考えてもらおうと新聞記事を取り上げ、授業の前に感想を提出させることをこの一年間続けてきた。加えて講義では、原発への警鐘をならす黒澤明の映画『夢』（一九九〇年製作）を取り上げた。日本国内では出資者が見つからなかったため、黒澤はアメリカの映画監督スピルバーグに脚本を送り、彼がワーナー・ブラザーズへ出資を働きかけて実現した映画[一]である。そのため、国内にはフィルムセンターに一本あるのみで、ＤＶＤはあるものの映画館で再上映されることが少ない作品になっている。授業で初めて見て、現在の原発事故を予言している作品であったことに大きな衝撃を受けた学生も多かった。

そこで本稿では、三・一一後の現在からみた『夢』の持つメッセージの現代性について考えていきたい。

一　警鐘をならす『夢』

『夢』は、黒澤自身が見た夢を映像化したもので、夏目漱石『夢十夜』の導入部を借りた形式で「こんな夢をみた」で始まる、八話からなるオムニバス映画である。黒澤は『夢は天才である』（文藝春秋編、『夢は天才である』、文芸春秋、一九九九年）の中で、『夢』の発想について次のように語っている。

ドストエフスキーが面白いことをいっているんですよね、夢について。夢というのは人間の心の底に眠っていたいろんな想念が、眠っているときにいろんな出来事になって出てくるものだと思うんですが、ドストエフスキーはこれが大変不思議だというんですよ。夢が、表現においてすごい技術を使っていると。思いきった、大胆不敵な、天才的な技術をね。あれは一体どこから出るんだろうといっているんですよね、ドストエフスキーが。

それを御殿場にいて休んでいたときに思いだしましてね。僕の昔見た、記憶に残ってる夢について考えてみたんですよ。そうすると、なるほどそうなんですね。僕の子どものときの夢にしてもずっと後の夢にしても、僕の想念を不思議な形にデフォルメして表現してるんですよね。これは面白いなと思ってね。人間というのは夢見てるときは天才なんじゃないかと思って、最初の夢を一つ書いたんです。そうしたらとっても面白いんだなあ。

ここで黒澤が語っているように、『夢』は自身の夢がもとになっている。たとえば、一話目の「日照り雨」では、母（倍賞美津子）に止められたにもかかわらず森にでかけ、狐の嫁入りを見てしまった少年の「私」が、謝罪しに森に向かうという内容である。家の表札には黒澤と書かれ、この夢が監督自身のものであることを明示している。実際、家の軒先のセットは黒澤の幼少期の文京区小石川にあった実家を再現したものである。夢という超現実の世界を描くにあたっても、セットにまで細かな目配りがなされている。細部にわたるリアリティーが絵空事でない現実の問題を映し出す力になっている。

二話目の「桃畑」は桃の節句の夢である。少女を追って少年の「私」が桃畑に行くと、雛人形の姿をした桃の木の精たちに人間のおごり（環境破壊）への怒りをぶつけられる。しかし、少年が桃の木を切ることに泣きながら反対していたことがわかると、桃の木の精たちは少年のために最後の花の舞いを披露する。舞が終わると、切り倒された無残な桃畑の切り株にただ一つ鈴をつけた桃の小枝が残っている。

このように『夢』は、黒澤自身の幼少期にすごした森や田園へのノスタルジアを根底にしながらも、それにとどまらず環境破壊の深刻さを見るものにつきつける告発の映画となっている。自然への畏怖の念を忘れ、自然を破壊する人間の愚行に警鐘をならしている。

「これは夢だ／そんなことはわかっている／それでもみたい夢なのだ／みなけりゃいけない夢なのだ」と黒澤自身が「ノート」[二]に記しているように、恐ろしい夢も含んだ「みなけりゃいけない夢」を描こうとした。たとえば、四話目の「トンネル」は、元陸軍将校の「私」（寺尾聰）が戦地から戻り、人気のない山道のトンネルを歩いている夢である。背中に爆弾を縛り付けた軍用犬に威嚇され、おびえてトンネルを出ると、全滅したはずの連隊がトンネルから行進してくる。彼らの肉体は白骨そのものと化している。戦死者たちのガイコツ姿は戦争の残酷さ、虚しさそのものである。

戦争は人間の愚行の最たるものであるが、それと並んで『夢』では自然を破壊する人間の愚行があぶりだされている[三]。とりわけラストの三話においては、経済効率のみを求め原発を作りだしてしまった人間の愚かさが焦点化されている。

原発事故を描いた六話目の「赤富士」は、昨年三月一一日に起きた福島の原発事故をまさに予言する内容となっている。六基の原子力発電所が同時に爆発し、富士山が真っ赤に燃え、大勢の人が逃げ惑っている。放射能に着色する技術が開発されたという設定で、プルトニウムの赤い霧やセシウムの紫色の霧、ストロンチウムの黄色の霧が容赦なく襲いかかる。後で六話については詳しく述べていく。

次の七話目の夢は、ザ・ドリフターズのリーダーいかりや長介の怪演が印象に残る「鬼哭《きこく》」である。放射能による遺伝子の異常で巨大化したタンポポが生える荒涼とした風景。「私」（寺尾聰）は、深い霧の中をさまよい歩き、ぼろぼろの衣服とみだれ髪の一角獣のような鬼（いかりや長介）と出会う。

鬼は「これでも昔は人間だったんだ」、「全く、馬鹿な話だ！」と嘆き、「むかし、このあたりは一面のお花畑だった」と語り始める。

一シーン一カットの一人芝居、いかりやの持ち味がにじみ出る秀逸な出来栄えになっている。悲劇性と喜劇性がとぼけた味の中でまじりあい、胸に迫る。去ろうとしない「私」に「鬼になりたいのか」といかりやが襲いかかるシーンは鬼気迫るものがある。

一転してラストの八話目の夢「水車のある村」では、たくさんの水車が回る村での電力のない自然との共生が描かれる。『夢』は上映当時、失敗作などとする批評もあり、評判は芳しくなかった。しかし、むしろ三・一一後の現在から考えるならば、黒澤の時代を見透す揺るがぬ視点に驚嘆させられる。一種の予言とも思えるほど現在の日本の危機を照射している傑作である。

当時八〇歳になろうとする黒澤の遺言のような作品であり、見るものの心に深く刻みつけられる。全八話のテーマは、自然に対する畏怖の念を忘れ、支配欲にかられ自然の領域を侵犯する人間の傲慢さに対する警鐘である。そのような人間の傲慢さは、戦争においては他者を支配し、殺人マシーンにしてしまう残酷さにつながる。

第一話で自然の禁忌を犯した少年がその罪を償わなければならなかったように、第六話では、自然を侵犯する原発を作った人間が自らの作り出した放射能でほろぼされることになる。注目すべきは、自然への侵犯を警告するのが、一話の母親、二話の少女のようにいずれも女性である点である。そこで次章ではフェミニズムの視点から『夢』の第六話「赤富士」を取り上げ、最後に第八話「水車のある風景」に託した黒澤の思いについて述べていきたい。

二　母親による異議申し立て

すでに『夢』の三五年前にもビキニ環礁での水爆実験を黒澤はテーマにして、三船敏郎を主演に据えた『生きものの記録』[四]を撮っている。平凡な市民である主人公は水爆実験に恐怖し、終には狂気に陥る。黒澤はその後も放射能による人類の破局について憂慮し、発言を重ねている。たとえば、『夢』公開の翌年に行われたガルシア・マルケスとの対話においても「核エネルギーは、人間がコントロールするには危険すぎるのです。ちょっとしたミスが大災害をよび、放射能は何世代にも渡って地球を支配することになります」（『NEWFLIX』、一九九一・一〇）と、今日の日本の状況の深刻さを予言したような発言をしている。

さらに、「この緊急の問題について世間の注意をひくために、私は環境汚染についての映画を撮りたいと思っている。（中略）私は、全世界の映画人に、わが地球救済の必要性を説く映画を、共同で製作することを呼びかけたい」（「日本映画五社をつぶせ」（『中央公論』、一九七三・三）と黒澤は訴えている。

スリーマイル島やチェルノブイリでの大事故が、原子力の

「平和利用」という美名のもとに推進されてきた原発の安全神話を根底から覆したことを受け、その後のインタビューにおいても、原発について「だけれども、これを作った場合にさ、人間では制御できない性質を持ってるわけでしょ？それを作るっていうのが、そもそも僕は間違いだと思う。だって、原子力の発電所を造っても絶対に廃棄物は出るわけでしょ？廃棄物を処理する方法は見つかってないんですよ。やってい る限りは廃棄物は永遠にでるわけ。処理する方法がみつかってないのにそれを作るっていうことは間違いじゃない？最初に作った人の中でそれに気づいて反対した人がたくさんいるけど、僕はその方が正しいと思うんですよ。電力にしても他の方法はあるわけだからね、核に頼らなくても」（渋谷陽一『黒澤明、宮崎駿、北野武——日本の三人の演出家』ロッキング・オン社、一九九九年）と、黒澤は発言している。

都築政昭著『黒澤明の遺言　『夢』』（近代文芸社、二〇〇五年）によれば、福島の原発事故を予言するような六話「赤富士」の夢について、核に関わる技術の特異性に触れて、「天変地異は人間にはどうもならない。自身や暴風や火山の爆発にはどうにもならない。それなのに人間は核などという人間の手に負えないものと遊んで、どうにもならない危険を招こうとしている。それとも人間の手が贅沢になり過ぎて、素朴な自然の生き方を忘れてしまったからさ」と「創作ノート」に記している。さらに「人間のやることに絶対はない。人間は絶対間違わないと言いながら、間違いばかりやってきた。それなのに間違ったらおしまいだということに、絶対間違わないなんて言いやがって……」と怒りを露わにしている。

「赤富士」は、そうした黒澤の原発に対する危機感が濃厚に反映されている内容になっている。主人公の「私」（寺尾聰）が原発事故で逃げ惑う大勢の群衆をかきわけていくと、目の前には真っ赤に燃えた富士山が見える。六基の原発が爆発したのだ。逃げる群衆を見て、背広姿の男（井川比佐志）が「狭い日本だ。逃げ場所はないよ」と平然と言う。それに対して、ふたりの幼児を連れた母親は（根岸季衣）は、「逃げたってどうしようもないことはわかっている。でもね、他にどうしょうもないじゃない」と反論する。

次の場面ではさっきまで逃げ惑っていた人々の姿が忽然と消え、海辺の陸地にがれきが散乱している。「私」が不思議に思って見渡すと、「みんなこの海の底さ」と背広姿の男が言う。「私」や母親がよそに逃げようとすると、男は「どっちみち同じさ。放射能に追いつかれる」と言う。実はこの男も原発技術者であったことがわかる。そこへ、赤や黄や紫の色のついた放射能が流れてくる。放射性物質の正体がわかったとしても「死神から名刺を貰」うようなものだという男の言葉が胸に突き刺さる。母と子どもに容赦なく色のついた放射能が襲いかかり、「私」はジャンパーで必死に振り払おうとする。

現在の福島の原発事故でも最も放射能被害を受けやすいといわれているのは子どもであり、妊婦である。目に見えない放射能を可視化するために、現在はガイガーカウンターでの測定が必要だが、もし色がついていればその危険性は明白になる。「放射能に侵されて生きていたくない」という背広姿の男に対し、母親はわが子を思い、反論する。

「そりゃあ、大人は十分生きたんだから、死んだっていいよ」

「でも、この子はまだいくらも生きちゃいないんだよ」

「原発は、安全だ。危険なのは操作のミスで、原発そのものに危険はない。絶対ミス犯さないから問題はない、とぬかしたヤツラは、許せない！あいつらみんな縛り首にしなくちゃ、死んだって死にきれないよ！」と母親が叫ぶシーンは、原発を推進してきた科学者や官僚、政治家や原発利権企業に向けられた痛烈な告発になっている。

このように、「赤富士」では、二人の幼児を連れて避難する母親と原子力技術者である男性とを対峙させることにより、原発の持つ問題性が照らし出されている。最近の世論調査でも原発の再稼働に反対する割合が女性の方がきわめて多いということがわかっている[五]。

二人の子どもを連れた母親の叫びは、原子力を推進してきた背広の男に象徴される経済優先の男性社会から、生命が大切にされる持続可能な社会への転換を強く迫るものになっている。

三　水のイマージュ

『夢』のラスト、八話目の「水車のある村」の映像化にあたり、黒澤は「創作ノート」に次のように記している。

夢を見よう
一番美しい夢を
世界は一つ

地球は一つ
これは夢か
夢でもいいよ

「私」（寺尾聰）は小鳥がさえずり清らかな川が流れる水車の村に立ち寄る。子どもたちが花をつみ、橋を渡ったところにある石に手向けている。「私」は古い水車を修理している村の老人（笠智衆）に出会い、この村では電気のない暮らしを続けていることを知る。

まさに第八話の夢は、自然との共生を目指す黒澤の「一番美しい夢」を具現化したものである。水車は再生可能なエネルギーを象徴し、原発から再生可能なエネルギーへの転換を図る未来への希望が託されている。

黒澤は自分の思いを笠智衆に一気に語らせた。当時八五歳だった笠の一人語りはなんと八分以上に及び、七話目の夢「鬼哭」のいかりやよりさらに多い科白量であったが、一回で監督からOKがでたという。てらいのない自然体の笠ならではの演技である。

老人は「とくに学者には頭はいいのかもしれないが、自然の深い心がさっぱりわからない者が多いのに困る。その連中は人間を不幸せにする様なものを一生懸命発明して得意になっている」、「また困ったことに大多数の人間達はその馬鹿な発明を奇跡のように思ってありがたがる。そのために自然が失われ、自分達も亡んで行くことに気づかない」と語り、人間にとって大切なものは「いい空気やきれいな水、それを作り出す木や草なのに」、「それは汚され放題、失われ放題。汚された空気や水は人間の心まで汚してしまう」と嘆く。

環境破壊が「人間の心まで汚してしまう」と自然を搾取する社会を批判する老人の言葉は、現在の日本の状況をまさに警告するものとなっている。自然を支配する男性社会に対する母親の抗議は、スリーマイル島での原発事故をきっかけに活発になったエコフェミニズム（エコロジカルフェミニズム）の運動と通底するものであろう。

黒澤自身が映画に込めた思いを語っている井上ひさしとの対談（黒澤明『夢は天才である』前掲）を見てみよう。

井上　黒澤さんご自身、死についてはずっとお考えになってこられたと思うんですが、台詞にもあった「ここでは年の順に死んでいく」という死に方ができればいいなという夢に、黒澤さんの生死観をみました。この八話に出て来るお葬式の楽しさ、あれが人間の死ぬときの理想じゃないでしょうか。

黒澤　あれはね、僕はためしに創作の、つまり映画の縁の下の力持ちみたいな仕事をしている連中、その一人に、この映画の一番好きなところはどこだときいたら、「水車のある村」（第八話）で村の老人が、「生きていくのはつらいとか何とかいうが、あれは人間の気どりでね、生きているのはいいもんだよ、面白い」っていうあそこが一番好きだといってたけどね。これは本当に一生懸命働いてみるとそうだというわけ。これはいいなと思ったんですよ。そういう立場の人がそういう見方をしてくれることは。

井上　この八話は、黒澤さんが自分の夢をおっしゃっているように見えながら、実はわれわれ人間の夢なんですね。個人の夢が人びとの夢になる。ですからこのお葬式は感動的です。

笠の科白の中でも心に残るのは、黒澤が対談でも言及していた「生きていくのはつらいとか何とか言うが……、あれは人間の気取りでねえ。生きているのはいいものだよ。とても面白い」という言葉である。一〇三歳の老人が語る生命讃歌は深い味わいを持ち、三・一一後の私たちを勇気づけてくれるものになっている。

『夢』では、老人の初恋の女性（九九歳との設定）が亡くなり、村人たちが葬式の行進をする場面が最後に描かれる。老人は「よく生きてよく働いて『ご苦労さん』と言われて死ぬのはめでたい」、「さいわいこの村の者は自然の暮らしをしているせいか、だいたい年の順に死んでいく」と「私」に語り、神楽鈴をならし、花の小枝を手に葬列の踊りの先頭に立つ。

黒澤の死生観が色濃く反映されている科白だが、個人の死生観というよりは、井上ひさしが「黒澤さんが自分の夢をおっしゃっているように見えながら、実はわれわれ人間の夢なんですね。個人の夢が人びとの夢になる」と指摘しているように、人類全体の夢である。これは『夢』を見終わった観客に共通する思いでもあろう。

観客は亡くなった老人の初恋の女性を見ることができないが、自然との共生の中で生をまっとうした老女の幸福な人生を思い描くことになる。自然と共生する村では、死すら祝福すべき生の完成とされる。葬式も祝祭なのである。

音楽と踊りと花に包まれた葬列が観客の方に向かってくる

ように撮られている。それはあたかも黒澤が観ている私たちに自然と共生する世界につながるバトンを手渡すかのようである。

葬列を見送り、「私」は村を去る際にもどってきて路傍の石に花を手向ける。「私」が名も知られていない旅人の墓石である路傍の石に花を手向けるのは、あらゆる命を大切にするという村人の志を引き継いでいくという思いの現れである。この石は清流の橋のたもとにある。川は命を育む「母なるもの、女性的なるもの」のメタファとなっている。

ラストでは橋を渡っていく「私」の後ろ姿からカメラは次第に川を流れる美しい緑の水藻を大写ししていく、このエンディングは、本当の主人公は「私」ではなく、生命を育む自然であるということを告げている。黒澤の祈りが伝わる心に染み入る映像である。

「水は人間に癒しと変容をもたらすものであり、さらには人間を、より広大なシステムに結び付ける」(『水とセクシュアリティ』)〔六〕と指摘されているように、『夢』のラストが水のシーンで締めくくられるのは、水が生命を生む創造の源であり、環境破壊に立ち向かう人間の暮らしの基盤となることを示唆していると言えよう。

福島での原発事故が起こった三月一一日から一年がたつが、日本ではいまだ先が見えない危険な状況が続いている。『夢』のラストに託した黒澤の静謐なメッセージは、この映画を見た学生たちの心に確かに届いたことが感想文からも知ることができる。太陽光・地熱、風力など再生可能エネルギーへの移行を提案する女子学生の感想を始め、総じて日本が原発をやめて地域に根差した再生可能エネルギーへの転換を切望する意見が多くみられた。

五月五日のこどもの日に、定期検査のために日本での原発はすべて止まる。原発の廃止に向けて母親たちが立ち上がり、女性による脱原発に向けての抗議活動も活発に行われるようになってきている。経済産業省前での抗議のハンストも続けられている。

フクシマの事故を契機に、ドイツでは脱原発に大転換し、再生可能な自然エネルギー一〇〇パーセントの持続可能な国作りを目指している。イタリアでも国民投票により、原発廃止が決議された。スイスも続いている。私たちも黒澤が差し出したバトンをしっかりと受け取り、惰性であきらめることなく、粘り強く考え、行動することが大切な時期にきている。老人や子どもの生命《いのち》が大切にされ、女も男もすべての人間が生きているのが楽しいと心から思える持続可能な自然との共生社会を目指して輪を広げていこう。

注

一　CGを担当したのは、ジョージ・ルーカス、日米合作映画である。一九九〇年に黒澤はアカデミー賞特別名誉賞を受賞したが、その介添え役を担当したのもスピルバークとルーカスであった。また、岩波書店から出版された『夢』（シナリオ・画集）には、黒澤の思いのこもった迫力のある絵コンテが収められている。

二　「創作ノート」は、都築政昭著『黒澤明の遺言『夢』』（近代文芸社、二〇〇五年）掲載によるものである。記して謝したい。

三　三話の「雪あらし」や五話のゴッホを描く「鴉」においても人間の合理的な思考ではとらえられない自然の魔力や自分でも制御できない芸術家の衝動に焦点が当てられている。いずれも芸術家黒澤の人智を超えたものに対する畏怖の念が現われている。

四　一九五五年一一月に東宝より公開された。当時三五歳であった三船が、水爆実験に危機感を抱き家族そろって日本脱出を図ろうとする七〇歳の老人に扮した。さらに『夢』製作の翌年、一九九一年には長崎での原爆を扱った村上喜代子の芥川賞受賞小説『鍋の中』を映画化（『八月の狂詩曲（ラプソディー）』）し、松竹から配給されている。

五　朝日新聞社が二〇一二年三月一〇日、一一日に実施した世論調査によれば、定期検査で停止中の原発の再稼働に五七パーセントが反対し、賛成の二七パーセントを大きく上回った。原発の再開賛否は、男女の違いが際立つ。男性は賛成四一パーセント、反対四七パーセントとそれほど賛否の差がないのに対し、女性は賛成一五パーセント、反対六七パーセントで差がきわめて大きいことがわかった。原発に対する政府の安全対策については「信頼していない」という人が八〇パーセントとほとんどである。

六　ミシュル・オダン『水とセクシュアリティ』（青土社、一九九五年）の「訳者あとがき」による。

詩

眠れ　二万四千年を※

渡辺みえこ

遺体は
いっとき　この世界を
共に生きた者への
最期の贈り物だった
若く自死したあのひとは
それでもひっそりと　遺体を残した

「頭はどこだい」
焼かれ過ぎてカラカラになった母の遺骨
泣きながら食べていた父

「誰が　死んだって決めるのぉ」
「熱いお風呂に入れてあげなきゃあ」
母の遺体に覆いかぶさって
葬儀屋を追い帰そうとした姉

何であの晩　一緒に寝てあげなかった
何で夜じゅう　電気をつけておかなかった
毎朝　毎晩　遺骨に詫び続けていた姉

いま　フクシマのヒロちゃん
君とおかあさんの遺体は
放射性廃棄物?
火葬さえ許されない
取りすがって泣けない
お風呂に入れてあげられない
遺骨を食べられない

それなら　なおさら
母に抱きしめられて
コンクリートで固められて
人のいない原野で

眠れ　二万四千年を

※福島第一原発から約五キロの同県大熊町で二七日に見つかった遺体の放射線量が高く、遺体は地震や津波発生直後から、原発事故による放射線を浴び続けていたとみられる（産経新聞　二〇一一・三・三一）。ウラン二三五の半減期は七億年、プルトニウム二三九の半減期は約二万四〇〇〇年。

その声はいまも

高良留美子

あの女《ひと》は　ひとり
わたしに立ち向かってきた
南三陸町役場の　防災マイクから
その声はいまも響いている
わたしはあの女《ひと》を町ごと呑みこんでしまったが
その声を消すことはできない

〝ただいま
津波が襲来しています
高台へ避難してください
海岸近くには
絶対に近づかないでください〟
わたしに意志はない
時がくれば　大地は動き

海は襲いかかる
ひとつの岩盤が沈みこみ
もうひとつの岩盤を跳ね上げたのだ
人間はわたしをみくびっていた

わたしの巨大な力に
あの女《ひと》は　ひとり
立ち向かってきた
わたしはあの女《ひと》の声を聞いている
その声のなかから
いのちが甦るのを感じている
わたしはあの女《ひと》の身体を呑みこんでしまったが
いまもその声は
わたしの底に響いている

声明

「脱原発」を訴える

二〇一一年三月一一日、東北地方で発生したマグニチュード九・〇の巨大地震は、津波による二万人近い死者・行方不明者をはじめ、無数の被災者を出した。それればかりか東京電力福島第一原子力発電所が起こした事故は、複数の炉心溶融によって、空や海、大地に大量に放射性物質を撒き散らした。そのため多くの被災者が強制的に故郷を追われ、福島県以外の地域にも、高濃度に汚染された場所が〝発見〟され続けている。今や子どもたちをはじめ、未来を担う世代の「内部被曝」が、深刻に懸念されている。

日本は、人類初の大量殺人核兵器・原子爆弾によるヒロシマ・ナガサキの悲劇を体験した唯一の国である。また一九五四年にビキニ環礁の水爆実験によって第五福竜丸が被災したにもかかわらず、「五五年体制」の成立と歩調を合わせて、政府・電力会社・原子力関連学会は、原子力発電所の「安全」を強調し、人の命よりも経済効率、さらには利権を優先させてきた。

事故直後はメディアまで「安全」神話に荷担し、政・官・産・学・メディアの癒着ぶりを露呈した。またこの事故は、首都圏と東北地方、都市と過疎地、巨大資本と被曝労働者の差別構造を可視化させた。安全・安価神話は崩壊し、原発事故は他国にまで被害を及ぼしはじめている。原発技術の輸出、武器輸出禁止の三原則緩和などはもってのほかである。

原子力は人間のみならず、あらゆる生物の生存を根底から脅かすものであり、原発と共存することは、地震国日本はいうまでもなく、いかなる国においても不可能である。

私たちは、一九八六年にもチェルノブイリ原子力発電所の事故を経験した。原発の危険性を意識しながらもその建設を止めきれず、遂にこの度の甚大な事故をまねいてしまった。一日も早く、原発支配から脱却し、代替エネルギーの開発に智力を転換させよう。

文明史的転換点に立ち、私たち「新・フェミニズム批評の会」は、「会」の名において「脱原発」を訴える。

二〇一一年一月一四日

日本文学協会部会 新・フェミニズム批評の会

執筆者紹介

（執筆順）

林京子（はやし・きょうこ）作家。『祭りの場』で芥川賞、『上海』（女流文学賞）、『三界の家』（川端康成文学賞）、『やすらかに今はねむり給え』（谷崎潤一郎賞）、『長い時間をかけた人生の時間』（野間文芸賞）など。二〇〇五年『林京子全集』に至る文学的功績により朝日賞を受賞

渡邊澄子（わたなべ・すみこ）大東文化大学名誉教授。『女々しい漱石、雄々しい鷗外』（世界思想社）、『青鞜の女　尾竹紅吉伝』（不二出版）他

遠藤郁子（えんどう・いくこ）東洋英和女学院大学兼任講師。『佐藤春夫作品研究――大正期を中心として』（専修大学出版局）、「原田琴子短歌論」（『大正女性文学論』翰林書房）

岡西愛濃（おかにし・あの）神奈川県立神奈川総合高等学校教諭。「田村俊子「生血」論――ゆう子の目線から見えるもの」（『解釈』第52巻第1・2号）、「女性作家の登場と『女学雑誌』」（『女性作家の行方』フェリス女学院大学）

中島佐和子（なかじま・さわこ）聖学院大学・明海大学非常勤講師。「佐藤露英の小説――〈俊子文学〉のもうひとつの豊穣」（『国文学解釈と鑑賞』別冊「俊子新論」）、『大正女性文学論』（共著、翰林書房）

漆田和代（うるしだ・かずよ）世田谷区生涯大学講師。『女が読む日本近代文学――フェミニズム批評の試み』（共編著、新曜社）、『女とことば――女は変わったか、日本語は変わったか』（共著、明石書店）

矢澤美佐紀（やざわ・みさき）城西短期大学他非常勤講師。『明治女性文学論』（共著、翰林書房）、『佐多稲子と戦後日本』（共著、七つ森書館）

高良留美子（こうら・るみこ）詩人、評論家、作家。『高良留美子詩集』（思潮社）、『恋する女――一葉・晶子・らいてうの時代と文学』（学藝書林）他。第13回H氏賞、第6回現代詩人賞受賞

山﨑眞紀子（やまさき・まきこ）札幌大学教授。『田村俊子の世界　作品と言説空間の変容』（彩流社）、『国文科へ行こう！』（共著、明治書院）

長谷川啓（はせがわ・けい）城西短期大学客員教授。『佐多稲子論』（オリジン出版センター）、『女たちの戦争責任』（共編著、東京堂出版）

渡辺みえこ（わたなべ・みえこ）東京女子大学他非常勤講師。『女のいない死の楽園　供犠の身体三島由紀夫』（パンドラカンパニー刊　現代書館）、『語り得ぬもの：村上春樹の女性《レズビアン》表象』（御茶の水書房）

北田幸恵（きただ・さちえ）城西国際大学教授。『書く女たち――江戸から明治のメディア・文学・ジェンダーを読む』（學藝書林）、『日記に読む近代日本　明治後期』（共著、吉川弘文館）

岩淵宏子（いわぶち・ひろこ）日本女子大学教授。『宮本百合子――家族、政治、そしてフェミニズム』（翰林書房）、『はじめて学ぶ　日本女性文学史［近現代編］』（共編著、ミネルヴァ書房）

伊原美好（いはら・みよし）城西国際大学大学院研究生。「佐多稲子『夏の栞——中野重治をおくる』——身体化している「ゆらぎ」の思想」（『くれない』第11号）、「水野仙子「神楽阪の半襟」から見えてくるもの」（『大正女性文学論』翰林書房）

岩見照代（いわみ・てるよ）元麗澤大学大学院教授。『時代が求めた「女性像」』全一四巻（監修・解説、ゆまに書房）、『ヒロインたちの百年』（學藝書林）

岡野幸江（おかの・ゆきえ）法政大学他非常勤講師。『女たちの記憶』（双文社出版）、『女たちの戦争責任』（共編著、東京堂出版）

藤瀬恭子（ふじせ・きょうこ）諏訪東京理科大学嘱託教授。「フェミニズムの時代が発見した詩人H・D」（『gui』65号）他H・D論十五篇、J・シンガー『男女両性具有——性意識の新しい理論を求めて』Ⅰ、Ⅱ（訳書、人文書院）他

江黒清美（えぐろ・きよみ）城西国際大学大学院非常勤講師。『「少女」と「老女」の聖域——尾崎翠・野溝七生子・森茉莉を読む』（學藝書林近刊）、「〈山姥〉——異界のペルソナと身体的言語」（『RIM』環太平洋女性学研究会誌VOL.5 Number1）

渡邊千恵子（わたなべ・ちえこ）淑徳与野中学高等学校講師。『大正女性文学論』（共著　翰林書房）、「五〇年代における基地と売春」（『社会文学』第33号）

千種キムラ・スティーブン（Chigusa Kimura-Steven）元カンタベリー大学教授、現早稲田大学ジェンダー研究所招聘研究員。『三島由紀夫とテロルの倫理』（作品社）、『『源氏物語』と騎士道物語——王妃との愛』（世織書房）他

ヒラリア・ゴスマン（Hilaria Gössmann）トリア大学日本学科教授。『メディアがつくるジェンダー——日独の男女・家族像を読みとく』（共編著、新曜社）、『Interkulturelle Begegnungen in Literatur, Film und Fernsehen: Ein deutsch-japanischer Vergleich（文学、映画とテレビにおける異文化接触——日独比較）』（共編著、Iudicium）

内野光子（うちの・みつこ）歌人、地域ミニコミ誌編集。『短歌に出会った女たち』（三一書房）、『現代短歌と天皇制』（風媒社）

小林裕子（こばやし・ひろこ）城西大学非常勤講師。『佐多稲子——体験と時間』（翰林書房）、『人物書誌大系・佐多稲子』（編著、日外アソシエーツ）

藤田和美（ふじた・かずみ）大学非常勤講師。「砂川捨丸『金色夜叉』『男女同権』におけるパロディとジェンダー」（『大正女性文学論』翰林書房）、『女性とたばこの文化誌——ジェンダー規範と表象』（共著、世織書房）

森本真幸（もりもと・まさき）元明治学院高校・ICU（国際基督教大学）高校教師、元全国私学教職員組合教研共同研究者。『平家物語の授業——平和と命の尊さ』（『高校古典3』共著、あゆみ出版）、『来栖良夫「田中正造」』（「文学の力×教材の力・小6」共著、教育出版）

金子幸代（かねこ・さちよ）富山大学教授。『鷗外と近代劇』（大東出版社）、『鷗外と〈女性〉』（大東出版社）

編集後記

本書は、会員に呼びかけて「3・11以後」の思いや実践を、詩やエッセイ、論文の形で編んだものである。日常を構築している性体制に問題をたて、現実や身体、いのちに向き合うフェミニズム批評に取り組んできたメンバーの〈作品〉は、期せずして合い呼応し、女、性、民族、歴史、文学、映像、メディア、教育など多様な視点から、核や原発のもつ反生命性・反人間性を浮かび上がらせ、文明史の転換を示唆するものとなった。この問題についての著書は数多いが、女性の立場、フェミニズムの視点で書かれ編集された本は、本書が初めてである。

「福島」という固有名を「フクシマ」で表記することについては、未だ議論の余地を残している。地震と津波による甚大な自然災害の被害をこうむった、宮城県、岩手県、福島県。たとえ「フクシマ」と表記しても、長年築き上げてきた県の歴史と、実際そこに「住む／住んだ」福島県民の日常生活を、決して捨象することではない。また、「ヒロシマ」「ナガサキ」〈チェルノブイリ〉から「フクシマ」へと、安易なスローガン化を図ろうとしているのでもない。この「フクシマ」というカタカナ表記を、わたしたちは放射能汚染による「終わらざる事故」の脅威を喚起する表象として使用した。

政府は、今なお取り残されている多くの福島の人々を、一日も早く救う手だてをまともに図ろうとせず、事故原因とその責任の究明も未だできていないなかで、財界の要望のまま、大飯原発再稼働を決定した。私たちは、大飯を決して「オオイ」にしてはならない。世界中のどの地名にも、かっこ付きカタカナ表記を許してはならないのだ。

本会は、フェミニズム／批評の会である。二〇年前に会を発足させた時、フェミニズム文学批評とは何か、果たしてそれは存在しうるのかと、自らの存在理由をつねに自問し、試行錯誤し続ける意味も込めて、〈新〉を冠したのだった。

私たちは原発再稼動に抗議し、地球に生きる生命そのものを脅かす核と原子力を改めて問い直し、脱原子力の新しい世界に向けて、力を尽くしていきたい。さらなるフェミニズム批評を目指して、全員で取り組んでいきたい。

昨年のシンポジウム開催から、本書刊行まで支えてくださった多くの方々、そして本書の緊急出版に力を尽くしてくださった御茶の水書房の橋本盛作社長に、あらためて感謝申し上げます。

（岩見照代）

編者紹介

新・フェミニズム批評の会

編集委員

岩見照代、岡野幸江、北田幸恵、高良留美子、
中島佐和子、矢澤美佐紀、渡邊澄子

〈3.11 フクシマ〉以後《いご》のフェミニズム ―― 脱原発《だつげんぱつ》と新《あたら》しい世界《せかい》へ

2012 年 7 月 2 日　第 1 版第 1 刷発行

編　者　新・フェミニズム批評の会
発行者　橋　本　盛　作
発行所　株式会社 御茶の水書房
〒 113-0033　東京都文京区本郷 5-30-20
電話　03-5684-0751

Printed in Japan　印刷／製本　㈱タスプ

ISBN978-4-275-00988-3　C0036